R 语言与统计计算

李艳颖　王丙参 ◎ 编著

西南交通大学出版社
·成 都·

内容简介

本书共分 12 章：第 1 章为基础知识，供初学者查阅；第 2 章为 R 软件简明教程；第 3、4 章分别为探索性数据分析、统计推断基础；第 5、6、7 章分别为蒙特卡罗、随机模拟实验、随机过程计算与仿真；第 8、9 章分别为方差分析、回归分析；第 10、11、12 章为现代统计计算方法，分别介绍 Bootstrap 方法、EM 算法、MCMC 方法及其应用。

本书可作为普通高等院校统计、经济、数学等专业的统计软件、统计计算、统计实验及其相关课程的学习用书。

图书在版编目（ＣＩＰ）数据

R 语言与统计计算 / 李艳颖，王丙参编著. —成都：
西南交通大学出版社，2018.8（2023.1 重印）
ISBN 978-7-5643-6336-9

Ⅰ. ①R… Ⅱ. ①李… ②王… Ⅲ. ①程序语言 – 程序
设计②统计分析 – 应用软件 Ⅳ. ①TP312②C819

中国版本图书馆 CIP 数据核字（2018）第 189267 号

R 语言与统计计算

李艳颖　王丙参／编　著	责任编辑／穆　丰
	助理编辑／何明飞
	封面设计／何东琳设计工作室

西南交通大学出版社出版发行
（四川省成都市二环路北一段 111 号西南交通大学创新大厦 21 楼　610031）
发行部电话：028-87600564　　028-87600533
网址：http://www.xnjdcbs.com
印刷：成都蓉军广告印务有限责任公司

成品尺寸　185 mm×260 mm
印张　18　　字数　450 千
版次　2018 年 8 月第 1 版　　印次　2023 年 1 月第 4 次

书号　ISBN 978-7-5643-6336-9
定价　45.00 元

前　言

数理统计方法以概率论为基础，通过样本推断总体的统计特性，其内容极其丰富。随着计算机的普及与发展，从事统计工作的人都很关心如何利用计算机来更好地完成统计数据的分析工作，从而出现"统计计算（Statistical Computation）"这个研究方向。统计计算是涉及数理统计、计算数学和计算机科学知识的交叉学科，也是一门综合性学科。统计计算不仅是统计专业本科生的一门重要基础课程，而且越来越多其他理工科（如计算数学等）专业的本科生和研究生也都开始选修这门课。要广泛学习统计计算，所需了解的大多数内容本书都有所涉及。由于许多新方法都是从现有技术中发展出来的，因此，本书力求读者能理解现有方法的理论基础，向科学工作者介绍必要的实现工具，同时也把作者近年来的部分研究成果呈现给读者，帮助读者在此基础上继续研究。本书从注重实效的角度优先考虑使读者受益最多、收效最快的内容。考虑到高质量软件的应用，书中省略了本领域以往某些重要的理论研究内容，例如经典课题均匀随机数的产生，而是倾向读者使用可靠软件来解决实际问题。

R 软件是一个开放式的免费软件，它不仅提供若干统计程序，使用者只需指定数据库和若干参数便可进行统计分析，还可以提供一些集成的统计工具。但更主要的是它能提供各种数学计算、统计计算的函数，从而使使用者能灵活机动地进行数据分析，甚至创造出符合需要的新的统计计算方法。所以 R 软件主要适合统计研究工作，也是目前国际统计界通用的软件之一。

本书科学地借鉴并整合了传统教材中的精华，力求反映现代概率统计的新内容、新特点。在编著过程中，我们博采百家之长，注重基本理论、概念、方法的叙述，坚持抽象概念形象化，关注应用能力、解题能力的培养。本书也参考和吸收了国内外统计学的优秀成果，从中获得了许多启发，采用了一些经典的例子，在这里对这些材料的作者表示感谢。

本书由宝鸡文理学院数学与信息科学学院的李艳颖与天水师范学院数学与统计学院的王丙参共同编著，具体分工为第 1、2、3、4、5、6、7、8、9 章由李艳颖编著；第 10、11、12 章与附录由王丙参编著。我们对编写内容经常进行讨论、在写法上相互补充，经过反复讨论和修改后定稿。在本书的编著过程中得到了双方学院领导的大力支持，统计教研室的同事为本书提供了很多宝贵的意见和建议，统计专业的学生为本书提供了大量数据和题材，也得到了出版社有关各方和同仁的大力支持，特在此一并致以诚挚的谢意！

虽然我们希望编著一本质量较高的学习用书，但限于作者水平与撰写时间，因而作者搁笔之际，仍有许多创意未表达出来。且本书难免存在不妥之处，恳切希望读者批评、指正，使本书不断得以完善。读者在阅读本书的过程中，如有问题，可以通过电子邮箱 wangbingcan2000@163.com 与作者进行交流，获取技术支持和教学资料。

李艳颖　王丙参

2018 年 5 月

目　录

1 基础知识

本章回顾一些相关数理统计的知识，如果读者学过这方面内容，可跳过，直接阅读第 2 章或感兴趣的章节。

1.1 数学基础

从严格意义上来说，所有自然科学理论都需要量化，都可归结为数学，但是，本节所指的数学是指最基础的数学理论，主要包括统计计算中常用的矩阵理论、Taylor 定理与极限理论。

1.1.1 数学记号与矩阵理论

为论述方便，本书不用黑体区分向量与矩阵，M 既可表示常数，也可表示向量、矩阵，以 M^T 或 M' 表示转置，以 I 表示单位矩阵，1或0也表示元素为 1 或 0 的向量，读者可根据上下文进行区分，也许初学者感觉有点混乱，但会慢慢发现这样表述的优点。

一个泛函就是一个函数空间中的实值函数，例如，如果 $T(f) = \int_{-\infty}^{+\infty} f(x)dx$，则泛函 T 为可积函数到一维实数的映射。

示性函数 $I_{\{A\}} = 1$，即如果 A 成立，等于 1，否则等于 0。一维实空间记为 $\mathbf{R}$，n 维实空间记为 $\mathbf{R}^n$。

如果对所有非零向量 x，$x^T A x > 0$ 成立，则称对称方阵 A **正定**。正定的等价条件是其所有特征根为正。如果对所有非零向量 x，$x^T A x \geqslant 0$，则称方阵 A **非负定**或**半正定**。

函数 f 在点 x 的导数记作 $f'(x)$，如果 f 是 n 元实函数，则 f 在自变量 $x = (x_1, \cdots, x_n)^T \in \mathbf{R}^n$ 处的**梯度**为 n 维列向量

$$\nabla f(x) = \left(\frac{\partial f(x)}{\partial x_1}, \cdots, \frac{\partial f(x)}{\partial x_n} \right)^T = \left(\frac{df(x)}{dx_1}, \cdots, \frac{df(x)}{dx_n} \right)^T \qquad (1.1.1)$$

也称为**函数** f **在** x **处的一阶导数**。

函数 f 在 x 处的 **Hesse 矩阵**为 $n \times n$ 矩阵 $\nabla^2 f(x)$，第 i 行第 j 列元素为

$$(\nabla^2 f(x))_{ij} = \frac{\partial^2 f(x)}{\partial x_i \partial x_j} = \frac{d^2 f(x)}{dx_i dx_j}, \quad (1 \leqslant i, j \leqslant n) \qquad (1.1.2)$$

也称为**函数** f **在** x **处的二阶导数**。

如果梯度 $\nabla f(x)$ 的每个分量在 x 处都连续，则称 f 在 x **一阶连续可微**。如果 Hesse 矩阵 $\nabla^2 f(x)$ 的各个分量函数都连续，则称 f 在 x **二阶连续可微**。如果 f 在开集 D 的每一点都连续可微，则称 f 在 D 上**一阶连续可微**。如果 f 在开集 D 的每一点都二阶连续可微，则称 f 在 D 上**二阶连续可微**。

若 f 在 x 二阶连续可微，则 $\dfrac{\partial^2 f(x)}{\partial x_i \partial x_j} = \dfrac{\partial^2 f(x)}{\partial x_j \partial x_i}$，$(i, j = 1, 2, \cdots, n)$，即 **Hesse 矩阵 $\nabla^2 f(x)$ 是对称阵**。负的 Hesse 矩阵在统计推断中具有重要的应用。

考虑向量值函数 $h(x) = (h_1(x), \cdots, h_m(x))^{\mathrm{T}}$，其中每个分量 $h_i(x)$ 为 n 元实函数，假设对所有 i, j 偏导数 $\dfrac{\partial h_i(x)}{\partial x_j}$ 存在，则 h 在 x 的 **Jacobi 矩阵**为

$$
\begin{pmatrix}
\dfrac{\partial h_1(x)}{\partial x_1} & \dfrac{\partial h_1(x)}{\partial x_2} & \cdots & \dfrac{\partial h_1(x)}{\partial x_n} \\[2mm]
\dfrac{\partial h_2(x)}{\partial x_1} & \dfrac{\partial h_2(x)}{\partial x_2} & \cdots & \dfrac{\partial h_2(x)}{\partial x_n} \\[2mm]
\vdots & \vdots & & \vdots \\[2mm]
\dfrac{\partial h_m(x)}{\partial x_1} & \dfrac{\partial h_m(x)}{\partial x_2} & \cdots & \dfrac{\partial h_m(x)}{\partial x_n}
\end{pmatrix}
\tag{1.1.3}
$$

考虑到标量函数的梯度定义，有时也把向量函数 $h(x)$ 的 Jacobi 矩阵的转置称为 **h 在 x 的梯度矩阵**，记为 $\nabla h(x) = J_h(x)^{\mathrm{T}}$。

1.1.2 Taylor 定理

为了描述函数收敛的相对阶数，我们首先定义 O（同阶）和 o（高阶）。设 f, g 为定义在同一区间上函数，x_0 为此区间内或边界上一点，函数 $g(x) \neq 0$，其中在 x_0 的一个邻域内 $x \neq x_0$，如果存在一个常数 M 满足：当 $x \to x_0$ 时，$|f(x)| \leqslant M|g(x)|$，则称

$$
f(x) = O(g(x))
\tag{1.1.4}
$$

例如，当 $n \to \infty$ 时，$\dfrac{n+1}{n^2} = O\left(\dfrac{1}{n}\right)$。如果 $\lim\limits_{x \to x_0} \dfrac{f(x)}{g(x)} = 0$，则称

$$
f(x) = o(g(x))
\tag{1.1.5}
$$

Taylor 定理给出了函数 f 的一个多项式近似。设 f 在区间 (a, b) 上具有 $n+1$ 阶导数，在区间 $[a, b]$ 上有连续的 n 阶导数，则对于任意一个不同于 x 的 $x_0 \in [a, b]$，函数 f 在点 x_0 的 Taylor 级数展开为

$$
f(x) = \sum_{k=0}^{n} \frac{1}{k!} f^{(k)}(x_0)(x - x_0)^k + R_n
\tag{1.1.6}
$$

其中，$f^{(k)}(x_0)$ 为函数 f 在点 x_0 的 k 阶导数，且

$$R_n = \frac{1}{(n+1)!} f^{(n+1)}(\xi)(x-x_0)^{n+1}, \quad \xi \in [x, x_0]$$

注意，当 $|x-x_0| \to 0$ 时，$R_n = O(|x-x_0|^{n+1})$。

多元 Taylor 定理与之类似，例如，多元函数 $f(x)$ 在 $\overline{x}$ 的二阶 Taylor 展开式为

$$f(x) = f(\overline{x}) + \nabla f(\overline{x})^{\mathrm{T}}(x-\overline{x}) + \frac{1}{2}(x-\overline{x})^{\mathrm{T}} \nabla^2 f(\overline{x})(x-\overline{x}) + o(\|(x-\overline{x})\|^2)$$

其中，$o(\|(x-\overline{x})\|^2)$ 当 $\|(x-\overline{x})\|^2 \to 0$ 时，关于 $\|(x-\overline{x})\|^2$ 是高阶无穷小。

Taylor 展开式在理论证明及算法设计中都发挥了很大的作用。

Euler-Maclaurin 公式在渐近分析中很有用。如果 f 在 $[0,1]$ 上具有 $2n$ 阶连续导数，则

$$\int_0^1 f(x)\mathrm{d}x = \frac{f(0)+f(1)}{2} - \sum_{i=0}^{n-1} \frac{b_{2i}(f^{(2i-1)}(1)-f^{(2i-1)}(0))}{(2i)!} - \frac{b_{2n} f^{(2n)}(\xi)}{(2n)!} \quad (1.1.7)$$

其中，$0 \leqslant \xi \leqslant 1$，$b_i = B_i(0)$。由下列迭代关系确定

$$\sum_{i=0}^m \binom{m+1}{i} B_i(z) = (m+1)z^m$$

其初值 $B_0(z) = 1$。

此结论由分步积分证得。

1.1.3 数学极限理论

下面我们介绍用有限差分来数值近似一个函数的导数。例如，函数 f 在点 x 处梯度的第 i 个分量为

$$\frac{\mathrm{d}f(x)}{\mathrm{d}x_i} \approx \frac{f(x+\varepsilon_i e_i) - f(x-\varepsilon_i e_i)}{2\varepsilon_i} \quad (1.1.8)$$

其中，ε_i 是任意的一个小数；e_i 是第 i 个梯度方向的单位向量。一般地，人们可从 $\varepsilon_i = 0.01$ 或 $\varepsilon_i = 0.001$ 开始，采用逐步减少 ε_i 的序列来近似所求导数，并且这种近似方法一般可逐步得到改善，直到当 ε_i 非常小时导致计算退化且计算完全由计算机四舍五入所控制。

有限差分法可用来近似函数 f 在 x 处的二阶导数，即

$$\frac{\mathrm{d}f(x)}{\mathrm{d}x_i \mathrm{d}x_j} \approx \frac{f(x+\varepsilon_i e_i+\varepsilon_j e_j) - f(x+\varepsilon_i e_i-\varepsilon_j e_j) - f(x-\varepsilon_i e_i+\varepsilon_j e_j) + f(x-\varepsilon_i e_i-\varepsilon_j e_j)}{4\varepsilon_i \varepsilon_j}$$

它仍可以用类似 ε_i 序列来改进近似差分。

设已给出 3 个节点 $x_0, x_1 = x_0 + h, x_2 = x_0 + 2h$ 上的函数值，则它们的导数分别是

$$f'(x_0) \approx \frac{1}{2h}[-3f(x_0) + 4f(x_1) - f(x_2)] \quad \text{（端点的导数）}$$

$$f'(x_1) \approx \frac{1}{2h}[-f(x_0) + f(x_2)] \qquad \text{（称中心差商，两端点除外的导数）}$$

$$f'(x_2) \approx \frac{1}{2h}[f(x_0) - 4f(x_1) + 3f(x_2)] \quad （端点的导数）$$

例 1.1.1 已知 $y = f(x)$ 的数值如表 1.1 所示，用上述公式计算 $x = 2.5, 2.7$ 处的函数一阶导数值。

表 1.1　　$y = f(x)$ 的数值

x	2.5	2.6	2.7	2.8	2.9
y	12.182 5	13.463 7	14.879 7	16.444 6	18.174 1

R 程序如下：

```
zx=c(2.5,2.6,2.7,2.8,2.9);
y=c(12.1825,13.4637,14.8797,16.4446,18.1741);
n=length(x);a=x[2]-x[1];z=0;
for(i in 1:1:n){
    if(i==1) {z[i]=1/(2*a)*(-3*y[1]+4*y[2]-y[3]);}
    else if(i==n) {z[i]=1/(2*a)*(y[n-2]-4*y[n-1]+3*y[n]);}
    else {z[i]=1/(2*a)*(y[i+1]-y[i-1]);}
}
z
```

运行结果为：

[1] 12.1380 13.4860 14.9045 16.4720 18.1180

所以 $f'(2.5) = 12.138\ 0$，　$f'(2.7) = 14.904\ 5$。

1.2　概率论

目前，中学阶段对学生概率统计知识已有一定要求，基本可满足随机模拟的初步学习。

1.2.1　概率的定义与计算

在一定条件下并不总是出现相同结果的现象称为**随机现象**，这类现象有两个特点：① 结果不止一个；② 哪一个结果出现，事先不能确定。

随机现象有大量和个别之分。在相同条件下可以（至少原则上可以）重复出现的随机现象，称为**大量随机现象**；带有偶然性但原则上不能在相同条件下重复出现的随机现象，称为**个别随机现象**，如一切带有偶然性特点的具体历史事件。

在相同的条件下可以重复的随机现象称为**随机试验**，即一个试验如果满足：

（1）可以在相同的条件下重复进行；

（2）其结果具有多种可能性；

（3）在每次试验前，不能预言将出现哪一个结果，但知道其所有可能出现的结果。

则称这样的试验为**随机试验**。

随机试验是对随机现象的一次观察或试验，通常用大写字母 E 表示，简称**试验**。随机试验的一切可能基本结果组成的集合称为**样本空间（sampling space）**，用 Ω 表示；其每个元素称为**样本点（sample point）**，又称为**基本结果**，用 ω 表示。样本点是抽样的基本单元，认识随机现象首先要列出它的样本空间。

在样本空间 Ω 中，具有某种性质的样本点构成的子集称为**随机事件**，简称**事件（event）**，常用大写字母 A,B,C 等表示。在一般情况下，我们也称 Ω 的子集为**随机事件**。任何样本空间 Ω 都有两个特殊子集，即空集 $\varnothing$ 和 Ω 自身，其中空集 $\varnothing$ 称为**不可能事件**，指每次试验一定不会发生的事件；Ω 自身称为**必然事件**，指在每次试验中都必然发生的事件。事件之间的关系与集合之间的关系建立了一定的对应法则，因而事件之间的运算法则与 Borel（布尔）代数中集合的运算法则相同。

如果 $\mathcal{F}$ 是样本空间 Ω 中的某些子集的集合，它满足：

（1）$\Omega \in \mathcal{F}$ ；

（2）若 $A \in \mathcal{F}$ ，则 $\overline{A} \in \mathcal{F}$ ；

（3）若 $A_i \in \mathcal{F}, i = 1,2,\cdots$ ，则 $\bigcup\limits_{i=1}^{\infty} A_i \in \mathcal{F}$ 。

则称 $\mathcal{F}$ 为 σ 域，或 σ 代数、**事件域**。最简单的 σ 域为 $\{\Omega,\varnothing\}$ ，称为**平凡 σ 域**。

在概率论中，$(\Omega,\mathcal{F})$ 又称为**可测空间**，这里可测指的是 $\mathcal{F}$ 中的元素都具有概率，即都是可度量的。

设 $\Omega = \mathbf{R}$ ，$x \in \mathbf{R}$ ，由所有半无限闭区间 $(-\infty, x]$ 生成的最小 σ 域称为 $\mathbf{R}$ 上的 **Borel σ 域**，记为 $\mathcal{B}(\mathbf{R})$ ，其中的元素称为 **Borel 集合**。

定义 1.2.1 设 Ω 是一个样本空间，$\mathcal{F}$ 为 Ω 的某些子集组成的一个事件域，如果对 $\forall A \in \mathcal{F}$ ，定义在 $\mathcal{F}$ 上的一个集合函数 $P(A)$ 与之对应，它满足：

（1）非负性公理：$0 \leqslant P(A) \leqslant 1$ ；

（2）正则性公理：$P(\Omega) = 1$ ；

（3）可列可加性公理：设 $A_i \in \mathcal{F}, i = 1,2,\cdots$ ，且 $A_i \bigcap A_j = \varnothing, i \neq j$ ，有

$$P\left(\bigcup_{i=1}^{\infty} A_i\right) = \sum_{i=1}^{\infty} P(A_i)$$

则称 $P(A)$ 为事件 A 的概率；P 称为**概率测度**，简称为**概率（probability）**；三元总体 $(\Omega,\mathcal{F},P)$ 称为**概率空间**。

概率的公理化定义刻画了概率的本质，即**概率是集合函数且满足上述三条公理**。事件域的引进使我们的模型有了更大的灵活性，在实际问题中我们根据问题的性质选择合适的 $\mathcal{F}$ ，一般选 Ω 一切子集为 $\mathcal{F}$ 。事件域可以保证随机事件经过各种运算后仍是随机事件。

利用概率的公理化定义，可导出概率的一系列性质。

性质 1.2.1 $P(\varnothing) = 0$

概率论中，将概率很小（通常认为小于 0.05）的事件称作**小概率事件（small probability event）**。**小概率事件原理**又称为**实际推断原理**：在原假设成立的条件下，小概率事件在一次

试验中可以看成不可能事件，如果在一次试验中小概率事件发生了，则矛盾，即原假设不正确。

小概率事件原理是概率论的精髓，是统计学发展、存在的基础，它使得人们在面对大量数据而需要做出分析与判断时，能够依据具体情况的推理来做出决策，从而使统计推断具备严格的数学理论依据。

性质 1.2.2 **有限可加性**：设 $A_i \in \mathcal{F}, i = 1, 2, \cdots, n$，且 $A_i \bigcap A_j = \varnothing, i \neq j$，则

$$P\left(\bigcup_{i=1}^{n} A_i\right) = \sum_{i=1}^{n} P(A_i)$$

性质 1.2.3 **加法公式**：对任意两事件 A, B，有

$$P(A \bigcup B) = P(A) + P(B) - P(AB)$$

加法公式还能推广到多个事件。设 A_1, A_2, A_3 为任意三个事件，则有

$$P(A_1 \bigcup A_2 \bigcup A_3) = \sum_{i=1}^{3} P(A_i) - P(A_1 A_2) - P(A_1 A_3) - P(A_2 A_3) + P(A_1 A_2 A_3)$$

利用样本点在等式两端计算次数相等可直观证明这个公式。

一般，对于任意 n 个事件 $A_1, \cdots, A_n$，可以用数学归纳法得

$$P\left(\bigcup_{i=1}^{n} A_i\right) = \sum_{i=1}^{n} P(A_i) - \sum_{1 \leqslant i < j \leqslant n} P(A_i A_j) + \sum_{1 \leqslant i < j < k \leqslant n} P(A_i A_j A_k) + \cdots + (-1)^{n-1} P(A_1 A_2 \cdots A_n)$$

称为**容斥原理**，也称为**多去少补原理**。

事件的概率通常是未知的，但公理化定义并没有告诉人们如何去确定概率。历史上在公理化定义出现之前，概率的统计定义、古典定义、几何定义和主观定义都在一定的场合下有着确定概率的方法，所以有了公理化定义后，它们可以作为概率的确定方法。

定义 1.2.2 设 A, B 是两个随机事件，且 $P(B) > 0$，称

$$P(A \mid B) = \frac{P(AB)}{P(B)}$$

为**在事件** B **发生条件下事件** A **发生的条件概率**（conditional probability）。

由条件概率的定义立即可得**乘法公式**

$$P(A \mid B) = \frac{P(AB)}{P(B)} \Rightarrow P(AB) = P(B) P(A \mid B), \quad (P(B) > 0)$$

$$P(B \mid A) = \frac{P(AB)}{P(A)} \Rightarrow P(AB) = P(A) P(B \mid A), \quad (P(A) > 0)$$

乘法公式也称为**联合概率**，是指两个任意事件乘积的概率，或称之为**交事件的概率**，也可称为**链式规则**，它是一种把联合概率分解为条件概率的方法。对 $\forall n$ 个事件 $A_1, \cdots, A_n$，若 $P(A_1 \cdots A_n) > 0$，则

$$P(A_1 \cdots A_n) = P(A_1)P(A_2 \mid A_1)P(A_3 \mid A_1 A_2) \cdots P(A_n \mid A_1 \cdots A_{n-1})$$

全概率公式是概率论中的一个重要公式，它提供了计算复杂事件概率的一条有效途径，使一个复杂事件的概率计算问题化繁为简。设 $A_1, A_2, \cdots, A_n$ 是 Ω 的一组事件，若 $\bigcup\limits_{i=1}^{n} A_i = \Omega$ 且 $A_i A_j = \varnothing (i \neq j)$，则称 $A_1, A_2, \cdots, A_n$ 为 Ω 的一个**完备事件组**或一个**分割**。

定理 1.2.1 全概率公式：设 $A_1, \cdots, A_n$ 是 Ω 的一个分割，且 $P(A_i) > 0$，$i = 1, \cdots, n$，则对任一事件 B 有

$$P(B) = \sum_{i=1}^{n} P(A_i)P(B \mid A_i)$$

已知结果求原因在实际中更为常见，它所求的是条件概率，是已知某结果发生条件下，探求各原因发生可能性大小。

定理 1.2.2 贝叶斯公式：设 $A_1, A_2, \cdots, A_n$ 是 Ω 的一个分割，且 $P(A_i) > 0$，$i = 1, 2, \cdots, n$，若对任一事件 B，$P(B) > 0$，则有

$$P(A_i \mid B) = \frac{P(A_i)P(B \mid A_i)}{\sum\limits_{j=1}^{n} P(A_j)P(B \mid A_j)}, \quad (i = 1, 2, \cdots, n)$$

一般来说，$P(A \mid B) \neq P(A)$，$P(B) > 0$，这表明事件 B 的发生提供了一些信息，影响了事件 A 发生的概率。但在有些情况下，$P(A \mid B) = P(A)$，从这可以想象得到这必定是事件 B 的发生对 A 发生的概率不产生任何影响，或不提供任何信息，即事件 A 与 B 发生的概率是相互不影响的，这就是事件 A, B 相互独立。

定义 1.2.3 若两事件 A, B 满足 $P(AB) = P(A)P(B)$，则称 A 与 B **相互独立**。

由于概率为 0 或 1 的事件之间具有非常复杂的关系，故请初学者注意：

（1）$\varnothing, \Omega$ 与任何事件相互独立；进一步有：概率为 0 或 1 的事件与任何事件相互独立。假如往线段 [0,1] 上任意投一点，令事件 A = "点落在 0"，事件 B = "点落在 0 或 1"，则 $A \subset B$，但事件 A, B 相互独立。

（2）事件的独立是指事件发生的概率互不影响，但可同时发生，而互不相容只是说两个事件不能同时发生，故事件 A, B 互不相容 $\Leftrightarrow$ 事件 A, B 相互独立。

对于三个事件 A, B, C，若下列四个等式同时成立

$$\begin{cases} P(AB) = P(A)P(B) \\ P(AC) = P(A)P(C) \\ P(BC) = P(B)P(C) \\ P(ABC) = P(A)P(B)P(C) \end{cases} \tag{1.2.1}$$

则称 A, B, C **相互独立**（independent）。

若式（1.2.1）中只有前三个式子成立，则称 A, B, C **两两相互独立**。

直观上说，当进行几个随机试验时，如果每个试验无论出现什么结果都不影响其他试验中各事件出现的概率，就称这些试验是独立的。

设有两个试验 E_1 和 E_2，假如试验 E_1 的任一结果与试验 E_2 的任一结果都是相互独立的事件，则称**这两个试验是相互独立的**。

1.2.2　随机变量

为全面研究随机试验的结果，揭示客观存在的统计规律性，我们必须将随机试验的结果与实数对应起来，即必须把随机试验的结果数量化，这就是引入随机变量的原因。随机变量的引入使得对随机现象的处理更简单与直接，也更统一而有力，更便于进行定量的数学处理。

定义 1.2.4　定义在样本空间 $\Omega = \{\omega\}$ 到实数集上的一个实值单值函数 $X(\omega)$ 称为**随机变量**（**random variables**），若对 $\forall x \in \mathbf{R}$，$\{\omega \mid X(\omega) \leqslant x\}$ 都是随机事件，即

$$\forall x \in \mathbf{R}, \quad \{\omega \mid X \leqslant x\} \in \mathcal{F}$$

进一步有：设 $(\Omega, \mathcal{F}, P)$ 为一概率空间，$X(.) = (X_1, \cdots, X_n)$ 是定义在 $\Omega = \{\omega\}$ 上的 n 元实值函数，如果对 $\forall x = (x_1, \cdots, x_n) \in \mathbf{R}^n$，有

$$\{\omega \mid X_1(\omega) \leqslant x_1, \cdots, X_n(\omega) \leqslant x_n\} \in \mathcal{F}$$

则称 $X(.) = (X_1, \cdots, X_n)$ 为 n **维随机向量**，也称为 n **维随机变量**。

为掌握 X 的统计规律，只需掌握 X 取各值的概率，于是引入概率分布来描述随机变量的统计规律，但概率分布难以表示，我们可根据概率的累加特性，引入分布函数 F 来描述随机变量的统计规律。

设 X 为随机变量，x 为任意实数，称函数

$$F(x) = P\{X \leqslant x\}$$

为 X 的**分布函数**（**cumulative distribution function**），且称 X 服从 $F(x)$，记为 $X \sim F(x)$。

进一步有：

$$F(x) = F(x_1, \cdots, x_n) = P(X_1 \leqslant x_1, \cdots, X_n \leqslant x_n), \quad \forall x = (x_1, \cdots, x_n) \in \mathbf{R}^n$$

称为 $X = (X_1, \cdots, X_n)$ 的**联合分布函数**。

联合分布函数含有丰富的信息，我们的目的是将这些信息从联合分布中挖掘出来。下面，我们先讨论每个变量的分布，即边际分布。

二维随机向量 (X, Y) 具有联合分布 $F(x, y)$，X, Y 都是随机变量，各自有分布函数，将它们记为 $F_X(x)$，$F_Y(y)$ 依次称为二维随机向量 (X, Y) 关于 X 和关于 Y 的**边际分布函数**。边际分布也称为**边缘分布**。

顾名思义，边际分布就是二维随机向量 (X, Y) 边的分布，即 X, Y 的分布函数，边际分布函数可以由联合分布函数确定。事实上，

$$F_X(x) = P(X \leqslant x) = P(X \leqslant x, Y \leqslant +\infty) = F(x, +\infty), \quad 即$$

$$F_X(x) = F(x, +\infty)$$

同理可得

$$F_Y(y) = F(+\infty, y)$$

随机变量在概率与统计的研究中应用非常普遍，因此可以这样说，如果微积分是研究变量的数学，那么概率与统计是研究随机变量的数学。通常可将随机变量分为两类：

（1）**离散型随机变量**：所有取值可以一一列举。

若随机变量 X 只可能取有限或可列个值，则称 X 为**离散型随机变量**。如果离散型随机变量 X 的所有可能取值为 $x_1,\cdots,x_n,\cdots$，则称 X 取 x_i 的概率为

$$p_i = p(x_i) = P(X = x_i), \quad (i = 1,2,\cdots)$$

为 X 的**概率分布列**，简称**分布列**，记作 $X \sim \{p_i\}$。

分布列也可表示为 $\begin{pmatrix} x_1 & \cdots & x_n & \cdots \\ p_1 & \cdots & p_n & \cdots \end{pmatrix}$，或表示为**概率分布表**

X	x_1	x_2	$\cdots$	x_n	$\cdots$
P	p_1	p_2	$\cdots$	p_n	$\cdots$

如果二维随机向量 (X,Y) 只取有限个或可列个数对 (x_i,y_j)，则称 (X,Y) 为**二维离散随机向量**，称

$$p_{ij} = P(X = x_i, Y = y_j), \quad (i,j = 1,2,\cdots)$$

为 (X,Y) 的**联合分布列**。

对于离散型随机变量 X，边际分布为

$$F_X(x) = F(x,+\infty) = \sum_{x_i \leqslant x} \sum_{j=1}^{+\infty} p_{ij}, \quad F_Y(y) = F(+\infty,y) = \sum_{y_j \leqslant y} \sum_{i=1}^{+\infty} p_{ij}$$

离散随机变量 X 的分布列为

$$P(X = x_i) = P(X = x_i, Y \leqslant +\infty) = \sum_{j=1}^{+\infty} P(X = x_i, Y = y_j) = \sum_{j=1}^{+\infty} p_{ij} = p_{i\cdot}, \ (i = 1,2,\cdots)$$

同理可得离散随机变量 Y 的分布列为

$$P(Y = y_j) = \sum_{i=1}^{+\infty} p_{ij} = p_{\cdot j}, \quad (j = 1,2,\cdots)$$

分别称 $p_{i\cdot}, i = 1,2,\cdots$ 和 $p_{\cdot j}, \quad j = 1,2,\cdots$ 为 (X,Y) 关于 X，Y 的**边际分布列**。

对一切使得 $P(Y = y_j) = \sum_{i=1}^{+\infty} p_{ij} = p_{\cdot j} > 0$ 的 y_j，称

$$p_{i|j} = P(X = x_i \mid Y = y_j) = \frac{P(X = x_i, Y = y_j)}{P(Y = y_j)} = \frac{p_{ij}}{p_{\cdot j}}, \quad (i = 1,2,\cdots)$$

为在**给定 $Y = y_j$ 条件下 X 的条件分布列**。

同理，对一切使得 $P(X = x_i) = \sum_{j=1}^{+\infty} p_{ij} = p_{i\cdot} > 0$ 的 x_i，称

$$p_{j|i} = P(Y = y_j \mid X = x_i) = \frac{P(X = x_i, Y = y_j)}{P(X = x_i)} = \frac{p_{ij}}{p_{i\cdot}}, \quad (j = 1, 2, \cdots)$$

为在**给定** $X = x_i$ **条件下** Y **的条件分布列**。

有了条件分布列，我们就可以定义离散随机向量的条件分布。

在给定 $Y = y_j$ 条件下 X 的**条件分布函数**为

$$F(x \mid y_j) = P(X \leqslant x \mid Y = y_j) = \sum_{x_i \leqslant x} P(X = x_i \mid Y = y_j) = \sum_{x_i \leqslant x} p_{i|j}$$

在给定 $X = x_i$ 条件下 Y 的**条件分布函数**为

$$F(y \mid x_i) = \sum_{y_i \leqslant y} P(Y = y_j \mid X = x_i) = \sum_{y_i \leqslant y} p_{j|i}$$

（2）**连续型随机变量**：全部可能取值不仅无穷多，而且还不能一一列举，而是充满一个区间。

设随机变量 X 的分布函数为 $F(x)$，如果存在一个非负函数 $f(x)$，使得对于 $\forall x \in \mathbf{R}$，有 $F(x) = \int_{-\infty}^{x} f(t)\mathrm{d}t$，则称 X 为**连续型随机变量**，$f(x)$ 称为 X 的**概率密度函数**（**probability density function**），简称**密度函数**。

如果存在二元非负函数 $f(x, y)$，使得二维随机向量 (X, Y) 的分布函数

$$F(x, y) = \int_{-\infty}^{x} \int_{-\infty}^{y} f(u, v)\mathrm{d}v\mathrm{d}u$$

则称 (X, Y) 为**二维连续型随机向量**，称 $f(x, y)$ 为 (X, Y) 的**联合密度函数**。

对于连续型随机变量，边际分布为

$$F_X(x) = F(x, +\infty) = \int_{-\infty}^{x} \int_{-\infty}^{+\infty} f(u, v)\mathrm{d}v\mathrm{d}u, \quad F_Y(y) = F(+\infty, y) = \int_{-\infty}^{+\infty} \int_{-\infty}^{y} f(u, v)\mathrm{d}v\mathrm{d}u$$

对分布函数进行求导可得其密度函数，故

$$f_X(x) = \int_{-\infty}^{+\infty} f(x, v)\mathrm{d}v, \quad f_Y(y) = \int_{-\infty}^{+\infty} f(u, y)\mathrm{d}u$$

分别称 $f_X(x)$，$f_Y(y)$ 为 (X, Y) 关于 X，Y 的**边际密度函数**。

对于一切 $f_Y(y) > 0$ 的 y，在给定 $Y = y$ 条件下，X 的条件分布函数和条件密度函数分别为

$$F(x \mid y) = \int_{-\infty}^{x} \frac{f(u, y)}{f_Y(y)}\mathrm{d}u, \quad f(x \mid y) = \frac{f(x, y)}{f_Y(y)}$$

同理，对于一切 $f_X(x) > 0$ 的 x，在给定 $X = x$ 条件下，Y 的条件分布函数和条件密度函数分别为

$$F(y \mid x) = \int_{-\infty}^{y} \frac{f(x, v)}{f_X(x)}\mathrm{d}v, \quad f(y \mid x) = \frac{f(x, y)}{f_X(x)}$$

借助于事件的独立性概念，可以很自然地引进随机变量的独立性。

定义 1.2.5 设 X, Y 是定义在同一概率空间 $(\Omega, \mathcal{F}, P)$ 上的随机变量，$F(x, y)$ 与 $F_1(x), F_2(y)$

分别为其联合分布函数与边际分布函数，如果

$$F(x,y) = F_1(x)F_2(y), \forall x, y \in \mathbf{R}$$

就称 X, Y 是**相互独立**的。

由此可导出离散随机变量与连续随机变量独立性的判别方法。

在离散场合，$X_1, \cdots, X_n$ 相互独立的充要条件为

$$P(X_1 = x_1, \cdots, X_n = x_n) = \prod_{i=1}^{n} P(X_i = x_i)$$

在连续场合，$X_1, \cdots, X_n$ 相互独立的充要条件为联合密度函数，即

$$f(x_1, x_2, \cdots, x_n) = \prod_{i=1}^{n} f_{X_i}(x_i)$$

虽然随机变量的分布函数可以完全描述它的分布规律，但要找到其分布函数不是一件容易的事。另一方面，在实际问题中，为了描述随机变量在某一些方面的概率特征，不一定都要求出它的分布函数，往往需要求出描述随机变量概率特征的几个表征值就够了，如平均水平、离散程度等，这就需要引入随机变量的数字特征，它在理论和应用中都很重要。

定义 1.2.6 设随机变量 X 的分布函数为 $F(x)$，若 $\int_{\mathbf{R}} |x| \, dF(x) < \infty$，则称 $EX = \int_{\mathbf{R}} x \, dF(x)$ 为 X 的**数学期望**（**mathematical expectation**），否则称 X 数学期望不存在。

事实上，数学期望的本质是**随机变量的取值乘以对应取值概率的总和**，即

$$EX = \sum_x xP(X = x) = \begin{cases} \sum_{x_i} x_i p_i, & \text{若} X \text{离散时} \\ \int_{\mathbf{R}} xf(x)dx, & \text{若} X \text{连续时} \end{cases}$$

同理也应有

$$E[g(X)] = \sum_x g(x)P(X = x) = \begin{cases} \sum_{x_i} g(x_i) p_i, & \text{若} X \text{离散时} \\ \int_{\mathbf{R}} g(x)f(x)dx, & \text{若} X \text{连续时} \end{cases}$$

设 X 为一随机变量，若 $E(X - EX)^2$ 存在，则称 $E(X - EX)^2$ 为随机变量 X 的**方差**，记为 DX 或 $\mathrm{var}(X)$，而称 $\sqrt{DX}$ 为**标准差**（**standard deviation**）或**均方差**。

设 (X, Y) 是一个二维随机变量，若 $E[(X - EX)(Y - EY)]$ 存在，则称其数学期望为 X 与 Y 的**协方差**（**Covariance**），记为

$$\mathrm{cov}(X,Y) = E[(X - EX)(Y - EY)]$$

若 $\mathrm{var}(X) > 0, \mathrm{var}(Y) > 0$，则称

$$\rho_{XY} = \frac{\mathrm{cov}(X,Y)}{\sqrt{\mathrm{var}(X)\,\mathrm{var}(Y)}} = \frac{\mathrm{cov}(X,Y)}{\sigma_X \sigma_Y}$$

为 X 与 Y 的**相关系数**（**correlation coefficient**）。

表 1.2 和表 1.3 给出了常见随机变量的概率分布及其数字特征供读者查阅。

表 1.2　常见离散随机变量的概率分布与特征

名称	记号和参数空间	密度和样本空间	期望与方差
二项	$X \sim B(n,p)$, $0 \leqslant p \leqslant 1$	$f(x) = C_n^x p^x q^{n-x}$, $x = 0,1,\cdots,n, q = 1-p$	$EX = np$,　$DX = npq$
多项	$X \sim MB(n,p)$, $p = (p_1,\cdots,p_k), 0 \leqslant p_i \leqslant 1$ $\sum p_i = 1, n = 1,2,\cdots$	$f(x) = \begin{pmatrix} n \\ x_1,\cdots,x_n \end{pmatrix} \prod_{i=1}^{k} p_i^{x_i}$, $x = (x_1,\cdots,x_k)$, $x_i = 0,1,\cdots,n$,　$\sum x_i = n$	$EX = np, DX = np_i(1-p_i)$, $\mathrm{cov}(X_i,X_j) = -np_i p_j$
负二项	$X \sim NB(r,p)$, $0 < p < 1$	$f(x) = C_{r+x-1}^{r-1} p^r (1-p)^x$, $x = 0,1,\cdots$	$EX = \dfrac{rq}{p}, DX = \dfrac{rq}{p^2}$, $q = 1-p$
泊松	$X \sim P(\lambda)$ $\lambda > 0$	$f(x) = \dfrac{\lambda^x \mathrm{e}^{-\lambda}}{x!}$,　$x = 0,1,\cdots$	$EX = \lambda, DX = \lambda$
超几何	$X \sim h(n,N,M)$, n,N,M 均为正整数 , $M \leqslant N, n \leqslant N$	$f(x) = \dfrac{C_M^x C_{N-M}^{n-x}}{C_N^n}$, $x = 1,2,\cdots,\min\{M,n\}$	$EX = n\dfrac{M}{N}$ $DX = \dfrac{nM(N-M)(N-n)}{N^2(N-1)}$

注：$n! = n \times (n-1) \times \cdots \times 3 \times 2 \times 1$ ，$0! = 1$ ，$C_n^x = \begin{pmatrix} n \\ x \end{pmatrix} = \dfrac{n!}{x!(n-x)!}$ ，$\begin{pmatrix} n \\ x_1,\cdots,x_m \end{pmatrix} = \dfrac{n!}{\prod\limits_{i=1}^{m} x_i!}$ ，其中 $n = \sum\limits_{i=1}^{m} x_i$

$$\Gamma(r) = \begin{cases} (r-1)!, & \text{如果} r = 1,2,\cdots \\ \int_0^\infty t^{r-1} \exp(-t)\mathrm{d}t, & \text{如果} r > 0 \end{cases} \quad \Gamma\left(\dfrac{1}{2}\right) = \sqrt{\pi}$$

且对任意正整数 n ，

$$\Gamma\left(n + \dfrac{1}{2}\right) = \dfrac{1 \times 3 \times 5 \times \cdots \times (2n-1)\sqrt{\pi}}{2^n}$$

表 1.3　常见连续随机变量的概率分布与特征

名称	记号和参数空间	密度和样本空间	期望与方差
均匀	$X \sim U(a,b)$, $a,b \in \mathbf{R}$ 且 $a < b$	$f(x) = \dfrac{1}{b-a}, x \in [a,b]$	$EX = \dfrac{a+b}{2}, DX = \dfrac{(b-a)^2}{12}$
正态	$X \sim N(\mu,\sigma^2)$, $\mu \in \mathbf{R}, \sigma > 0$	$f(x) = \dfrac{1}{\sqrt{2\pi}\sigma} \exp\left\{ \dfrac{-(x-\mu)^2}{\sigma^2} \right\}$, $x \in \mathbf{R}$	$EX = \mu$, $DX = \sigma^2$
对数正态	$X \sim LN(\mu,\sigma^2)$, $\mu \in \mathbf{R}, \sigma > 0$	$f(x) = \dfrac{1}{\sqrt{2\pi}\sigma x} \exp\left\{ \dfrac{-(\ln x - \mu)^2}{2\sigma^2} \right\}$, $x > 0$	$EX = \exp\{\mu + \sigma^2/2\}$, $DX = \mathrm{e}^{2\mu + 2\sigma^2} - \mathrm{e}^{2\mu - \sigma^2}$
柯西	$X \sim C(\alpha,\beta)$, $\alpha \in \mathbf{R}, \beta > 0$	$f(x) = \dfrac{1}{\pi\beta\left[1 + \left(\dfrac{x-\alpha}{\beta}\right)^2 \right]}, x \in \mathbf{R}$	EX, DX 不存在

名称	记号和参数空间	密度和样本空间	期望与方差
指数	$X \sim Exp(\lambda)$，$\lambda > 0$	$f(x) = \lambda e^{-\lambda x}, x > 0$	$EX = \dfrac{1}{\lambda}, DX = \dfrac{1}{\lambda^2}$
伽马	$X \sim \Gamma(r, \lambda)$ $r, \lambda > 0$	$f(x) = \dfrac{\lambda^r x^{r-1}}{\Gamma(r)} \exp\{-\lambda x\}, x > 0$	$EX = \dfrac{r}{\lambda}, DX = \dfrac{r}{\lambda^2}$
卡方	$X \sim \chi^2(n)$ $n > 0$	$f(x) = \Gamma\left(\dfrac{n}{2}, \dfrac{1}{2}\right), x > 0$	$EX = n, DX = 2n$
学生-t	$X \sim t(n)$，$n > 0$	$f(x) = \Gamma\left(\dfrac{n}{2}\right)^{-1} \Gamma\left(\dfrac{n+1}{2}\right)\left(1 + \dfrac{x^2}{n}\right)^{-\frac{n+1}{2}}$, $x \in \mathbf{R}$	$EX = 0, n > 1$，$DX = \dfrac{n}{n+2}, n > 2$
贝塔	$X \sim Beta(a, b)$，$a, b > 0$	$f(x) = \dfrac{\Gamma(a+b)}{\Gamma(a)\Gamma(b)} x^{a-1}(1-x)^{b-1}$, $x \in (0, 1)$	$EX = \dfrac{a}{a+b}$，$DX = \dfrac{ab}{(a+b)^2(a+b+1)}$
威布尔	$X \sim W(a, b)$ $a, b > 0$	$f(x) = abx^{b-1}\exp\{-ax^b\}$, $x > 0$	$EX = \dfrac{\Gamma(1+1/b)}{1/b}$，$DX = \dfrac{\Gamma(1+2/b) - \Gamma(1+1/b)^2}{a^{2/b}}$

1.2.3 极限定理

极限理论是概率论的基本理论，它在理论研究和应用中起着重要作用，有人认为概率论的真正历史应从第一个极限定理（伯努利大数定律）算起。大数定律是叙述随机变量序列的前一些项的算数平均值在某种条件下收敛到这些项均值的算数平均值；中心极限定理是确定在什么条件下，大量随机变量的和的分布逼近于正态分布，它解释了为什么正态分布具有较广泛的应用。

概率是频率的稳定值，其中"稳定"一词是什么含义？在前面我们直观上描述了稳定性：频率在其概率附近摆动，但如何摆动我们没说清楚，现在可以用大数定律彻底说清这个问题了。大数定律是自然界普遍存在的、经实践证明的定理，因为任何随机现象出现时都表现出随机性，然而当一种随机现象大量重复出现或大量随机现象的共同作用时，所产生的平均结果实际上是稳定的、几乎是非随机的。例如，各个家庭、甚至各个村庄的男和女的比例会有差异，这是随机性的表现，然而在较大范围（国家）中，男女的比例是稳定的。

定义 1.2.7 设 $\{X_n\}$ 是随机变量序列，X 是随机变量，若对 $\forall \varepsilon > 0$ 有

$$\lim_{n \to \infty} P\{|X_n - X| < \varepsilon\} = 1$$

则称 $\{X_n\}$ 以概率收敛于 X，记作 $X_n \xrightarrow{P} X$ 或 $\lim_{n \to \infty} X_n = X \ (P)$。

定义 1.2.8 设有一列随机变量序列 $\{X_n\}$，记 $\bar{X}_n = \dfrac{1}{n}\sum_{i=1}^{n} X_i$，若 $\bar{X}_n \xrightarrow{P} E\bar{X}_n$，则称该 $\{X_n\}$ 服从弱大数定律，简称**大数定律**。

随机变量的本质是函数，而函数是不能直接比较大小的，因此，我们只能通过算子将随机变量序列转化为实数列，然后通过实数列的收敛性来定义随机变量序列的收敛性，不同的算子产生了不同的收敛，比如，依概率收敛等。

首先，给出较为一般的 Markov 大数定律，其他几个大数定律可作为其特例。

定理 1.2.3　Markov 大数定律：对随机变量序列 $\{X_n\}$，若 $\dfrac{1}{n^2}D\left(\displaystyle\sum_{i=1}^{n}X_i\right)\to 0$，则 $\{X_n\}$ 服从大数定律。

$$\lim_{n\to\infty}P\left\{\left|\frac{1}{n}\sum_{i=1}^{n}X_i-\frac{1}{n}\sum_{i=1}^{n}EX_i\right|<\varepsilon\right\}=1$$

不同的大数定律只是对不同的随机变量序列 $\{X_n\}$ 而言：

推论 1.2.1　Chebyshev（切比雪夫）大数定律：设 $\{X_n\}$ 为一列两两不相关的随机变量序列，如果存在常数 C，使得 $DX_i\leqslant C,i=1,2,\cdots$，则 $\{X_n\}$ 服从大数定律。

注意，Chebyshev 大数定律只要求 $\{X_n\}$ 互不相关，并不要求它们是同分布的。

假如 $\{X_n\}$ 是独立同分布（i.i.d）的随机变量序列，且方差有限，则 $\{X_n\}$ 服从大数定律。

注：设 $X_1,\cdots,X_n,\cdots$ 是随机变量序列，如果其中任何有限个随机变量都相互独立，则称 $\{X_n,n\geqslant 1\}$ 是**独立随机变量序列**。

推论 1.2.2　Bernoulli（伯努利）大数定律：设 X_i i.i.d 于 $B(1,p)$，则 $\{X_n\}$ 服从大数定律。

等价形式：设事件 A 在每次试验中发生的概率为 p，n 次重复独立试验中事件 A 发生的次数为 v_A，则对于任意 $\varepsilon\geqslant 0$，有

$$\lim_{n\to\infty}P\left\{\left|\frac{v_A}{n}-p\right|<\varepsilon\right\}=1$$

即频率 v_A/n 依概率收敛（稳定）于概率 P。

人们在长期实践中认识到频率具有稳定性，即当试验次数不断增大时，频率稳定在一个数附近。这一事实显示了可以用一个数来表示事件发生的可能性的大小，也使人们认识到概率是客观存在的，进而由频率的性质、启发和抽象给出了概率的定义。总之，Bernoulli 大数定律提供了用频率来确定概率的理论依据，它说明，随着 n 的增加，事件 A 发生的频率 v_A/n 越来越可能接近其发生的概率 p，这就是频率稳定于概率的含义，或者说频率依概率收敛于概率。在实际应用中，当试验次数很大时，便可以用事件的频率来代替事件的概率。

推论 1.2.3　泊松大数定律：设 $X_i\sim B(1,p_i)$，$i=1,2,\cdots$ 且相互独立，则 $\{X_n\}$ 服从大数定律。

由泊松大数定律可知，当独立进行的随机试验的条件变化时，频率仍具有稳定性，它是改进了的 Bernoulli 大数定律。显然，Bernoulli 大数定律与泊松大数定律是 Chebyshev 大数定律的特例，而 Chebyshev 大数定律是 Markov 大数定律的特例。

上面的大数定律都要求方差存在，如果方差不存在，就不能直接应用 Chebyshev 不等式了，苏联数学家辛钦用截尾法克服了这一困难，但他研究的是 i.i.d 随机变量序列，这种序列在数理统计中也经常使用。由于只要求数学期望存在，因而使得大数定律有本质的突破。以下辛钦大数定律去掉了这一假设，仅设期望存在，但要求 X_i i.i.d。

定理 1.2.4 Khintchine（辛钦）大数定律：设随机变量序列 $\{X_i\}$ 是独立同分布的，若 $E(X_i), i=1,2,\cdots$ 存在，则 $\{X_n\}$ 服从大数定律。

注意：Bernoulli 大数定律也是辛钦大数定律的特例。

推论 1.2.4 设 X_i i.i.d，如果对正整数 $k>1$，$E(X_i^k)=\mu_k$，则对任意 $\varepsilon>0$，

$$\lim_{n\to\infty}P\left\{\left|\frac{1}{n}\sum_{i=1}^{n}X_i^k-\mu_k\right|<\varepsilon\right\}=1$$

辛钦大数定律说明，对于 i.i.d 随机变量序列，其前 n 项平均依概率收敛到其数学期望。**辛钦大数定律是数理统计参数估计矩法估计的理论基础**，即当 n 足够大时，可将样本均值作为总体 X 均值的估计值，而不必考虑 X 的分布怎样，在实际生活中，就是用观察值的平均去作为随机变量均值的估计值。不仅如此，辛钦大数定律应用于数值计算，产生了**统计试验法**，又称为**蒙特卡罗方法**。

在客观实际中有许多随机变量，它们是由大量的相互独立的随机因素的综合影响所形成的，而其中每一个因素在总的影响中所起的作用都是微小的。这种随机变量往往近似服从正态分布，这种现象就是中心极限定理的客观背景。在概率论中，习惯于把随机变量和的分布收敛于正态分布称作中心极限定理，它在概率论和统计中有非常广泛的应用。

定理 1.2.5 Lindeberg-Levy（林德伯格–列维）中心极限定理：设随机变量 $\{X_n\}$ i.i.d，$E(X_i)=\mu$，$D(X_i)=\sigma^2<\infty$，$i=1,2,\cdots$，则有

$$\lim_{n\to\infty}\frac{\sum_{i=1}^{n}X_i-n\mu}{\sqrt{n}\sigma}\sim N(0,1)$$

中心极限定理的内容包含极限，因而称它为极限定理是很自然的。又由于它在统计中的重要性，比如它是大样本统计的理论基础，故称为中心极限定理（Central Limit Theorem），这是波利亚（Polya）在 1920 年取的名字。定理 1.2.5 有广泛的应用，它只是假定 $\{X_n\}$ i.i.d 和方差存在，不管原来分布是什么，只要 n 充分大，它就可以用正态分布去逼近。

由 Lindeberg-Levy 中心极限定理马上可得：

推论 1.2.5 De-Moire-Laplace（棣莫弗-拉普拉斯）中心极限定理：设随机变量 $\{X_n\}$ i.i.d 于 $B(1,p)$，且记 $Y_n^*=\dfrac{\sum_{i=1}^{n}X_i-np}{\sqrt{npq}}$，则对于任意实数 y，有

$$\lim_{n\to+\infty}P(Y_n^*\leqslant y)=\Phi(y)=\frac{1}{\sqrt{2\pi}}\int_{-\infty}^{+\infty}e^{-\frac{t^2}{2}}dt，即\lim_{n\to\infty}Y_n^*\sim N(0,1)$$

从逻辑上我们可以说，Moivre-Laplace 中心极限定理是 Lindeberg-Levy 中心极限定理是推论，但实际上，Moivre-Laplace 中心极限定理是概率论历史上的第一个中心极限定理，它是专门针对二项分布的，因此称为"二项分布的正态近似"。泊松定理给出了"二项分布的泊松近似"，两者相比，一般在 p 较小时，用泊松近似较好，而在 $np>5$ 和 $n(1-p)>5$ 时，用正态分布近似较好。

定理 1.2.6 Lyapunov（李雅普诺夫）中心极限定理：设随机变量 $\{X_n\}$ 相互独立，它们有数学期望 $E(X_i) = \mu_i$，$D(X_i) = \sigma_i^2 > 0, i = 1, 2, \cdots$，记 $B_n^2 = \sum_{i=1}^{+\infty} \sigma_i^2$，若存在正数 δ，使得当 $n \to \infty$ 时，$\dfrac{1}{B_n^{2+\delta}} \sum_{i=1}^{n} E\{|X_i - \mu_i|^{2+\delta}\} \to 0$，则有

$$\lim_{n \to \infty} \frac{\sum_{i=1}^{n} X_i - \sum_{i=1}^{n} \mu_i}{B_n} \sim N(0,1)$$

这就是说，无论随机变量 $X_i, i = 1, 2, \cdots$ 服从什么分布，只要满足定理的条件，那么它们的和 $\sum_{i=1}^{n} X_i$ 当 n 很大时，都近似服从正态分布。这就是正态分布在概率论中占有重要地位的一个基本原因。在很多问题中，所考虑的随机变量可以表示成很多独立的随机变量之和，比如一个物理实验的测量误差是由许多观察不到的、可加的微小误差所合成的，它们往往近似服从正态分布。

中心极限定理是概率论中最出色的定理之一。为了直观说明它的意义，我们从在（0,1）的均匀分布对于四种样本量大小 $n = 1, 3, 10, 100$ 分别取 600 个样本，每个样本算出均值。这样，对每一种样本可得 600 个均值，用这些均值画直方图（图 1.1）。可以看出，样本量越大，均值的直方图越像正态分布的直方图，而且数据的分散程度也越来越小（越集中）。

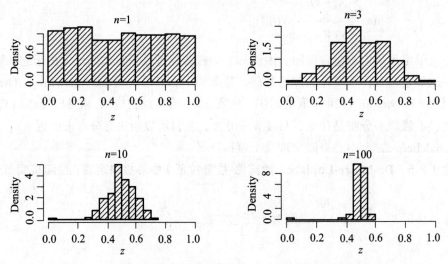

图 1.1　不同样本量的各 600 个均匀分布样本均值 $\bar{x}$ 的直方图

R 程序如下：

```
d=c(1,3,10,100);par(mfrow=c(2,2));
for(i in d){
    z=0;
    for(j in 1:600){
```

```
    z=c(z,mean(runif(i)));
   }
 hist(z,pr=T,main=substitute(n==that,list(that=i)),xlim=c(0,1),col=4);
}
```

1.3 初识随机模拟方法

随机模拟（random simulation）就是运用计算机对随机系统进行仿真的一种研究方法，简单适用，适应面广，是当今科学技术研究的得力手段。本节介绍随机模拟方法的基本思想和相应概念，并揭示该方法的特征及应用潜力。

1.3.1 随机模拟

大千世界，事物关系错综复杂，于是，人们面临的实际问题都存在某种不确定性：从天气到交通、从商业到金融市场、从动物繁殖到基因遗传等。这些问题涉及物理、生物、经济乃至社会等各个学科领域，它们共同的特点是需要刻画事物的随机特征，这就需要运用概率论与数理统计。比如，明天太阳从东边升起，从严谨的角度来说，它表达的意思是明天太阳以概率 1 从东边升起，但这会不会一定发生？答案是不一定，因为概率为 1 的事件也可能不发生，但无法检验这个结论是否正确，因为这是个不可重复的随机现象。如果系统运行的性能取决于其输入或者环境的变量情况，然而那些变化情况是不确定的，则称这样的系统为随机系统。注意，本处所说的系统是广义的，譬如某个自然系统、一个经济系统、一个投资项目等，而运行指的是它们状态的演化或变化情况。

概率论可以为实际问题建模，并分析系统的行为特征，然而这些建立起来的随机模型是非常难求解的，除了极其简单的问题外，几乎都无法获得一般结果或解析解。因此，随机模拟方法也就应运而生，并发挥了越来越重要的作用。随机模拟只是虚拟地复制一个随机系统的运行，其中包括随机变化的输入，然后对该虚拟系统做大量重复的随机试验，进而对所观察得到的数据进行统计以获得系统性能指标的估计值。事实上，相对于能够数学求解的数学模型而言，为随机模拟而写的数学模型非常直观且不拘泥于形式，它们可能只是一段程序的形式描述而已，即只要能够描述系统逻辑过程的逻辑模型，就可以利用随机模拟方法求解。这样的描述更接近实际系统，也可以更灵活地考察系统随外界环境的改变而改变的情况。

随机模拟方法基本思想最初起源于著名的"Buffon（蒲丰）投针试验"，它在现实科学问题中的系统应用始于电子计算的早期，伴随着计算机的发展而发展。在计算机产生的早期，为了更好地使用这些具有快速运算能力的机器，科学家们提出了一种基于统计抽样技术的方法，用以解决原子弹设计中有关易裂变物质的随机中子扩散的数值计算问题和估计 Schrodinger（薛定谔）方程中的特征根问题。这一方法的基本思想首先由 Ulam（乌拉姆）提出，然后在他与 Von Neumann（冯·诺依曼）驾车从洛斯阿拉莫斯到拉米的途中，经两人仔细考虑得以正式提出。据说，是 Nick Metropolis 将此方法冠名为"蒙特卡罗"的，这对它的推广起到了重要的作用。蒙特卡罗是位于摩纳哥国的世界闻名的赌城，以赌城的名字作为随机模拟方法的代号，既风趣又贴切，此名字很快被人们所接受，因此随机模拟也称为蒙特卡罗方法。目前，国内外出版的一些介绍随机模拟方法的书籍常以"蒙特卡罗方法"命名也正因为如此。

1.3.2　实例分析

例 1.3.1　抛硬币实验。

历史上有不少人做过抛硬币实验，其结果见表 1.4，从表中的数据可看出：出现正面的频率逐渐稳定在 0.5，用频率的方法可以说，出现正面的概率为 0.5。

表 1.4　抛掷硬币实验记录

实验者	抛硬币次数	出现正面的次数	频率
德莫根（De Morgan）	2 048	1 061	0.518 1
蒲丰（Buffon）	4 040	2 048	0.506 9
费勒（Feller）	10 000	4 979	0.497 9
皮尔逊（Person）	12 000	6 019	0.501 6
皮尔逊	24 000	12 012	0.500 5

我们也可以用计算机模拟上述过程，步骤如下：

（1）生成 N 离散均匀随机数 $u \sim U\{0,1\}$；

（2）出现 1 的次数为 N_1，计算频率 N_1/N。

R 程序如下：

```
N=c(10^3,10^4,10^5,10^6,10^7);
m=length(N);n=0;
for(i in 1:1:m){
    u=rbinom(N[i],1,0.5);n[i]=sum(u);
}
n/N
```

一次运行结果为：

[1] 0.489000 0.503000 0.500160 0.500473 0.499840

可以发现，随着实验次数的增加，出现 1 的频率越来越稳定于 0.5。

例 1.3.2　一个职业赌徒想要一个灌过铅的骰子，使得掷一点的概率恰好是 1/8 而不是 1/6。他雇佣一位技工制造骰子，几天过后，技工拿着一个骰子告知他出现一点的概率为 1/8，于是他付了酬金，然而骰子并没有掷过，他会相信技工的话吗？

实际中，当概率不易求出时，人们常通过作大量试验，用事件出现的频率去估计概率，只要试验次数 n 足够大，估计精度完全可以满足人们的需求。

职业赌徒可掷一个骰子 800 次，如果一点出现的次数在 100 次左右，则骰子满足要求；如果一点出现的次数在 133 次左右，则此骰子基本上是正常的骰子，不满足要求。至于"左右"到底多大，不同的情况可取不同的值，这涉及假设检验与决策问题。

思考：由于特制骰子出现 1 点的概率可能不是 1/6，所以在你赌博之前，一定要保证道具是正常的。

R 程序如下：

```
#估计骰子出现 1 的概率，前提是骰子是均匀的
N=c(10^3,10^4,10^5,10^6,10^7);
m=length(N);n=0;
x1=1:6;p1=rep(c(1/6),c(6));          #离散随机变量概率分布
for(i in 1:1:m){
    x=sample(x1,N[i],p=p1,rep=T);
    #数出出现 1 的次数
    a=0;
    for(j in 1:1:N[i]){
            if(x[j]==1) a=a+1 else a=a+0;
    }
    n[i]=a;
}
n/N
```

一次运行结果为：

[1] 0.1650000 0.1650000 0.1639300 0.1668120 0.1666407

注意，如果我们要产生 1 ~ 6 的随机整数，把 6 个大小形状相同的小球分别标上 1,2,…,6，放入一个袋中，并把它们充分搅拌，然后从中摸出一个，这个球上的数就是 $U\{1,2,3,4,5,6\}$ 上的均匀随机数。当然，对于本例，也可通过掷骰子生成 1 ~ 6 之间离散均匀随机数，即骰子出现的点数就是 $U\{1,2,3,4,5,6\}$ 随机数。计算机产生的随机数是依照某种确定算法产生的数，具有周期性（周期很长），它们具有类似随机数的性质。因此，计算机产生的并不是真正上的随机数，我们称为**伪随机数**。

例 1.3.3　圆周率的估计。在图 1.2 的正方形中随机撒一把豆子，用随机模拟方法估计圆周率的值。

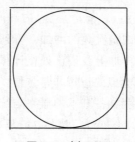

图 1.2　例 1.3.3

随机撒一把豆子，每个豆子落在正方形内任何一点的是等可能的，因此落在每个区域的豆子数与这个区域的面积近似成正比，即

$$\frac{\text{圆的面积}}{\text{正方形的面积}} \approx \frac{\text{落在圆中的豆子数}}{\text{落在正方形中的豆子数}}$$

假设正方形的边长为 2，则

$$\frac{\text{圆的面积}}{\text{正方形的面积}} = \frac{\pi}{2 \times 2} = \frac{\pi}{4}$$

由于落在每个区域的豆子数是可以数出来的，因此

$$\pi \approx \frac{\text{落在圆中的豆子数}}{\text{落在正方形中的豆子数}} \times 4$$

这样就得到了 π 的近似值。

另外，我们也可以用计算机模拟上述过程，步骤如下：

（1）独立生成随机数 $a \sim U(0,2)$，$b \sim U(0,2)$；

（2）数出落入圆内 $(x-1)^2 + (y-1)^2 < 1$ 的点 (a,b) 的个数 N_1 与正方形中点 (a,b) 的个数 N，计算 $\pi = 4N_1 / N$。

R 程序如下：

```
for(j in 1:1:10){
    n=100000;m=0;
    for(i in 1:1:n){
        x=runif(1,0,2);y=runif(1,0,2);
        if((x-1)^2+(y-1)^2<1) m=m+1;
    }
    A[j]=m/n*4;
}
A           #A为10次模拟的圆周率
c(mean(A),sd(A))
```

共进行 10 次实验，每次生成 10 000 对随机数，一次运行结果如下：

[1] 3.14904 3.14628 3.13644 3.14820 3.13868 3.13468 3.14352 3.13056 3.13660

[10] 3.14308

[1] 3.140708000 0.006224112

进一步模拟，可以发现，随着试验次数的增加，得到 π 的近似值的精度会越来越高。

随机模拟的重要性毋庸置疑，再加上我们已处在计算机如此发达和普及的年代，借助先进的数学软件，比如 R 软件，随机模拟的运用非常方便。随机模拟方法的一个显著特点就是对学生的数学知识要求低，只要学生具备基本的概率与统计知识及最基本的编程能力，不需要学生具备扎实的数学分析能力与求解能力。当然，最基本的数学建模能力也是必不可少的，为计算机模拟而建立的数学模型相当直观，它可能只是一段程序的实际描述。学习随机模拟

的认知前提是掌握大学微积分、线性代数及概率统计知识，尤其是概率论知识。如果读者能掌握一点随机过程知识可能会更好。因此，作为一种基本的科学素养，随机模拟方法应该作为所有理工类、经管类大学生及部分社科的研究生掌握的一门技能与知识而作为全校公选课加以推广和普及。

1.4 误 差

观测到的数据难免存在误差（error），对数据进行分析处理时，也会产生计算误差。因误差普遍存在，所以我们有必要对误差及含有误差的数据处理问题进行研究。本节主要介绍误差的类型和基本特点。

1. 模型误差

用计算机解决科学计算问题，首先需要建立数学模型，它是对被描述的实际问题进行抽象、简化而得到的，因而是近似的。我们把数学模型与实际问题之间出现的这种误差称为**模型误差**。只有实际问题提出正确，建立数学模型时又抽象、简化得合理，才能得到比较好的结果。

用统计方法解决实际问题时，就要建立统计数学模型，由于统计数学模型都是近似的，它包含模型误差，这种误差会影响分析结果。由于这种误差难以用数量表示，在统计计算中，通常都是假定数学模型是合理的。研究如何提出更合适的统计数学模型，这是多元统计分析、时间序列分析等其他学科的问题。

2. 实验误差

在统计数学模型选定后，就要利用观测数据估计模型参数。观测数据通常是通过实验，用测量工具测得的，它们不可能绝对准确，总是存在一定的**实验误差**，这种误差是不可避免的。例如，测量物体的高度，用同　方法重复测量 n 次得到实验数据 $x_1,\cdots,x_n$。虽然物体的高度客观存在，是一个常数 l，但每次测量的结果不完全一样。实验误差按其性质可分为三类：

（1）**随机误差**（偶然误差）：这是在实验过程中，由一系列随机因素引起的不易控制的误差。这类误差在实验中是不可避免的。在一次实验中，测量的取值可正可负，可大可小，但当重复实验次数 n 充分大时，其均值趋于 0，具有这种性质的误差称为随机误差。如果用 ε 表示每次实验的误差，则 ε 是随机变量，且均值为 0，方差为 σ^2。进一步，可认为 $\varepsilon \sim N(0,\sigma^2)$。

（2）**系统误差**：由于某种人为因素引起实验结果具有明显的固定偏差，这种固定偏差称为系统误差。例如，由于仪器使用不当，格值不准、观测方法不合理等引起的误差。如果用 ε 表示因人为因素使得每次实验产生的误差，则

$$\varepsilon \sim N(\mu,\sigma^2),\ \mu \neq 0$$

常数 μ 就是系统误差。这种误差不能通过增加实验次数消除，但可以利用统计方法检验。当发现系统误差后，必须找出引起误差的原因，通过改进仪器性能，测定仪器常数，改善观测条件等措施加以克服。

（3）**过失误差**：把明显歪曲实验结果的误差称为过失误差。它是由于实验观测系统测错、传错或记错等不正常原因造成的。在数据处理中这类误差一定要消除，否则会严重影响计算结果的准确性，甚至给出不正确的结论。

在一组实验数据中，实验误差总是综合的，即它们同时错综复杂地存在于实验数据中。我们应通过对数据进行整理分析，把系统误差、过失误差消除。随机误差虽然不可避免，但它具有规律性，经过多次重复观测即可消去它的影响。

3. 计算误差

用数学方法解决实际问题，除了实验误差会影响结果外，还有计算误差会影响结果。计算误差主要包括截断误差和舍入误差。

（1）**截断误差**：当模型不能得到精确解时，通常用数值方法求它的近似解，其精确解与近似解之间的误差称为**截断误差**或**方法误差**。例如，在计算一个无穷级数之和时，总是用它前面的若干项之和来近似，截去了高阶数后段，就产生了截断误差。计算 $\sin x$ 的值，利用公式

$$\sin x = x - \frac{x^3}{3!} + \frac{x^5}{5!} - \cdots$$

当 x 很小时，取第一项 x 作为 $\sin x$ 的近似值，这时截去部分引起的误差就是截断误差。

（2）**舍入误差**：没有数值计算经验的读者往往会有一个错误认识，认为计算机计算的结果总是准确的、可信的。这是不对的。计算机工作都是在计算机上实现的，由于计算机的字长有限，原始数据在计算机上表示时会产生误差。在计算机内存中，最简单的有理数，如 1/3, 1/7 等都只能用有穷位小数近似；至于无理数，例如 π, e, $\sqrt{2}$, $\sqrt{3}$ 等，更是如此。并且，在进行加减乘除等运算时，得到的结果都只能按"四舍五入"原则用有限位数表示，这样产生的误差称为**舍入误差**。此外，由原始数据或机器中的十进制数转化为二进制数产生的初始误差对数值计算也造成影响，分析初始数据的误差通常也归结为舍入误差。

（3）在数值计算中，为减少计算误差的产生，在设计算法及编写程序时，我们要注意以下几点：

① 注意计算顺序；

② 避免相近的大数值相减及相差很大的两数做加减运算；

③ 简化计算公式，减少计算次数；

④ 注意某些确定的值作为实数在计算机内存中可能是近似值。

实验误差和计算误差对计算结果的影响都是统计计算中必须重视的问题。我们要对数据进行整理分析，消除实验误差对分析结果的影响，同时改进算法，降低计算误差。

习题 1

1. 描述一个采用模拟模型比采用分析模型更为合适的决策问题，譬如日常生活中的问题。

2. 假设要求你建立一个模拟模型以改善本地一家快餐店的经营，你将如何处理这个问题？你需要何种类型的数据？何种类型的模拟输出会是有用的？你会将何种信息纳入模型？你可能考虑哪些备选策略？请画出现有系统运作的简单流程图。回顾你购买食品的体验，建立描述你所经历过的流程图。假如你要模拟这个系统，你可能计算哪些输出量？

3. 计算机如何描述连续函数？连续模型与离散模型的优缺点各是什么？

2 R 软件简明教程

完全免费的编程软件 R 是目前用户增长最快且被世界广大统计学家和师生钟爱的统计软件，非常适合做统计计算与实验。目前，它的绝大部分程序包的代码都是公开的。通过 R 可以使用绝大多数的经典或者最新的统计方法，不过用户需要花一些工夫来找出这种方法。对于学过 C 语言或 MATLAB 的编程者，会觉得 R 语言非常容易，基本可以在很短时间掌握基本使用方法，因此，R 软件非常适合统计工作者学习、使用。

本章主要介绍 R 软件基本知识，包括基本使用方法与绘图命令。由于读者可能已熟悉理工科通用软件 MATLAB，故书中尽量采用与 MATLAB 相同的表达方式。

2.1 R 软件介绍

R 软件是一个有着统计分析功能及强大作图功能的软件系统，它作为一个计划，最早由 Auckland 大学统计系的 Robert Gentleman 和 Ross Ihaka 于 1995 年开始编制，目前由 R 核心开发小组维护。小组成员完全自愿，努力负责，并将全球优秀的统计应用软件打包给用户。R 的资源和代码是公开的，既不是黑盒子，也不是吝啬鬼，人们可以按照自己的需要更改 R 程序。

R 软件是一个开放的统计编程环境，是一种语言。R 语言是诞生于 1980 年左右的 S 语言的一个分支，也可以这么说，它是 S 语言的一种实现。S 语言是由 AT&T 贝尔实验室开发的一种用来进行数据探索、统计分析、作图的解释型语言，最初 S 语言的实现版本主要是商业软件 S-PLUS。R 语言有一个强大的、容易学习的语法，有许多内在的统计函数。用户也可以自己编程进行延伸和扩充，实际上，它就是这样成长起来的。

R 软件是一套由数据操作、计算和图形展示功能整合而成的套件，包括：

（1）有效的数据存储和处理功能；

（2）一套完整的数组（特别是矩阵）计算操作符；

（3）拥有完整体系的数据分析工具；

（4）为数据分析和显示提供的强大图形功能；

（5）一套（源自 S 语言）完善、简单、有效的编程语言（包括条件、循环、自定义函数、输入输出功能）。

R 软件很适合被用于发展中的新方法所进行的交互式数据分析。由于 R 是一个动态的环境，所以**新发布的版本并不总是与之前发布的版本完全兼容**。某些用户因为新技术和新方法的所带来的好处而欢迎这些变化；有些用户则会担心旧的代码不再可用。客观来说，版本更新太快且与之前版本不完全兼容是 R 语言的一大缺点，这在某种程度了也阻碍了它的发展。尽管 R 试图成为一种真正的编程语言，但是大家不要认为一个由 R 编写的程序可以长命百岁。这也意味着书中若有个别程序不会运行，则可能是因为版本不兼容导致的。读者只需将个别命令作适当更改即可。

R 的一个缺点是没有"傻瓜化"，但这对于统计专业的师生理解统计方法非常有好处，因为编写 R 程序就像书写数学表达式那样简单明了。

R 是自由软件，完全免费，且简单易懂，任何从来没有使用过 R 的人都可以毫不费力地复制和粘贴书上的代码而重新实现。用户安装时，可以进入 https：//www.r-project.org/，下载"Download and Install R"栏中的软件，点击"windows"，进入 base 下载最新版本安装。安装结束后，桌面上会出现 R 快捷图标，双击 R 图标即启动 R 软件，如图 2.1 所示。

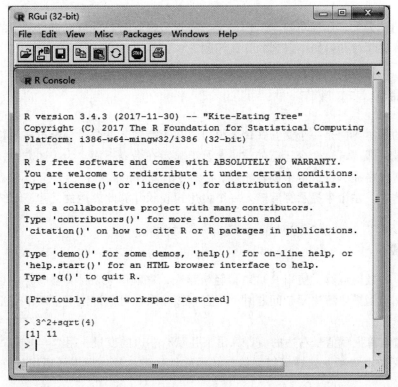

图 2.1　R 窗口

R 语言提供多种下载与安装程序包的方式，在此以时间序列分析程序包为例介绍最简单的两种：

（1）通过菜单栏选项下载安装。点击页面 packages→install packages，根据程序包名字的字母检索，选中本次想要下载的程序包 timeSeries，点击"OK"即可。

（2）在计算机联网状态下，直接在对话窗口输入安装 timeSeries 程序包指令：install.packages（"timeSeries"），并按回车键，系统会自动弹出镜像站选择界面，任意选择一个自己可以访问的镜像站作为自己程序包的下载平台即可。

原则上讲，用户可以下载安装所有 R 语言程序包。如果每次启动 R 语言，所有下载的程序包都调入内存备用，那么 R 语言将非常庞大，并占用很多内存资源。而实际上我们通常只用有限的几个程序包就可以解决所研究的问题。所以 R 语言规定，每次进入 R 之后，下载的 R 程序包需要通过 library 命令进行加载，才可以在本次 R 语言运行中被调用。加载 timeSeries 程序包的命令为 library（timeSeries）。

R 用户界面与 Windows 其他编程软件类似（如 MATLAB），由一些菜单和快捷键组成，它们的详细功能请读者在实践中慢慢体会。由于 R 软件在不断地更新，所以，也要及时获取 R 的最新信息。学会 R 软件的基本操作很容易，但要成长为 R 高手则需要用心积累经验，多尝试，多请教。

2.2　R 向量

R 不仅功能强大，还简单易学。用户学习完本节内容后，就可以进行基本的数值运算与统计分析，解决学习和科研中遇到的计算问题。

2.2.1　R 命令基本操作

R 系统的基本界面是一个交互式命令窗口，在等待输入命令时会给出提示符，默认的提示符是大于号，即">"，命令运行的结果会马上显示在命令下面。为表述方便，书中程序代码可能会经常省略提示符，希望读者注意。R 命令有两种形式：

（1）**表达式**，在命令提示符后输入一个表达式表示计算此表达式，并显示结果。例如：

```
> 3^2+sin(pi/2)          # >表示输入符号，非程序命令
[1] 10
```

对于简单的数值运算，使用 R 可以很轻松解决，它就像大型计算器一样，直接输入表达式就可计算。但当需要解决复杂问题时，不宜直接输入，可通过给变量赋予变量名的方法进行操作。

（2）**赋值运算**把赋值号右边的值计算出来并赋给左边的变量，用"<-"或"="表示赋值运算符。建议采用"="，这样可以保持与其他软件一致，比如理工科通用软件 MATLAB，例如：

```
> x=1:10;x  #如果一条语句后继续写语句，需要用";"隔开
 [1]  1  2  3  4  5  6  7  8  9 10
```

符号#表示此符号以后的语句为注释语句，R 软件不会执行。利用注释语句可以帮助我们记忆和阅读复杂程序，因此希望读者养成注释的好习惯。当然，不一定非得键入程序，也可以复制粘贴，根据以往经验，建议读者在文本格式上编写程序，然后粘贴到 R 软件中运行。注意，从 WPS、Word 或 PPT 文档之类非文本文件中复制并粘贴到 R 上的代码可能存在由这些软件自动变化首字大写或左右引号等造成的 R 无法执行的问题。例如，WPS 默认一行开头的首个字母大写，可去掉这个默认设置：

打开 WPS→工具→选项→自动更正选项→去掉句首字母大写

可以利用向上光标键找回以前运行的命令，再次运行或修改后运行。在运行完毕时会被问到"是否保存工作空间映像？"保存的结果是下次运行时，这次的运行结果还会重新载入内存，不用重复计算，缺点是占用空间。如果已经有脚本，而且运算量不大，一般不要保存。如果点击了保存，又没有输入文件名，这些结果会放在所设或默认工作目录下的名为.RData的文件中，可以随时找到并删除它。

R语句表达式可以使用常量和变量。

（1）**常量**：笼统可分为逻辑型、数值型和字符型三种。实际上，数值型数据又可分为整型、单精度、双精度等，除非有特殊需要，否则不必太关心其具体类型。例如，12, 12.34,1.23e6是数值型常量，"wangyifei""王梅"是字符型（用双引号或单引号包围）。逻辑真值写为 TURE（注意，必须大写，写成 ture 无意义），假值写为 FALSE。复值常量采用形如 1+2i 形式表示。

R中的数据可以取缺失值，用 NA 表示缺失值。函数 is.na（x）返回 x 是否有缺失值。

（2）**变量**：是说明现象某种属性和特征的名称。变量可以通过变量名访问，变量名的规则是，由字母、数字和句点组成，第一个字母必须是字母或句点，长度没有限制，区分大小写（例如 x 与 X 表示不同变量）。

在 R 界面，可以用问号加函数名或数据名来得到该函数或数据的细节，比如"?lm"可以得到线性模型函数"lm"的各种细节。

2.2.2　向量与赋值

向量是具有相同基本类型的元素序列，相当于其他语言中一维数组。定义向量最常用的方法是使用函数 c()，它把若干数值或字符组合为一个向量，例如：

```
> x1=c(1:3,6:8);x1
[1] 1 2 3 6 7 8
> x2<-c(9,10);x2
[1]  9 10
> x=c(x1,x2);x
[1]  1  2  3  6  7  8  9 10
> n=length(x);n          #计算向量 x 的长度
[1] 8
```

在显示向量时，左边出现一个"[1]"，这表示该行第一个数的下标，这对于较长向量的显示很有帮助。

向量主要包括数值向量、逻辑向量、字符型向量。

（1）**数值向量**。

向量取值为数值，这是最常见的向量类型。如果没有特加声明，我们默认向量都是数值向量。

（2）**逻辑向量**。

向量可以取逻辑值，例如：

```
> x=c(TRUE,FALSE,TRUE);x
```
[1]   TRUE FALSE   TRUE

两个常量可以比较大小，一个向量与常量可也以比较大小，结果都是一个向量，元素是每一对比较结果的逻辑值。比较运算符有<, <=, >=, == （相等），!= （不等）。

两个逻辑向量可以进行与运算（&），或运算（|），非运算（!）。

逻辑运算符主要用于逻辑表达式与进行逻辑运算。逻辑值可以强制转化为整数值，以 0 表示 "FALSE"，以 1 表示 "TRUE"。

例 2.2.1 逻辑向量运算。

```
> x1=c(1,2,3);
> x2=c(1.4,1.6,7);
> a1=x1>=2.5;a1
```
[1] FALSE FALSE   TRUE
```
> a2=x1<x2;a2
```
[1]   TRUE FALSE   TRUE
```
> a1&a2
```
[1] FALSE FALSE   TRUE
```
> !a1
```
[1]   TRUE   TRUE FALSE
```
> x1[(5<6)+1]
```
[1] 2

（3）字符型向量。

向量元素可以取值字符串，例如：

```
> x1=c("wang","bing","can","老师好!");x1
```
[1] "wang"   "bing"   "can"   "老师好!"

函数 paste 用来把它的自变量连成一个字符串，中间用空格隔开，例如：
```
> paste("wang","bing","can","老师好！")
```
[1] "wang bing can 老师好！"

调用 R 的函数可很方便产生有规律的数列，见表 2.1。

表 2.1 产生有规律数列的函数

函数	功　能
numeric（n）	产生填充了 n 个零的向量
a：b	产生 a~b 的等差数列，当 a<b 时，步长为 1；当 a>b 时，步长为 −1
seq（from=a,by=c,to=d）	产生 a~b 的等差数列，步长为 c，by 可放在 seq 内任何位置
req（w,times）	重复 times 产生变量 w

例 2.2.2　产生有规律数列。

```
> n=6;
> x=numeric(n);x          #产生 n 个零
[1] 0 0 0 0 0 0
> 1:n                     #产生 1 到 n 的等差数列
[1] 1 2 3 4 5 6
> n:2
[1] 6 5 4 3 2
> a=3.1;b=6;a:b
[1] 3.1 4.1 5.1
> seq(a,b,0.1)
 [1] 3.1 3.2 3.3 3.4 3.5 3.6 3.7 3.8 3.9 4.0 4.1 4.2 4.3 4.4 4.5 4.6 4.7 4.8
[19] 4.9 5.0 5.1 5.2 5.3 5.4 5.5 5.6 5.7 5.8 5.9 6.0
> seq(by=0.5,a,b)
[1] 3.1 3.6 4.1 4.6 5.1 5.6
> seq(a,by=0.6,b)
[1] 3.1 3.7 4.3 4.9 5.5
> seq(1,length=6)         #length 指定数列的长度
[1] 1 2 3 4 5 6
> w=c(1,2,3);
> rep(w,2)
[1] 1 2 3 1 2 3
> rep(times=3,w)
[1] 1 2 3 1 2 3 1 2 3
```

在运行 R 程序时，我们会发现，提示符出现的次数比较多，这与其他软件是不一样的。由于使用 R 语言者多数已掌握其他计算机语言，故初学时可能感觉很不自然，但随着学习的深入，会慢慢适应，并会发现它的好处，便于调试程序。

2.2.3　向量运算

1. 四则运算

对于向量可以作加（+）、减（−）、乘（*）、除（/）和乘方（^或者**）运算，其含义是对向量的每一个元素进行运算，例如：

```
> x=c(-1,0,2);y=c(3,8,2);
> v=2*x+y+1;v
[1] 2 9 7
> x*y
```

```
[1] -3  0  4
> x/y
[1] -0.3333333  0.0000000  1.0000000
> x^2
[1] 1 0 4
> y^x
[1] 0.3333333 1.0000000 4.0000000
> 5%/%3        #整数除法
[1] 1
> 5%%3         #求余数
[1] 2
```

注意，两个长度相同的向量进行加、减、乘、除、和乘方运算时，其含义是对应元素间进行四则运算，但长度不同的向量进行运算时，长度短的将循环使用，但长度长的向量应为短的整数倍，例如

```
> c(1,2)+c(3,4,5,6)
[1] 4 6 6 8
```

2. 函数运算

函数 sqrt，log，exp，sin，cos，tan 等都可以用向量做自变量，结果是对向量的每个元素取相应的函数值。表 2.2 给出了常见的数学函数。

表 2.2   常见数学函数

函数	名称	函数	名称
sqrt（x）	开平方	prod（x）	向量元素求积
abs（x）	绝对值	length（x）	向量的长度
sign（x）	符号函数	exp（x）	以 e 为底的指数
log（x）	自然对数	log10（x）	以 10 为底的对数
round（x）	四舍五入	floor（x）	向负无穷取整
sin（x）	正弦函数	asin（x）	反正弦函数
cos（x）	余弦函数	acos（x）	反余弦函数
tan（x）	正切函数	atan（x）	反正切函数
complex（re=x,im=y）	构造复向量	Mod（z）	模，注意第一个字母大写
Re（z）	实部	Im（z）	虚部
choose（n,m）	组合	factorial（n）	排列

其实 R 语言中函数与数学书写形式非常类似，读者不需要专门学习就可轻松掌握。例如

```
> x=c(1,2,3);sqrt(x)      #开根号
[1] 1.000000 1.414214 1.732051
```

上述例子中出现 6 位小数，在实际中有时需要控制精度，可以用命令 options（digits=n）控制有效位数的输出。例如：

> options(digits=9);sqrt(x)
[1] 1.00000000 1.41421356 1.73205081

3. 描述统计

常见的统计函数见表 2.3。

表 2.3　常见统计函数

函数	名称	函数	名称
min（x）	最小值	max（x）	最大值
sum（x）	元素的总和	median（x）	求向量的中间数
mean（x）	求均值	var（x）	求方差
sd（x）	求标准差	sort（x）	向量按单增排序
which.min（x）	返回最小值下标	which.max（x）	返回最大值下标
range（x）	返回包含最小值和最大值的向量	order（x）	返回使 x 的元素从小到大排序的元素下标向量
fivenum（x）	五数汇总	quantile（x）	分位点
cummax（x）	累积最大值	cummin（x）	累积最小值
cumprod（x）	累积积	mad（x）	中位数平均距离
set.seed（0）	设置随机种子为 0	sample（x,n）	从向量 x 中不放回抽取 n 个样本
cor（x,y）	线性相关系数		

例 2.2.3　向量的描述统计。

```
> x=round(runif(10,0,20),digits=2);x       #四舍五入
 [1] 15.16 17.49  5.59  5.45  4.67 16.34  1.24 13.81  9.76  8.59
> summary(x)                               #汇总
   Min. 1st Qu.   Median      Mean 3rd Qu.      Max.
  1.240   5.485    9.175     9.810   14.820    17.490
> min(x);max(x)                            #最小值，最大值,与 range(x)一样
[1] 1.24
[1] 17.49
> rank(x)                                  #秩（rank）
 [1]  8 10  4  3  2  9  1  7  6  5
> order(x)                                 #升幂排列 x 下标
 [1]  7  5  4  3 10  9  8  1  6  2
> order(x,decreasing=T)                    #降幂排列 x 下标
```

```
 [1]   2   6   1   8   9 10   3   4   5   7
> sort(x,decreasing=T)                        #降幂排列 x
 [1] 17.49 16.34 15.16 13.81   9.76   8.59   5.59   5.45   4.67   1.24
> round(x)                                    #四舍五入，等价于 round(x,0)
 [1] 15 17   6   5   5 16   1 14 10   9
> round(runif(6,1,8),3)                       #保留到小数后 3 位
[1] 7.493 4.562 7.664 2.570 5.886 1.646
> fivenum(x)                                  #五数汇总
[1]   1.240   5.450   9.175 15.160 17.490
> quantile(x)                                 #分位点
      0%      25%      50%      75%     100%
  1.2400   5.4850   9.1750 14.8225 17.4900
> quantile(x,c(0,0.66,1))
      0%      66%     100%
  1.240 13.567 17.490
> cummax(x)                                   #累积最大值
 [1] 15.16 17.49 17.49 17.49 17.49 17.49 17.49 17.49 17.49 17.49
> cummin(x)                                   #累积最小值
 [1] 15.16 15.16   5.59   5.45   4.67   4.67   1.24   1.24   1.24   1.24
> cumprod(x)                                  #累积积
 [1] 1.516000e+01 2.651484e+02 1.482180e+03 8.077879e+03 3.772369e+04 6.164051e+05
 [7] 7.643424e+05 1.055557e+07 1.030223e+08 8.849620e+08
> cor(x,sin(x/20))                            #线性相关系数
[1] 0.9985686
```

2.2.4　向量下标的运算

由于向量是由多个元素组成的，因此，在访问向量组中的单个或多个元素时，有必要对向量进行寻址运算。

x[i]表示向量第 i 个元素（其他软件常表示为 x（i）),其中 x 是一个向量名，或一个取向量值的表达式，i 为一个下标，例如：

```
> x=seq(1,7,by=2);x[3]
[1] 5
> (c(2,4,6)+3)[2]
[1] 7
> x[3]=88;x                  #单独改变一个元素的值
[1]   1   3 88   7
```

R 软件提供了 4 种访问向量的方法，格式为 x[v]，x 为向量或向量值的表达式，v 是如下的一种下标向量。

（1）取整数值的下标向量。

在 x[v] 中，v 是一个向量，元素取值为 1~length（x），取值允许重复，例如

```
> x=seq(1,18,by=2);x[3]
[1] 5
> (c(2,4,6)+3)[2]
[1] 7
> x[3]=88;x                     #单独改变一个元素的值
[1]  1  3 88  7  9 11 13 15 17
> x[rep(c(2,1),3)]
[1] 3 1 3 1 3 1
```

（2）取负整数值的下标向量。

在 x[v] 中，v 是一个向量，元素取值为 -length（x）~-1，表示去掉相应位置的元素，例如：

```
> x[c(-4)]
[1]  1  3 88  9 11 13 15 17
> x[c(-1:-3)]
[1]  7  9 11 13 15 17
```

（3）取逻辑值的下标向量。

在 x[v] 中，v 为和 x 等长度的逻辑向量，表示取出所有 v 为真值的元素，例如：

```
> x>3
[1] FALSE  FALSE  TRUE  TRUE  TRUE  TRUE  TRUE  TRUE  TRUE
> x[x>3]      #取出所有大于 3 的元素
[1] 88  7  9 11 13 15 17
> x[x<(-1)]   #如果下标都为假值，则结果是长度为 0 的向量
numeric(0)
```

这种逻辑下标是一种强有力的检索工具，例如 x[sin（x）>0] 可以取出 x 中所有使正弦值为正的元素所组成的向量。

（4）取字符值的下标向量。

在定义向量时，可以给元素加上名字，例如：

```
> ages=c(王=34,李=18,张=60);ages
王 李 张
34 18 60
> ages["张"]
张
```

60
> ages[c("张","王")]

张 王

60 34

当然，这样定义的向量也可以用通常的方法访问，例如：

> ages[c(1,3)]

王 张

34 60

在 R 中还可以改变一部分值，例如：

> x[c(1,3)]=c(88,89);x   #注意赋值的长度必须相同

[1] 88　 3 89　 7　 9 11 13 15 17
> x[c(1,3)]=0;x   #将部分元素赋值为统一的值

[1]　 0　 3　 0　 7　 9 11 13 15 17
> x[ ]=8;x   #将所有元素赋值为一个相同的值

[1] 8 8 8 8 8 8 8 8 8

改变部分元素值的技术于逻辑值下标方法相结合，可以定义向量的分段函数。例如，要定义

$$y = \begin{cases} 1-x, & x < 0 \\ \sin(x), & 其他 \end{cases}$$

可以用下面的语句：

```
x=c(-2,-1,1,3);
y=numeric(length(x));
y[x<0]=1-x[x<0];
y[x>=0]=sin(x)[x>=0];
y
```

运行结果为：
[1] 3.000000 2.000000 0.841471 0.141120

2.3　矩阵与数组

矩阵是科学计算的基本元素，是数组的特例，本节主要介绍 R 的矩阵与数组及其他们的运算。

2.3.1　矩　阵

R 中的矩阵（matrix）类型和向量类似，是具有相同基本类型的数据集合，其中元素通过

两个下标访问，比如矩阵 A 的第 i 行第 j 列元素为 A[i,j].

函数 matrix()用来生成矩阵，其完全格式为：

matrix（data=NA,nrow=1,ncol=1,byrow=FALSE,dimnames=NULL）

第一个自变量 data 为数组的数据向量，默认值为缺失值 NA；nrow 为行数；ncol 为列数；byrow 的取值表示数据填入是行次序还是按列次序，默认情况下是列次序；dimnames 默认是空值，否则是一个长度为 2 的列表。列表的第一个成员是长度与行数相等的字符型向量，表示每行的标签；列表的第二个成员是长度与列数相等的字符型向量，表示每列的标签。例如：

```
> A=matrix(1:8,nrow=2,ncol=4,byrow=TRUE);A
     [,1]  [,2]  [,3]  [,4]
[1,]   1    2    3    4
[2,]   5    6    7    8
```

如果指定的数据个数少于所需要的数据个数，这时循环使用提供的数据，例如：

```
> B=matrix(c(1,2,3,4),nrow=2,ncol=4);B
     [,1]  [,2]  [,3]  [,4]
[1,]   1    3    1    3
[2,]   2    4    2    4
```

矩阵可以进行四则运算（+，-，*，/，^），即是矩阵对应元素之间的四则运算，这要求参加运算的矩阵一般应有相同形状的矩阵。

```
> 2*A
     [,1]  [,2]  [,3]  [,4]
[1,]   2    4    6    8
[2,]  10   12   14   16
> A+B
     [,1]  [,2]  [,3]  [,4]
[1,]   2    5    4    7
[2,]   7   10    9   12
> A*B
     [,1]  [,2]  [,3]  [,4]
[1,]   1    6    3   12
[2,]  10   24   14   32
> A^2
     [,1]  [,2]  [,3]  [,4]
[1,]   1    4    9   16
[2,]  25   36   49   64
```

注意：A^2 在 R 与 MATLAB 软件表示的意思不一样。

在计算机编程时，经常需要对矩阵的元素进行操作，主要有以下方法：

（1）**矩阵元素的标识。**

矩阵元素的标识是对矩阵的单个或多个元素进行的，它可以实现对矩阵任意元素的定位，进而对其进行有效操作。

对矩阵 *A*，要标识其第 *i* 行和第 *j* 列元素，可以直接用 A[i,j]命令进行操作。

A[i：j,]表示矩阵的第 *i* 行到第 *j* 行，A[i,]表示矩阵的第 *i* 行。

A[,i：j]表示矩阵的第 *i* 列到第 *j* 列，A[,j]表示矩阵的第 *j* 列。

A[i：j,c（m1,m2,m3,…）]表示矩阵的第 *i* 行到第 *j* 行中的 *m1*，*m2*，*m3*，…列元素。

A[c（m1,m2,m3,…）,i：j]表示矩阵的第 *i* 列到第 *j* 列中的 *m1*，*m2*，*m3*，…列元素。

A[c（m1,m2,m3,…）,c（n1,n2,n3,…）]表示矩阵中由 *m1*，*m2*，*m3*，…行与第 *n1*，*n2*，*n3*，…列交叉而形成的子矩阵。

例 2.3.1　矩阵元素的标识。

```
> A=matrix(1:20,nrow=4,ncol=5,byrow=TRUE);A
     [,1]  [,2]  [,3]  [,4]  [,5]
[1,]   1    2    3    4    5
[2,]   6    7    8    9    10
[3,]  11   12   13   14   15
[4,]  16   17   18   19   20
> A[3,4]
[1] 14
> A[5,]
Error in A[5, ] : subscript out of bounds
> A[1:3,c(1,5)]
     [,1]  [,2]
[1,]   1    5
[2,]   6    10
[3,]  11   15
> A[c(2,4),2:5]
     [,1]  [,2]  [,3]  [,4]
[1,]   7    8    9    10
[2,]  17   18   19   20
> A[c(2,4),c(1,2,5)]
     [,1]  [,2]  [,3]
[1,]   6    7    10
[2,]  16   17   20
>  A[1,A[1,]>2]          #第一行大于 2 的元素
[1] 3 4 5
> sum(A[1,]>2)           #第一行大于 2 的元素个数
[1] 3
```

（2）矩阵的扩充。

A=cbind（A1 A2）表示矩阵[A1 A2]，A=rbind（A1,A2）表示矩阵 $\begin{bmatrix} A1 \\ A2 \end{bmatrix}$。例如：

```
> A1=matrix(1:6,nrow=2,ncol=3,byrow=TRUE);
> A2=matrix(7:12,nrow=2,ncol=3,byrow=TRUE);
> x1=cbind(A1,A2);x1
     [,1]  [,2]  [,3]  [,4]  [,5]  [,6]
[1,]   1     2     3     7     8     9
[2,]   4     5     6    10    11    12
> x1[,-c(1,3)]          #没有第 1,3 列的 x1,即矩阵的删除
     [,1]  [,2]  [,3]  [,4]
[1,]   2     7     8     9
[2,]   5    10    11    12
> x2=rbind(A1,A2);x2
     [,1]  [,2]  [,3]
[1,]   1     2     3
[2,]   4     5     6
[3,]   7     8     9
[4,]  10    11    12
```

线性代数是基于矩阵的运算，R 提供了求解线性代数问题的强大功能，可方便求解线性代数中复杂问题。在进行科学运算时，需要对矩阵进行大量函数运算，如特征值运算、行列式运算、范数运算等，表 2.4 给出了关于矩阵的代表性运算。熟练掌握这些函数可以很方便地进行矩阵的运算。

表 2.4　矩阵运算

函数	函数的功能
A%*%B	矩阵通常意义下的乘法，A 为 $m \times n$ 矩阵，B 为 $n \times k$ 矩阵
t（A）	矩阵 A 的转置运算
crossprod（X,Y）	等价于 t（X）%*%Y，X 每一列与 Y 每一列的内积组成的矩阵，即交叉乘积 $X'Y$
solve（A,b）	解线性方程组 $Ax=b$
solve（A）	求 A 的逆矩阵
ginv（A）	MASS 包中函数，求 A 的广义逆矩阵
det（A）	将计算方阵 A 的行列式的值
svd（A）	矩阵 A 奇异值分解，即 $A=UDV'$，其中 $U'U=V'V=1$
qr（A）	QR 分解，即 $A=QR$，其中 $Q'Q=1$
chol（A）	对正定矩阵 A 进行 Choleskey 分解，即 $A=P'P$

函数	函数的功能
eigen（A）	计算 A 的特征值和特征向量
diag（vector）	返回自变量 vector 为主对角元素的对角矩阵
diag（A）	返回由矩阵 A 的主对角元素组成向量
diag（k）	返回 k 阶单位矩阵
rbind（ ）/cbind（ ）	按列/列合并
nrow（ ）/ncol（ ）	行数/列数
colSums（ ）/colMeans（ ）	列和/列均值
apply（x,margin,fun,…）	x 是一个矩阵，margin=1 表示每行计算，margin=2 表示对每列计算，fun 是用来计算的函数

注意：如果需要调用 MASS 程序包中函数，需先运行 library（MASS）。

2.3.2　数　组

数组（array）可以看成是带多个下标的类型相同的元素的集合，常用的是数值型的数组，如矩阵，也可以有其他类型（如字符型、逻辑型、复数型）。R 可以很容易地生成和处理数组，特别是矩阵（用两个下标访问，即二维数组）。

数组有一个特征属性叫作维数向量（dim 属性），维数向量是一个元素取正整数值的向量，其长度是数组的维数，比如维数向量有两个元素时数组为二维数组（矩阵）。维数向量的每一个元素指定了该下标的上界，下标的下界总为 1。

一组向量只有定义了维数向量（dim 属性）后才能被看作是数组。例如：

```
> z=1:18;dim(z)=c(3,3,2);z
, , 1

     [,1]  [,2]  [,3]
[1,]   1    4    7
[2,]   2    5    8
[3,]   3    6    9
, , 2

     [,1]  [,2]  [,3]
[1,]  10   13   16
[2,]  11   14   17
[3,]  12   15   18
```

注意：矩阵的元素是按列存放的，也可以把向量定义为一维数组。例如：

```
> z=1:18;dim(z)=18;z
 [1]  1  2  3  4  5  6  7  8  9 10 11 12 13 14 15 16 17 18
```

数组元素的排列次序是按列次序，第1个下标变化最快，最后一个下标变化最慢。

R软件可以用 array()函数直接构造数组，其构造形式为：

array（data=NA, dim=length（data）, dimnames=NULL）

其中 data 是一个向量数据；dim 是数组各维的长度，缺省时为原向量的长度；dimnames 是数组维的名字，缺省时为空。例如：

> x=array(1:20,dim=c(2,5,2)); x　#产生一个 2×5×2 的三维数组

, , 1

	[,1]	[,2]	[,3]	[,4]	[,5]
[1,]	1	3	5	7	9
[2,]	2	4	6	8	10

, , 2

	[,1]	[,2]	[,3]	[,4]	[,5]
[1,]	11	13	15	17	19
[2,]	12	14	16	18	20

某一下标取一个值，则数组的维数退化。例如：

> x[,,2]

	[,1]	[,2]	[,3]	[,4]	[,5]
[1,]	11	13	15	17	19
[2,]	12	14	16	18	20

> x[,5,2]

[1] 19 20

数组的四则运算与元素标识与矩阵相似。

函数 outer()是外积运算函数，outer（x,y）计算向量 x 与 y 的外积，它等价于 x%o%y，一般调用格式为：

outer（x,y,fun）

其中 x, y 是矩阵（或向量）；fun 是作外积运算函数，缺省值为乘法运算。它可以把 x 的任一元素与 y 的任一元素搭配起来作为 fun 的自变量计算得到新的元素值，函数包含加减乘除或其他一般函数。当函数是乘积时，fun 可以省略不写。例如：

> x=c(1,2);y=c(2:4);
> d1=outer(x,y,'*');d1

	[,1]	[,2]	[,3]
[1,]	2	3	4
[2,]	4	6	8

> d2=x%o%y;d2

	[,1]	[,2]	[,3]
[1,]	2	3	4
[2,]	4	6	8

如果我们希望计算函数 $z = \dfrac{\sin(y)}{1+x^2}$ 在一个 x 和 y 的网格上的值，并用来绘制三维曲面图，则可用如下方法实现。

```
x=seq(-2,2,length=20);y=seq(-pi,pi,length=20);
f=function(x,y) sin(y)/(1+x^2);
z=outer(x,y,f);
persp(x,y,z);
```

运行结果如图 2.2 所示。

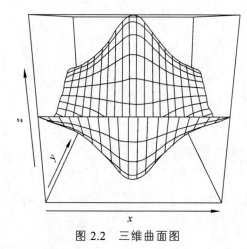

图 2.2　三维曲面图

从图像可视化效果来看，R 软件显然不如 MATLAB。因此，我们最好结合不同软件的优点进行数据分析，扬长补短，达到最优效果。

2.4　因子、列表与数据框

R 是基于对象的语言，当 R 运行时，所有变量、数据、函数以及结果都以对象形式存在计算机的内存中，并冠有相应的名字代号。不过，其最基本的数据还是预先定义好的数据类型，如向量、矩阵、列表等；更复杂的数据用对象表示，比如数据框对象、时间序列对象、模型对象等。

2.4.1　因　子

在概率统计中，变量可以是定性的，也可以是定量的，一个定量变量要么是离散的，要么是连续的。因为离散型变量有各种不同表示方法，在 R 中为统一起见使用因子（factor）来表示这种分类变量，并提供了有序因子（ordered factor）来表示有序变量。**因子是一种特殊的向量，其中每一个元素取一组离散值中的一个，因子对象有一个特殊属性，levels 表示这组离散值。**

1. factor()函数

函数 factor 用来把一个向量编码成为一个因子，其一般形式为：

factor(x,levels=sort(unique(x),na.last=TRUE),labels,exclude=NA,ordered=FALSE)

可以用来指定各离散取值（水平），不指定时由 x 的不同值求得。labels 用来指定各水平的标签，不指定时用各离散取值对应的字符串。exclude 参数用来指定要转换为缺失值（NA）的元素值集合。如果指定了 levels，则因子的第 i 个元素等于水平中第 j 个元素时，元素取值 j；如果指定了 levels，则因子的第 i 个元素没有出现在 levels 中，则对应因子元素取值为 NA。ordered 取真值时，表示因子水平是有次序的（按编码次序）。例如：

```
> x=c("男","女","男","男","男","女","女");
> y=factor(x);y
[1] 男 女 男 男 男 女 女
Levels: 男 女
> f=factor(c(1,0,1,1,1,0,0),levels=c(1,0),labels=c("男","女"));f
[1] 男 女 男 男 男 女 女
Levels: 男 女
```

可以用 is.factor()检验对象是否为因子，用 as.factor()把一个向量转换为一个因子。因子的基本统计是频数统计，用函数 table()来计数。例如：

```
> sex=c("男","女","男","男","男","女","女");
> pstj=table(sex);pstj
sex
男 女
 4 3
```

表示男性 4 人，女性 3 人。

table()的结果是一个带元素名的向量，元素名为因子水平，元素值为该水平出现的频数。它还可以用于两个或多个因子进行交叉分类，例如：

table（sex,job）可统计每一交叉类的频数，结果为一个矩阵。矩阵带有行名和列名，分别为两因子的各水平名。

2. tapply()函数

tapply 函数的一般用法为：

$$tapply(x,INDEX,fun=NULL,\cdots,simplify=TRUE)$$

其中，x 是一对象，通常为一向量；INDEX 是与 x 有同样长度的因子；fun 是要计算的函数。例如：

```
> h=c(173,162,175,168,180,158,165);    #7 名学生身高
> tapply(h,sex,mean)                    #按性别分类求身高平均值
    男        女
174.0000 161.6667
```

3. gl()函数

gl 函数可方便产生因子，一般用法为：

gl(n,k,length=m,labels=1:n,odered=FALSE)

其中，*n* 为水平数；*k* 为重复次数；length 为结果长度；labels 为 *n* 维向量，表示因子水平；odered 为逻辑变量，表示是否为有序因子，缺省值为 FALSE。例如：

```
> gl(3,2)
[1] 1 1 2 2 3 3
Levels: 1 2 3
> gl(3,2,12)
 [1] 1 1 2 2 3 3 1 1 2 2 3 3
Levels: 1 2 3
```

2.4.2 列 表

1. 列表的构造

列表（list）是一种特别的对象集合，它的元素也由序号（下标）区分，但是各元素的类型可以是任意对象，不同元素不必是同一类型，元素本身允许是其他复杂数据类型。比如，列表的一个元素也允许是列表。这样的数据类型成为递归数据类型。构造列表的一般格式为

lst=list(name_l=object_l,…, name_m=object_m)

其中 name 是列表元素的名称；object 是列表元素的对象。下面是如何构造列表的例子。

```
> lst=list(name=c("王飞","王博","王欣"),rs=3,ages=c(9,6,3));lst
$name
[1] "王飞" "王博" "王欣"
$rs
[1] 3
$ages
[1] 9 6 3
```

2. 列表的引用

列表元素总可以用"列表名[[下标]]"的格式引用，但是，列表不同于向量，我们每次只能引用一个元素，如 lst[[1:2]]的用法是不允许的。注意："列表名[下标]"或"列表名[下标范围]"的用法也是合法的，但其意义与用两重括号的记法完全不同。两重记号取出列表的一个元素，结果与该元素类型相同；如果使用一重括号，则结果是列表的一个子列表（结果类型仍为列表）。例如：

```
> lst[1]
$name
[1] "王飞" "王博" "王欣"
```

```
> lst[[1]]
[1] "王飞" "王博" "王欣"
> lst[[1]][2]
[1] "王博"
```

在定义列表时如果指定了元素的名字（如 lst 中的 name，rs，ages），则引用列表元素还可以用它的名字作为下标，格式为"列表名[["元素名"]]"。例如：

```
> lst[["name"]]
[1] "王飞" "王博" "王欣"
```

另一种格式是"列表名$元素名"。例如：

```
> lst$name
[1] "王飞" "王博" "王欣"
```

3. 列表的操作

（1）列表的元素可以修改，只要把元素引用赋值即可。例如：

```
> lst$name=c("王丙参","张帅","王发军");lst[1]
$name
[1] "王丙参" "张帅" "王发军"
```

（2）如果需要增加一项分数，3 人分数分别是 90，66，88，则输入

```
> lst$score=c(90,66,88)
```

（3）如果要删除列表的某一项，则将该项赋空值（NULL）。

（4）几个列表可以用连接函数 c()连接起来，结果仍为一个列表，其元素为各自变量的列表元素。例如：

list.ABC=c(list.A, list.B, list.C)

在 R 中，有许多函数的返回值是列表，如求特征值特征向量的函数 eigen()，奇异值分解函数 svd()和最小二乘函数数 lsfit()等。例如：

```
> A=matrix(c(3,-1,-1,3),nrow=2,ncol=2,byrow=TRUE);A
      [,1]    [,2]
[1,]    3     -1
[2,]   -1      3
> eigen(A)
$values
[1] 4 2
$vectors
            [,1]            [,2]
[1,]   -0.7071068     -0.7071068
[2,]    0.7071068     -0.7071068
```

2.4.3　数据框

数据框是 R 的一种数据结构，它通常是矩阵形式的数据，但矩阵各列可以是不同类型的，数据框每列是一个变量，每行是一个观测。但是，数据框有更一般的定义，它是一种特殊的列表对象，有一个值为"data.frame"的 class 属性，各列表成员必须是向量（数值型、字符型、逻辑型）、因子、数值型矩阵、列表，或其他数据框。向量、因子成员为数据框提供一个变量，如果向量非数值型会被强制转换为因子，而矩阵、列表、数据框这样的成员为新数据框提供了和其列数、成员数、变量数相同个数的变量，作为数据框变量的向量、因子或矩阵必须具有相同的长度（行数）。尽管如此，一般还是可以把数据框看作是一种推广了的矩阵，它可以用矩阵形式显示，可以用对矩阵的下标引用方法来引用其元素或子集。

1. 数据框的生成

数据框可以用 data.frame()函数生成，其用法与 list()函数相同，各自变量变成数据框的成分，自变量可以命名，成为变量名。例如：

```
> 成员 =data.frame(name=c("张梅","王欣","王飞"),age=c(60,34,6), height=c(158,173,118));成员
   name age height
1 张梅  60    158
2 王欣  34    173
3 王飞   6    118
```

如果一个列表的各个成分满足数据框成分的要求，它可以用 as.data.frame()函数强制转换为数据框。例如：

```
> cy=list(name=c("张梅","王欣","王飞"),age=c(60,34,6), height=c(158,173,118));
> 成员 =as.data.frame(cy);成员
   name age height
1 张梅  60    158
2 王欣  34    173
3 王飞   6    118
```

一个矩阵可以用 data.frame()转换为一个数据框，如果它原来有列名则其列名被作为数据框的变量名；否则系统自动为矩阵的各列起一个变量名。例如：

```
> X=array(1:6,c(2,3));data.frame(X)
  X1 X2 X3
1  1  3  5
2  2  4  6
```

2. 数据框的引用

引用数据框元素的方法与引用矩阵元素的方法相同，可以使用下标或下标向量，也可以使用名字或名字向量。例如：

```
> 成员[1,]
    name age height
1 张梅  60    158
> 成员[["height"]]
[1] 158 173 118
> 成员$name
[1] 张梅 王欣 王飞
Levels: 王飞 王欣 张梅
```

数据框的主要用途是保存统计建模的数据。R 的统计建模功能都需要以数据框为输入数据，也可以把数据框当成一种矩阵来处理。在使用数据框的变量时可以用"数据框名$变量名"的记法，但是，这样使用较麻烦，R 提供了 attach()函数可以把数据框中的变量"连接"到内存中，这样便于数据框数据的调用。例如：

```
> attach(成员)
> r=height/age;r
[1]  2.633333   5.088235 19.666667
```

为了取消连接，只要调用 detach()（无参数即可）。

注意：attach()除了可以连接数据框，也可以连接列表。

3. 数据框的编辑

如果需要对列表或数据框中的数据进行编辑，也可调用函数 edit()进行编辑、修改，其命令格式为

xnew=edit(xold)

其中 xold 是原列表或数据框图；xnew 是修改后的列表或数据框。

注意：原数据 xold 并没有改动，改动的数据存放在 xnew 中，函数 edit()也可以对向量、数组或矩阵类型的数据进行修改或编辑。例如：

```
> cynew=edit(成员)
```

运行结果如图 2.3 所示。

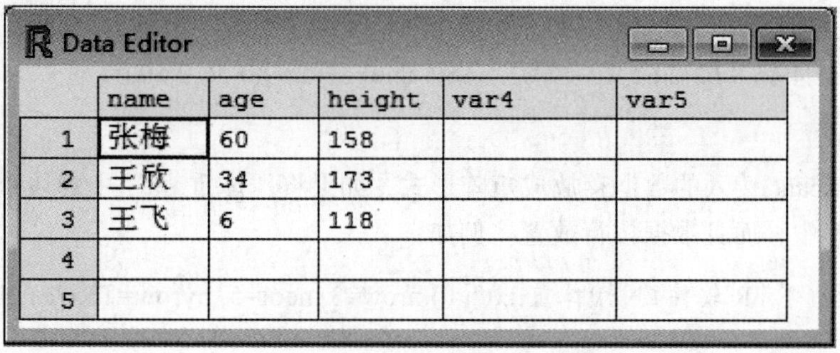

R Data Editor				
	name	age	height	var4	var5
1	张梅	60	158		
2	王欣	34	173		
3	王飞	6	118		
4					
5					

图 2.3　数据框图

2.4.4 数据的读写

在应用统计学中，数据量一般是比较大的，变量也很多，如果用上述方法来建立数据集，是不可取的。上述方法适用于少量数据、少量变量的分析，对于大量数据和变量，一般应在其他软件中输入（或数据来源是其他软件的输出结果），再读到 R 中处理。R 软件有多种读数据文件的方法。另外，所有的计算结果也不应只在屏幕上输出，应当保存在文件中，以备使用。

读纯文本文件有两个函数，一个是 read.table()函数，另一个是 scan()函数。

（1）read.table()函数是读表格形式的文件。例如：

```
> tjzl=read.table("F:\\R 软件数据\\学生体检资料.txt",header=T);tjzl
```

	编号	体重 X1	胸围 X2
1	1	35	60
2	2	40	74
3	3	40	64
4	4	42	71
5	5	37	72
6	6	45	68
7	7	43	78
8	8	37	66
9	9	44	70
10	10	42	65
11	11	41	73
12	12	39	75

```
> is.data.frame(tjzl)          #检验变量 tjzl 是数据框
[1] TRUE
```

如果数据文件中没有第一列记录序号，则自动加上。

（2）scan()函数可以直接读纯文本文件数据。例如：

```
> x=scan("F:\\R 软件数据\\体重.txt");x
Read 15 items
 [1] 75.0 64.0 47.4 66.9 62.2 62.2 58.7 63.5 66.6 64.0 57.0 69.0 56.9 50.0
[15] 72.0
```

可以将由 scan()读入的数据存放成矩阵形式，如果将"体重.txt"中的体重数据放在一个 3 行 5 列的矩阵中，而且数据按行放置。例如：

```
> X=matrix(scan("F:\\R 软件数据\\体重.txt", 0),nrow=3, ncol=5, byrow=TRUE);X
Read 15 items
     [,1] [,2] [,3] [,4] [,5]
```

[1,] 75.0 64.0 47.4 66.9 62.2

[2,] 62.2 58.7 63.5 66.6 64.0

[3,] 57.0 69.0 56.9 50.0 72.0

将体重数据读入，并以列表的方式赋给变量 Y。例如：

Y=scan("F:\\R 软件数据\\体重.txt",list(t1=0,t2=0));Y

R 软件除了可以读纯文本文件外，还可以读其他统计软件格式的数据，如 Minitab、S-PLUS、SAS、SPSS 等，要读入其他格式数据库，必须先调入"foreign"模块，它不属于 R 的内在模块，需要在使用前调入，调入的方法很简便，只需键入命令：library（foreign）。

我们还可利用 write() 函数将数据写入指定的文件，便于保存。例如：

```
> setwd("F:\\R 软件数据");          #设定工作路径
> x=rnorm(10^5,1,4);                #生成 10^5 个 N(1,4^2)随机数
> write(x,"正态随机数.txt")         #把数据写入文件，于工作路径
> x=scan("F:\\R 软件数据\\正态随机数.txt");
Read 100000 items
> mean(x)
[1] 0.9977652
> var(x)
[1] 15.95695
```

2.5　程序设计

通过前面的学习，读者可以体会到 R 语言与其他语言相比所体现的巨大优势。用户可以直接在"命令"窗口输入命令行，从而以交互式的方式来编写程序，实现计算或绘图功能。这种方式适用于命令行比较简单，输入比较方便，同时处理问题步骤较少的情况。当需要处理重复、复杂且容易出错的问题时，直接输入命令行方式就比较吃力。作为一门高级语言，R 和其他高级语言（比如 C 语言）一样，可以进行控制流的程序设计。

2.5.1　控制流

R 是一个表达语言，其任何一个语句都可以看成一个表达式。表达式之间用分号分隔或换行分隔，表达式之间可以续行，若前一行不是完整的表达式，则下一行为上一行的继续。若干表达式可以放在一起组成一个复合表达式，作为一个表达式使用，组合用大括号{}表示。

要想编写好的程序，就必须学好控制语句。R 语言的程序结构分为以下三种：

1. 顺序结构

顺序结构是最简单的程序结构，用户在编写好程序后，系统依次按照程序的物理位置顺

序执行程序的各条语句，因此，这种程序比较容易编写。但是，由于程序结构比较单一，实现的功能也比较有限。尽管如此，对于比较简单的程序来说，使用顺序结构还是能够很好地解决问题。

2. 分支结构

分支结构根据一定条件选择执行不同的语句。if 语句用来检查逻辑运算、逻辑函数、逻辑变量值等逻辑表达式的真假，若为真则执行 if 和 else 之间的执行语句，否则，转去执行另一分支。

> if(条件) 表达式 1
> if(条件) 表达式 1 else 表达式 2

其中"条件"为一个标量的真值或假值，表达式可以用大括号包围的复合表达式。

特别注意：当表达式为复合表达式时，一定要用大括号括上，否则不会运行。

第一句的意义是：如果条件成立，则执行表达式 1；否则跳过。

第二句的意义是：如果条件成立，则执行表达式 1；否则执行表达式 2。

例如：

```
> x=c(-2,3,1)
> if(any(x<=0)) y=log(abs(x)+1) else y=log(x);y
[1] 1.0986123 1.3862944 0.6931472
```

有多个 if 语句时，else 与最近的一个 if 匹配，可以使用 if…else if…else if…else…的多重判断结构表示多分支。

> if（条件 1）表达式 1
> else if（条件 2）表达式 2
> else if（条件 3）表达式 3
> else 表达式 4

多分支也可使用 switch( ) 函数，switch 语句更方便，且可读性更强，格式为

switch(statement,list)

其中 statement 是表达式；list 是列表，可以用有名定义。如果表达式的返回值在 1 到 length（list），则返回列表相应位置的值；否则返回"NULL"值。例如：

```
> x=3;
> switch(x,2+2,mean(1:10),rnorm(4))
[1] -0.6820554  0.4480762  1.4735224 -0.3814930
> switch(2,2+2,mean(1:10),rnorm(4))
[1] 5.5
> w=switch(6,2+2,mean(1:10),rnorm(4));w
NULL
```

3. 循环结构

循环结构重复执行一组语句，它是计算机解决问题的主要手段。

（1）for 循环语句会依照计数器的值来决定运算指令的循环次数，for 循环内不能对循环变量重新赋值，可以按需要嵌套，它的循环判断条件就是对循环次数的判断，也就是说，循环次数是预先设定好的。

for (name in 表达式 1) {表达式 2}

其中 name 是循环变量；表达式 1 是一个向量表达式（通常是个序列，如 1:20）；表达式 2 通常是一组表达式。

（2）while 循环语句的判断控制可以是逻辑判断语句，只要"循环条件"里的所有元素为真，就执行 while 和 end 语句之间的命令串，因此它的循环次数可以是一个不定数。这样就赋予了它比 for 循环更广泛的用途。

while (条件) {表达式}

当"条件"成立，则执行"表达式"。

（3）**repeat 循环**。

repeat 语句的格式为

repeat {表达式}

repeat 循环依赖 break 语句跳出循环，break 语句的作用是中止循环，使程序跳到循环以外。

例 2.5.1 求 $1+3+5+\cdots+99$ 。

利用 for 语句编程	利用 while 语句编程

s=0;
for(i in seq(by=2,1,99)){
    s=s+i;
}
s
	s=0;i=1;
	while(i<100){
	    s=s+i;i=i+2;
	}
	s

例 2.5.2 Fibonacci 数组的元素满足 Fibonacci 规则：

$$f_{k+2} = f_k + f_{k+1}, k = 1, 2, \cdots$$

且 $f_1 = f_2 = 1$ ，现要求计算 1 000 以内的 Fibonacci 数。程序如下：

```
f=c(1,1); i=1;
while(f[i]+f[i+1]<1000){
    f[i+2]=f[i]+f[i+1];
    i=i+1;
}
f
```

运行结果为：

[1]   1   1   2   3   5   8   13   21   34   55   89 144 233 377 610 987

也可采用 repeat 循环指令寻求 1000 以内的 Fibonacci 数。程序如下：

```
f=1;f[2]=1;i=1;
repeat{
    f[i+2]=f[i]+f[i+1];
    i=i+1;
    if(f[i]+f[i+1]>=1000) break;
}
f
```

例 2.5.3   求 1 到 100 中被 3 整除余 1 的数和 s1，被 3 整除余 2 的数和 s2，被 3 整除的数和 s3。程序如下：

```
s1=0;s2=0;s3=0;
for(i in 1:100){
    if(i%%3==1) s1=s1+i              #注意，加分号不会运行
    else if (i%%3==2) s2=s2+i
    else s3=s3+i;
}
print(c(s1,s2,s3));
```

运行结果为：

[1] 1717 1650 1683

2.5.2   函 数

对于计算较复杂的问题，只有通过编写程序才能解决。这样做的好处是一次编写程序可以重复使用，并且很容易修改。另一个好处就是函数内的变量名是局部的，运行函数不会使函数内的局部变量被保存在当前工作空间，可以避免在交互状态下直接赋值来定义很多变量，从而使工作空间不会杂乱无章。

1. 工作空间管理

在函数外部，搜索路径表的第一个位置是当前空间。随着程序的运行，工作空间里的对象越来越多，出错的机会就增大了。尽量把工作都用函数实现可避免该问题，函数定义的变量是局部的，不会进入当前工作空间。

可以直接利用函数管理工作空间的对象，见表 2.5。

表 2.5　工作空间管理函数

函 数	函数的功能
ls( )	查看当前工作空间保存的变量和函数
ls(pattern="wbc[.]")	返回符合模式的对象名，此处可返回所有以 wbc.开头的对象名
rm(list=ls( ))	删除当前工作空间保存的变量
rm(list=ls(pattern="wbc[.]"))	删除符合模式的对象名，此处可删除所有以 wbc.开头的对象名

2. 函　　数

R 软件允许用户自己创建模型的目标函数，有许多 R 函数存储为特殊的内部形式，并可以被进一步的调用，这样在使用时可以使语言更有力、更方便，而且程序也更美观，学习写自己的程序是学习使用 R 语言的主要方法之一。事实上，R 系统提供的绝大多数函数，如 mean()，var()，postscript()等，是系统编写人员写在 R 语言中的函数，与自己写的函数本质上没有多大差别。

函数定义的格式如下：

name=function(arg_1,arg_2,…) {expression}

expression 是 R 中的表达式（通常是一组表达式），arg_1，arg_2，…表示函数的参数，函数体为一个复合表达式，放在程序最后的信息是函数的返回值，返回值可以是向量、数组（矩阵）、列表或数据框。

调用函数的格式为 name（expr_1，expr_2，…），并且在任何时刻调用都是合法的。在调用自己编写的函数（程序）时，需要将已写好的函数调到内存中。

在命令行直接输入函数程序时，修改是很不方便的，我们可以打开一个记事本编辑程序，输入所需定义的函数，保存文件，例如保存到

F:\\wang.txt
我们就可以用

source("F:\\wang.txt")

运行文件中的函数，将写好的函数调到内存中。例如，首先编写函数

```
qiucha=function(x,y){
z=x-y;
z
}
```

保存在 F:\\wang.txt，再运行

```
> source("F:\\wang.txt")
> qiucha(1,2)
[1] -1
```

对于一个已有定义的函数，可以用 fix()函数来修改。例如：

fix(qiucha)

将打开一个编辑窗口显示函数的定义，修改后关闭窗口就可以了。

例 2.5.4 按照定义编写求 n 以内的素数。

```
ss=function(n){
    z=2;
    for(i in 2:n){
        if(any(i%%2:(i-1)==0)==F) z=c(z,i);
    }
        return(z)
}
ss(80)
```

运行结果为：

```
 [1]   2   3   5   7 11 13 17 19 23 29 31 37 41 43 47 53 59 61 67 71 73 79
t1=Sys.time()                #记录时间点
ss(10000)                    #计算 10000 内的素数
Sys.time()-t1                #费了多长时间
```

time difference of 1.377803 secs
> system.time(ss(10000)) #计算 ss(10000)所用的时间

```
    user    system elapsed
    1.25      0.00     1.26
```

对于任何程序语言，最基本的调试手段是在需要的地方显示变量的值，可以用 print()和 cat()显示。R 软件也提供 browser()函数使程序暂停进入调试状态，进而可查看其中的局部变量名，也可以修改。

2.6 绘 图

俗话说"一图胜万语"，在科学研究、工程上有图则一目了然，无图则如隔靴搔痒。对于数值计算和符号计算来说，不管计算结果多么准确，人们往往很难抽象体会它们的具体含义，而图形处理技术提供了一种直接的表达方式，可以使人们更直观、更清楚地了解实物的结果和本质。因此，图形可视化技术是数学计算人员追求的更高一级技术。本节主要介绍 R 基本图形功能，包括基本的绘图命令，以及图形的简单控制。

R 作图是通过描点、连线来实现的，故在画一个曲线图形之前，必须先取得该图形上的一系列的点的坐标（即横坐标和纵坐标），然后将该点集的坐标传给 R 函数画图。二维曲线图在 R 中的绘制是极其简便的。如果将 X 轴和 Y 轴的数据分别保存在两个向量中，同时向量的长度完全相等，那么可以直接调用函数进行二维图形的绘制。在 R 中有两种绘图函数：

（1）高级绘图函数：创建一个新的图形，见表 2.6。

（2）低级绘图函数：在现存的图形上添加元素，见表 2.7。

表 2.6　高级图形函数

函数名	功能描述
par(mfcol=c(m,n))	准备 $m \times n$ 个画图区域
plot(x)	以 x 的元素值为纵坐标，以序号为横坐标绘图
plot(x,y)	在 x 轴和 y 轴都按线性比例绘制二维图形
sunflowerplot(x,y)	同上，但是以相似坐标的点作为花朵，其花瓣数目为点的个数
pie(x)	饼图
boxplot(x)	盒形图
stem(x)	茎叶图
stripchart(x)	把 x 的值画在一条线段上，样本量较小时可作为盒形图的替代
coplot(x~y|z)	关于 z 的每个数值（或数值区间）绘制 x, y 的二元图
interaction.plot(f1,f2,y)	如果 $f1$, $f2$ 是因子，作 y 的均值图，以 $f1$ 的不同值作为 x 轴，而 $f2$ 的不同值对应不同的曲线；可以用选项 fun 指定 y 的其他统计量，缺省计算均值，fun=mean
matplot(x,y)	二元图，其中 x 的第 1 列对应 y 的第 1 列，x 的第 2 列对应 y 的第 2 列，以此类推
dotchart(x)	如果 x 是数据框，做 Cleveland 点图（逐行逐列累加图）
fourfoldplot(x)	用 1/4 圆显示 2×2 列表情况，x 必须是 dim=c(2,2,k) 数组
assocplot(x)	Cohen-Friendly 图，显示在二维列联表中行、列变量偏离独立性的程度
mosaicplot(x)	列联表的对数线性回归残差的马赛克图
termplot(mod.obj)	回归模型(mod.obj)的偏影响图
pairs(x)	如果 x 是矩阵或是数据框，做 x 的各列之间的二元图
plot.ts(x)	如果 x 是类 ts 的对象，做 x 的时间序列曲线，x 可以是多元的，但是序列必须有相同的频率和时间
ts plot(x)	同上，但如果 x 是多元的，序列可有不同的时间但必须有相同的频率
hist(x)	x 的频率直方图
barplot(x)	x 的值的条形图
qqnorm(x)	正态分位数-分位数图，即 QQ 图
qqline(x)	在 qqnorm(x)图上画一条拟合曲线
qqplot(x,y)	y 对 x 的分位数-分位数图
contour(x,y,z)	等高线图，x, y 必须为向量，z 必须为矩阵，使得 dim(z)=c(length(x), length(y))
filled.contour(x,y,z)	同上，等高线区域是彩色的，并且绘制彩色对应的值的图例
image(x,y,x)	同上，但是实际数据大小用不同色彩表示
persp(x,y,z)	同上，但为透视图
stars(x)	如果 x 是矩阵或者数据库，用星形和线段画出
symbols(x,y,···)	在由 x, y 给定坐标画符号，符号的类型、大小、颜色等由另外的变量指定

高级绘图函数可以迅速简便地绘制常见类型的图形，在绘制完图形后，最好对图形进行一些辅助操作，以便使图形更加明确，可读性更强。

表 2.7　低级绘图函数

函数名	功能描述
title(main,sub)	main 添加标题，sub 添加一个副标题
axis(side,vect)	画坐标轴，side=1 时画在下边，side=2 时画在左边，side=3 时画上下边，side=4 时画在右边，可以用 at 参数指定位置，用 labels 参数指定刻度处的标签
legend(x,y,legend)	在点(x,y)处添加图例，说明内容由 legend 给定。至少要给出下面 v 值以确定要对什么图例进行说明，angle=v 指定几种阴影斜度；density=v 指定几种阴影密度；fill=v 指定几种填充颜色；cl=v 指定几种颜色；lty=v 指定几种线型；pch=v 指定几种散点符号，同 vect=v
text(x,y,labels,⋯)	在(x,y)处添加 labels 指定的文字，典型的用法，plot (x,y, type="n");text(x,y,names)
mtext(text,side=3,line=0,⋯)	在边空添加 text 指定的文字，用 side 指定添加到哪一边，line 指定添加的文字距离绘图区域的行数
abline(a,b)	绘制斜率为 b 和截距为 a 的直线
abline(h=y)	在纵坐标 y 处画水平线
abline(v=x)	在横坐标 y 处画垂线
abline(lm.obj)	画出 lm.obj 确定的回归线
points(x,y)	添加点，可以使用选项 type=
lines(x,y)	同上，添加线
segments(x0,y0,x1,y1)	从$(x0,y0)$各点到$(x1,y1)$各点画线段
arrows(x0,y0,x1,y1,angle=30,code=2)	同上，但画线，若 code=2，则在各$(x0,y0)$处画箭头，若 code=1，则在各$(x1,y1)$处画箭头，若 code=3，则在两端都画箭头；angle 空值箭头轴到箭头边的角度
rect(x1,y1,x2,y2)	绘制长方形，$(x1,y1)$为左下角，$(x2,y2)$为右上角
box( )	在当前的图上加上边框
rug(x)	在 x 轴上用短线画出 x 数据的位置
locator(n,type="n",⋯)	在用户用鼠标在图上点击 n 次后返回 n 次点击的坐标(x,y)；并可以在点击处绘制符号（type="p"时）或连线(type="1"时)，缺省情况下不画符号或连线

pch＝"＋"指定用于绘制散点图的符号。如果 pch 的值为 0 ~ 18 的一个数字，将使用特殊的绘点符号，见图 2.4。

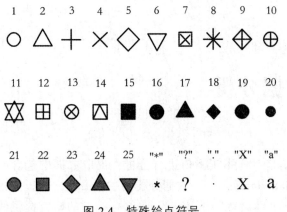

图 2.4 特殊绘点符号

实际上，每个函数的参数都有很多，本书中不可能一一详解。希望读者在数据分析的过程中慢慢摸索，多借助其他资料拓展学习。

习题 2

1. 简述 R 的发展历史及其优缺点。

2. 将软件安装在 D 盘根目录下，并尝试安装程序包。

3. 计算 $\sin(4) + \cos(\pi) + e^2$。

4. 设 $u = 1$，$v = 3$，计算 $\dfrac{(u + \cos(v))^2}{v - u}$，$\dfrac{\pi}{3}\sin\left(\dfrac{\pi}{3}\right)$。

5. 令 $A = (1, 2, 3)$，$B = (3, 4, 1)$，$C = (9, -1, 2)$。

（1）求 A, B 的点积；

（2）求 B, C 的叉积；

（3）求 A, B, C 的混合积。

6. 作出函数 $y = x^3 - 6x^2 - 3x + 8$ 的图像。

7. 用不同标度在同一坐标系内绘制曲线 $y_1 = 3x\sin(x^3)$ 在区间 $[-2, 2]$ 及 $y_2 = 3(x + 1)\cos(x^3)$ 在区间 $[0, 4]$ 的效果图。

3 探索性数据分析

数据分析的目的就是对样本观测值进行分析，提取数据中包含的有用信息。探索性数据分析（exploratary data analysis）是数据分析的主要方法之一，它的基本思想是从数据本身出发，介绍数据分析的基本方法，为进一步结合模型的研究提供线索，为传统的统计推断提供良好的基础并减少盲目性。分析的过程不涉及模型的假设和统计推断，采用非常灵活的方式来探究数据分布的大致形状，主要包括基本数字特征、绘制直方图、茎叶图和箱线图等。

3.1 数据的整理与显示

通过各种渠道得到统计数据之后，要对这些数据进行加工整理，使之系统化、条理化，从而符合分析的需要；同时利用图形直观展现出来，便于分析决策。在对数据进行整理时，要弄清数据的类型，因为对于不同类型的数据所采取的处理方式和所适用的处理方法是不同的。

3.1.1 分类和顺序数据的整理与显示

数据经预处理后可进一步分类或分组整理。

1. 分类数据的整理与显示

分类数据（categorical data）是离散数据（discrete data），分类属性具有有限个（也可能很多）不同值，值之间无序，比如地理位置、工作类别和商品类型。分类数据本身就是对事物的一种分类，如人按性别分为男、女两类，因此在整理时除了列出所分的类别外，还要计算每一类别的频数（Frequency）、频率或比例、比率，同时选择适当的图形进行显示。

（1）**频数**（frequency），也称**次数**，是落在某一特定类别或组中的数据个数。我们把各个类别及其相应的频数全部列出来就是**频数分布**，或称**次数分布**（frequency distribution）。将频数分布用表格形式表现出来就是**频数分布表**。

（2）**比例**（proportion），也称为**构成比**，是一个总体（或样本）中各个部分的数值占全部数值的比重，通常用于反映总体的构成或结构。假定总体数量 N 被分成 K 个部分，每一部分的数量分别为 $N_1, N_2, \cdots, N_K$，则第 i 部分的比例定义为 $\dfrac{N_i}{N}$。显然，各部分的比例之和等于 1，即

$$\frac{N_1}{N}+\frac{N_2}{N}+\cdots+\frac{N_K}{N}=1$$

比例是将总体中各个部分的数值都变成同一个基数，也就是都以 1 为基数，这样就可以对不同类别的数值进行比较了。比如，在例 3.1.1 中，关注金融广告和招生招聘广告的人数比例差不多相同。

注意，统计学的研究对象是总体的统计规律，但由于总体很难得到或不必得到，因此常利用样本来估计总体，故在一般情况下，可认为二者是等价的。

（3）**百分比**（Percentage）。将比例乘以 100 就是百分比或百分数，它是将对比的基数抽象化为 100 而计算出来的，用%表示，它表示每 100 个分母中拥有多少个分子。比如，在上面的例子中，频率一档就是将比例乘以 100 而得到的百分比。百分比是一个更为标准化的数值，很多相对数都用百分比表示。当分子的数值很小而分母的数值很大时，也可以用千分数（‰）来表示比例，如人口的出生率、死亡率、自然增长率等。

（4）**比率**（ration）是各不同类别的数量的比值。它可以是一个总体中各不同部分的数量对比。由于比率不是总体中部分与整体之间的对比关系，因而比值可能大于 1。为便于理解，通常将分母化为 1。比如，关注商品广告和关注服务广告人数的比率是 2.2：1。为方便起见，比率可以不用 1 作为基数，而用 100 或其他便于理解的数作基数。比如，人口的性别比就用每 100 名女性人口所对应的男性人口来表示，如性别比为 105：100，表示每 100 个女人对应105 个男人，说明男性人口数量略多于女性人口。

用频数分布表来反映分类数据的频数分布简洁明了。如果用图形来显示频数分布，就会更加形象和直观。一张好的统计图表，往往胜过冗长的文字表述。统计图的类型有很多，对于分类数据，常见的图示方法有条形图和饼图。如果两个总体或两个样本的分类相同且问题可比时，还可以绘制环形图。

（1）**条形图**（bar chart）是用宽度相同的条形的高度或长短来表示数据多少的图形。条形图可横置或纵置，纵置时也称为**柱形图**（column chart），高度表示各类数据的频数或频率。另外，条形图有简单条形、复式条形图等形式。

（2）**饼图**（pie chart）也称为**圆形图**，是用圆形及圆内的扇形面积来表示数值大小的图形。饼图主要用于表示总体中各组成部分所占的比例，对研究结构性问题十分有用。在绘制饼图的时候，总体中各部分所占的百分比用圆内的各个扇形的面积表示。这些扇形的中心角度，是按各部分百分比占 360 度的相应比例确定的。

例 3.1.1 为研究某城市广告市场的状况，一家广告公司随机抽取 200 人就广告问题做了问卷调查，其中的一个问题是："您最关心下列哪一类广告？"

（1）商品广告；

（2）服务广告；

（3）金融广告；

（4）房地产广告；

（5）招生招聘广告；

（6）其他广告。

这里的变量就是"广告类别"，不同类型的广告就是变量值。调查数据经分类整理后形成频数分布表（见表 3.1），生成的广告类型饼形图（见图 3.1）和柱形图（见图 3.2）。

表 3.1 某城市居民关注广告类型的频数分布表

广告类型	人数/人	比例	频率/%
商品广告	112	0.560	56.0
服务广告	51	0.255	25.5
金融广告	9	0.045	4.5
房地产广告	16	0.080	8.0
招生招聘广告	10	0.050	5.0
其他广告	2	0.010	1.0
合　计	200	1	100

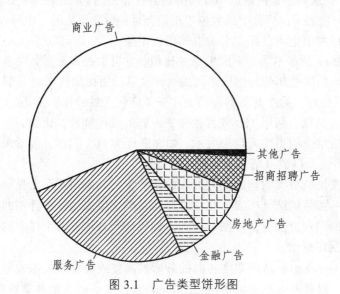

图 3.1 广告类型饼形图

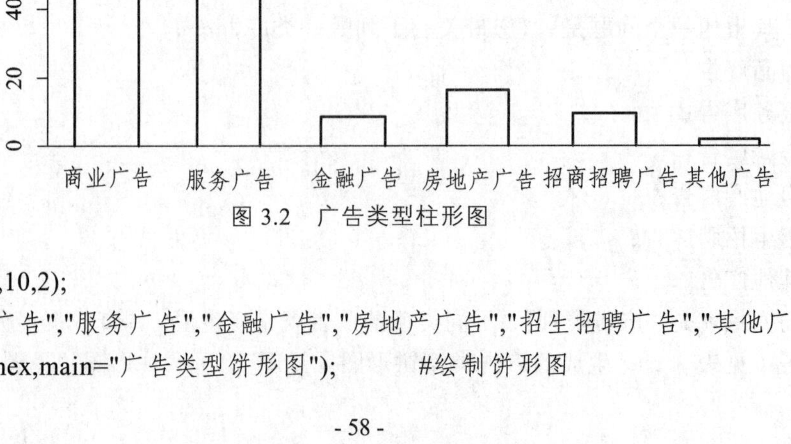

图 3.2 广告类型柱形图

```
x=c(112,51,9,16,10,2);
namex=c("商业广告","服务广告","金融广告","房地产广告","招生招聘广告","其他广告");
pie(x,labels=namex,main="广告类型饼形图");        #绘制饼形图
```

```
#绘制柱形图
width=c(4,4,4,4,4,4);        #边框宽度
space=c(1,1,1,1,1,1);        #边框间距
barplot(x,names.arg=namex,width=width,space=space,main="广告类型柱形图");
```

很显然，如果不做分类整理，直接观察这 200 个人对不同广告的关注情况，既不便于理解，也不便于分析。但是经分类整理后，可以大大简化数据，且信息凸显。比如，很容易看出关注"商品广告"的人数最多，达到了 56%，而关注"其他广告"的人数最少，只有 1%。

其实，利用 R 软件统计频数是非常方便的。例如：

```
x=c("是","否","是","否","是","否","是");table(x)
```

运行结果为：

```
x
否 是
 3  4
```

2. 顺序数据的整理与显示

顺序数据的整理和显示方法也可采用分类数据整理与显示方法，还可以使用累积频数和累积频率。**累积频数**就是将各类别的频数逐级累加起来。通过累积频数，可以很容易看出某一类别（或数值）以下及以上的频数之和，其方法有两种：一种是从类别顺序的开始一方向类别顺序的最后一方累加频数（定距数据和定比数据则是从变量值小的一方向变量值大的一方累加频数），称为**向上累积**。某组向上累计频数表明该组上限以下的各组单位数之和是多少，某组向上累计频率表明该组上限以下的各组单位数之和占总体单位数的比重。另一种是从类别顺序的最后一方向类别顺序的开始一方累加频数（定距数据和定比数据则是从变量值大的一方向变量值小的一方累加频数），称为**向下累积**。某组向下累计频数表明该组下限以上的各组单位数之和是多少，某组向下累计频率表明该组下限以上的各组单位数之和占总体单位数的比重。**累积频率**就是将各类别的百分比逐级累加起来，也有向上累积和向下累积两种方法。

（1）**累积频数分布或频率图**根据累积频数或累积频率绘制。

（2）**环形图**与饼形图类似，但又有区别。环形图中间有一个空洞，总体中的每一部分数据用环中一段表示。饼图只能显示一个总体各部分所占的比例，而环形图则可以显示多个总体各部分所占的相应比例，从而有利于进行比较。

3.1.2　数值型数据的整理和显示

上面介绍的分类和顺序数据的整理和图示方法，也都适用于数值型数据的整理和显示。但数值型数据还有一些特定的整理和图示方法，它们不适用于分类和顺序数据。

1. 数据的分组

数值型数据均表现为数字，因此在整理时通常进行数据分组。**数据分组**是根据统计研究的需要，将原始数据按照某种标准化分成不同的组别，分组后的数据称为分组数据，再计算

出各组中数据出现的频数，就形成了一张频数分布表。数据分组的主要目的是观察数据的分布特征。

数据分组的方法有单变量值分组和组距分组两种。

（1）**单变量值分组**是把一个变量值作为一组，这种分组通常是适合离散变量的，而且在变量值较少的情况下使用。

（2）在连续变量或变量值较多的情况下，通常采用**组距分组**。它是将全部变量值依次划分为若干区间，并将这一区间的变量值作为一组。在组距分组中，一个组的最小值称为**下限**（low limit）；一个组的最大值称为**上限**（upper limit）。

采用组距分组时，需要遵循不重不漏的原则。**不重**是指一项数据只能分在其中的某一组，不能在其他组中重复出现；**不漏**是指组别能够穷尽，即在所分的全部组别中每一项数据都能分在其中的某一组，不能遗漏。分组步骤主要有：

① 确定组数。一组数据分多少组合适呢？一般与数据本身的特点及数据的多少有关。由于分组的目的之一是观察数据分布的特征，因此组数的多少应适中。如果组数太少，数据的分布就会过于集中，组数太多，数据分布就会过于分散，这都不便于观察数据分布的特征和规律。组数的确定应以能够显示数据的分布特征和规律为目的。一般情况下，一组数据所分的组数应不少于 5 组且不多于 15 组。实际应用时，可根据数据的多少和特点及分析要求来确定组数。在实际分组时，可按 Sturges 提出的经验公式来确定组数 $K = 1 + \dfrac{\lg n}{\lg 2}$，式中 n 为数据的个数，对 K 用四舍五入的办法取整数即为组数。

② 确定各组的组距。每组区间长度可以相等，也可以不等，实用中常选用长度相同的区间以便进行比较，此时各组区间长度称为组距。**组距**是一个组的上限与下限的差，可根据全部数据的最大值和最小值及所分的组数来确定，即组距 =（最大值 – 最小值）/组数。

③ 根据分组整理成**频数分布表**。

2. 数值型数据的显示

前面介绍的条形图形、饼图、环形图和累积分布图等都适用显示数值型数据，此外，对数值型数据还有下面一些图示方法。

（1）**分组数据：直方图和折线图。**

① **直方图**（histogram）又称**柱状图**、**质量分布图**，是一种统计报告图，由一系列高度不等的纵向条纹或线段表示频数分布的情况，一般用横轴表示数据类型，纵轴表示频数或频率。它在组距相等场合常用宽度相等的长条矩形表示，矩形的高低表示频数的大小。

在图形上，横坐标表示所关系变量的取值区间，纵坐标表示频数，这样就得到了**频数直方图**。若把纵轴改成频率就得到**频率直方图**。为使诸长条矩形面积和为 1，可将纵轴取为频率/组距，如此得到的直方图称为**单位频率直方图**，或简称**频率直方图**。

② **折线图**也称为频数多边形图，是在直方图的基础上，把直方图顶部的中点用直线连接起来，再把原来的直方图抹掉就是折线图。折线图可以显示随时间（根据常用比例设置）变化的连续数据，因此非常适用于显示在相等时间间隔下数据的趋势，能显示数据点以表示单个数据值，也可能不显示这些数据点。在折线图中，类别数据沿水平轴均匀分布，所有值数据沿垂直轴均匀分布。

（2）未分组数据：茎叶图和箱线图。

① 茎叶图（stem-and-leaf plots）由"茎"和"叶"两部分构成，其图形是由数字组成的。通过茎叶图，可以看出数据的分布形状及数据的离散状况，比如，分布是否对称，数据是否集中，是否极端值等。绘制茎叶图的关键是设计好树茎，通常是以该组数据的高位数值作为树茎，后面部分作为叶。树茎一经确定，树叶就自然地长在相应的树茎上了。茎叶图并不漂亮，外行不一定能马上理解，因此在媒体中很少出现。茎叶图是在计算机不发达时期产生的分析方法，主要适合数据较少的情形，随着计算机的发展，它的实用性在降低。

② 箱线图（boxplot）。次序统计量的应用之一就是**五数概括**，在得到样本后，容易计算出如下五个值：最小观测值 $x_{\min} = x_{(1)}$，最大观测值 $x_{\max} = x_{(n)}$，中位数 $m_{0.5}$，1/4 分位数 $Q_1 = m_{0.25}$，3/4 分位数 $Q_3 = m_{0.75}$，所谓的五数概括就是用这五个数来大致描述一批数据的轮廓。五数概括的图形表示为箱线图，由箱子和线段组成，其做法如下：画一个箱子，其两侧为 1/4 分位数和 3/4 分位数，在中位数位置上画一条竖线，它在箱子内，这个箱子包含了样本中 50%的数据。在箱子左右两侧各引出一条水平线分别至到最小值和最大值为止，每条线段包含了样本 25%的数据。箱线图可用来对样本数据分布的形状进行大致的判断。

（3）时间序列数据：线图。

如果定距数据和定比数据是在不同时间上取得的，即时间序列数据，还可以绘制线图（时序图）。时序图就是一个平面二维坐标图，通常横轴表示时间，纵轴表示序列取值。时序图是在平面坐标上用折线表现数量变化特征和规律的统计图，主要用于显示时间序列数据，以反映事物发展变化的规律和趋势。绘制线图时应注意以下几点：

① 时间一般绘在横轴，指标数据绘在纵轴。

② 图形的长宽比例要适当，一般应绘成横轴略大于纵轴的长方形，其长宽比例大致为10 : 7。图形过扁或过于瘦高，不仅不美观，而且会给人造成视觉上的错觉，不便于对数据变化的理解。

③ 一般情况下，纵轴数据下端应从 0 开始，以便于比较。数据与 0 之间的间距过大，可以采取折断符号将纵轴折断。

例 3.1.2 调查 100 名健康大学生的血清总蛋白含量（g/L），数据文件 xqzdb.txt 如下：

```
74.3 78.8 68.8 78.0 70.4 80.5 69.7 71.2 73.5 80.5
79.5 75.6 75.0 78.8 72.0 72.0 72.0 74.3 71.2 72.0
75.0 73.5 78.8 74.3 75.8 65.0 74.3 71.2 69.7 68.0
73.5 75.0 72.0 64.3 75.8 80.3 69.7 74.3 73.5 73.5
75.8 75.8 68.8 76.5 70.4 71.2 81.2 75.0 70.4 68.0
70.4 72.0 76.5 74.3 76.5 77.6 67.3 72.0 75.0 74.3
73.5 79.5 73.5 74.7 65.0 76.5 81.6 75.4 72.7 72.7
67.2 76.5 72.7 70.4 77.2 68.8 67.3 67.3 67.3 72.7
75.8 73.5 75.0 72.7 73.5 73.5 72.7 81.6 70.3 74.3
73.5 79.5 70.4 76.5 72.7 77.2 84.3 75.0 76.5 70.4
```

试列出频数分布表，画出频数直方图、密度直方图和密度估计曲线，并与正态分布的概率密度曲线比较。

输入 R 命令：

```
w=scan("F:\\R 软件数据\\xqzdb.txt");
#scan()读入 F:\\R 软件数据\\下的数据文件 xqzdb.txt，赋给向量 w
hist(w, plot=FALSE)            #只给出直方图各种结果，不绘图
par(mfrow=c(1,2));             #将画图区域分为 1×2 个区域
hist(w, freq=TRUE)            #参数 freq=TRUE 绘制频数直方图
hist(w, freq=FALSE)           #参数 freq=FALSE 绘制密度直方图
lines(density(w),type="l");        #绘制密度估计曲线
x=64:86;                      #生成与 w 取值范围相同的向量
lines(x,dnorm(x,mean(w),sd(w)),type="b"); #绘制正态分布概率密度曲线
```

运行结果为：

$breaks
 [1] 64 66 68 70 72 74 76 78 80 82 84 86
$counts
 [1] 3 7 6 19 18 23 11 6 6 0 1
$density
 [1] 0.015 0.035 0.030 0.095 0.090 0.115 0.055 0.030 0.030 0.000 0.005
$mids
 [1] 65 67 69 71 73 75 77 79 81 83 85

生成的频数直方图和密度直方图见图 3.3。

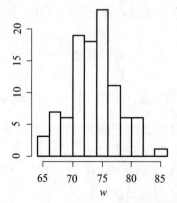 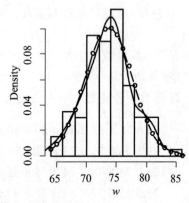

图 3.3　频数直方图（左）与密度直方图（右）

对运行结果进行整理可得频数分布表（表 3.2），密度 = 频率/组距。

表 3.2　女大学生的血清总蛋白频数分布表

区间	[64,66]	(66,68]	(68,70]	(70,72]	(72,74]	(74,76]	(76,78]	(78,80]	(80,82]	(82,84]	(84,86]
组中值	65	67	69	71	73	75	77	79	81	83	85
频数	3	7	6	19	18	23	11	6	6	0	1
密度	0.015	0.035	0.030	0.095	0.090	0.115	0.055	0.030	0.030	0.000	0.005

图 3.3 中右图，由线条显示的曲线是密度估计曲线，而点和线交错显示的曲线是相应正态分布的密度曲线。密度估计曲线与正态分布密度曲线有一定差别，但不是很大。

例 3.1.3 为分析某班考试成绩，抽取某高中某班考试成绩，数据如表 3.3 所示。

表 3.3 某中学某班学生考试成绩

考生编号	姓名	语文	数学	化学	生物	英语
1	刁宁	75	84	98	93	87
2	康红	84	85	95	80	87
3	胡明	82	86	88	83	81
4	杨翼	82	85	86	82	83
5	董忠	78	78	94	81	77
6	宋春	78	77	95	89	88
7	范红	79	78	95	86	80
8	常强	74	87	92	78	85
9	鲜啸	77	82	89	82	80
10	温昊	77	87	89	75	85
11	邵欣	77	77	98	83	77
12	张凡	77	74	86	86	75
13	潘琪	76	88	83	72	83
14	黄轩	79	92	81	89	72
15	曹辉	68	81	90	81	67
16	邓龙	76	86	91	81	80
17	刘涛	72	84	88	79	69
18	缑刚	74	84	89	77	78
19	张晨	84	69	77	74	75
20	李丹	78	76	86	77	85
21	魏乐	74	61	89	78	87
22	何静	75	75	87	78	75
23	郭鑫	71	75	88	72	74
24	陈明	72	91	87	79	69
25	苟君	73	68	93	74	76
26	张琦	75	74	82	85	74
27	苏蕊	76	66	78	77	80
28	赵亮	84	73	83	76	78
29	陈琳	72	76	84	75	85
30	丁亮	75	65	87	77	70

利用上面数据绘制茎叶图与箱线图。

一般地，若数据的样本容量为 n，L 为茎叶图的最大行数，当 $20 \leqslant n \leqslant 300$ 时，取 $L = [10 \times \lg n]$，其中 $[x]$ 是不超过 x 的最大整数。如果数据容量 n 较大或数据较分散，茎叶图有时就会显示横行上叶子太多，看上去特别拥挤，可以通过增加行数，将原来的 1 行变为 3 行或 5 行，并引进一些新的符号，得到扩展的茎叶图。

输入 R 命令：

```
kscj=read.table("F:\\R 软件数据\\xskscj.txt",header=T);
数学=kscj[["数学"]];          #将数据框中数学成绩赋值给变量数学
#scale=1/2,则行数变为原来的 1/2.
stem(数学,scale=1,width=80,atom=1e-08)
stem(数学,scale=1/2,width=80,atom=1e-08)
par(mfrow=c(1,2));
boxplot(数学);      #绘制数学成绩箱线图
fivenum(数学);       #数学成绩五数总括
语文=kscj[["语文"]];生物=kscj[["生物"]];
化学=kscj[["化学"]];英语=kscj[["英语"]];
boxplot(语文,数学,化学,生物,英语,names=c("语文","数学","化学","生物","英语"));
```

运行结果为：

[1] 61 74 78 85 92

生成的茎叶图和箱线图见图 3.4 ~ 图 3.6。

```
6 | 1
6 | 5689
7 | 344
7 | 55667788          6 | 15689
8 | 12444            7 | 34455667788
8 | 5566778          8 | 124445566778
9 | 12              9 | 12
```

图 3.4   scale=1 时数学成绩茎叶图   图 3.5   scale=1/2 时数学成绩茎叶图

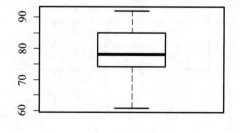
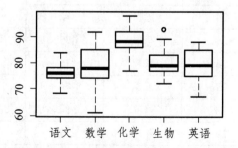

图 3.6   箱线图（左，数学成绩箱线图；右，5 门成绩箱线图）

3.1.3 其他图描述法

除了上面说的各种用来描述数据的图之外，对于三元或三元以上数据还可采用其他图形。许多统计学家给出了多种多元数据的图示法，但多元数据的图示研究目前还处于不成熟状态。下面介绍几种常用的方法。

Chernoff 面孔图（Chernoff faces）是把矩阵形式的数据用面孔形式表现出来。不同的面孔体现数据各个变量的不同特征。当然，必须熟悉这些面孔的各种器官和表情代表数据什么特征才行。各个变量对应的器官度量包括面孔长度、面孔宽度、面孔形状、嘴的上下高度、嘴的宽度、耳朵的宽度、耳朵的长度等。各种变量的组合就形成面孔的不同表情。

星图（star plot）也称为蜘蛛或雷达图（spider/radar plot），它把各个变量按照大小向各个方向做射线，形成星辰图。这种图比面孔图容易理解，但比较死板。

图 3.7 和图 3.8 是用语文、数学、化学、生物、英语这 5 个变量描述前 10 位同学的 Chernoff 面孔图和星图。绘制这两幅图利用了程序包 TeachingDemos，需要先下载安装，然后用下面语句得到：

```
kscj=read.table("F:\\R 软件数据\\xskscj.txt",header=T);
library(TeachingDemos);
q=kscj[1:10,3:7];row.names(q)=kscj[1:10,2];
faces(q,nrow=2,ncol=5);
stars(q,norw=2,ncol=5);
```

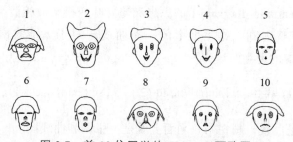

图 3.7　前 10 位同学的 Chernoff 面孔图

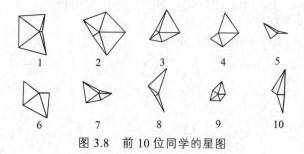

图 3.8　前 10 位同学的星图

轮廓图（outline）的思想非常简单、直观，绘图步骤如下：

（1）在横坐标上取 p 个点，表示 p 个变量。

（2）对给定的一个观测值，p 个点上的纵坐标（高度）则对应各个变量的值（或成比例）；连接 p 个变量的值得到一条折线，即为该观测值的一条轮廓图。

（3）对 n 个观测值，重复上述步骤，画出 n 条轮廓图。

利用 lattice 程序包中的 parallelplot 函数可以绘制轮廓图，但比较粗糙，可以编写轮廓图函数，函数名为 outline.R。

```
outline=function(x){
if(is.data.frame(x)==TRUE) x=as.matrix(x);
m=nrow(x);n=ncol(x);m;n;
plot(c(1,n),c(min(x),max(x)),type="n",main="outline",xaxt="n",xlab="variable",ylab="case");
xmark=c(NA,colnames(x),NA);
axis(1,0:(n+1),labels=xmark);
for(i in 1:m){
    lines(x[i,]);
    k=dimnames(x)[[1]][i]
    if(is.character(k)==FALSE)
    {k=i;text(1+(i-1)%%n,x[i,1+(i-1)%%n],k);}
    else text(1+(i-1)%%n,x[i,1+(i-1)%%n],k);
}
}
```

调和曲线图（**harmonic diagram**）的思想和傅立叶变换十分相似，是根据三角变换方法将 p 维空间的一个点映射到二维平面上的一条曲线。对于 p 维数据，第 i 个观测值数据 $x_i^{\mathrm{T}} = (x_{i1}, x_{i2}, \cdots, x_{ip})$ 对应的调和曲线为

$$f_i(t) = \frac{x_{i1}}{\sqrt{2}} + x_{i2}\sin(t) + x_{i3}\cos(2t) + x_{i4}\sin(2t) + x_{i5}\cos(2t) + \cdots, \quad -\pi \leqslant t \leqslant \pi$$

n 个观测数据对应 n 条曲线，画在同一平面上就是一张调和曲线图。

编写函数 harmonic.curve 绘制调和曲线图。

```
harmonic.curve=function(x) {
if(is.data.frame(x)==TRUE) t=seq(-pi, pi, pi/100);
m=nrow(x);n=ncol(x);
f=array(0,c(m,length(t)));
for(i in 1:m){
    f[i, ]=x[i,1]/sqrt(2);
    for(j in 2:n){
        if(j%%2==0) {f[i,]=f[i,]+x[i,j]*sin(j/2*t)}
        else {f[i,]=f[i,]+x[i,j]*cos(j%/%2*t)}
    }
}
```

```
plot(c(-pi, pi),c(min(f),max(f)),type="n",main="The Harmonic Curve Plot",xlab="t",ylab="f(t)");
for(i in 1:m){
    lines(t,f[i, ]);
    k=dimnames(x)[[1]][i];text(-pi,f[i,1],k);
}
}
```

客观来说，高维数据可视化目前没有十分有效方法。面孔图、星图、轮廓图及调和曲线图等只是初步尝试，实用性并不强。

例 3.1.4　考察北京、上海、陕西和甘肃四个省的生活消费支出，选取以下 5 个指标，具体数据见程序，试用轮廓图、调和曲线图对数据进行分析。

```
x=read.table("F:\\R 软件数据\\exam3.1.4.txt",header=T);x
library(lattice);parallelplot(x);
```

运行结果如下：

	肉禽制品	住房	医疗保健	交通通信	文化娱乐
北京	563	228	148	236	511
上海	678	365	443	301	466
陕西	237	174	120	141	246
甘肃	253	156	103	108	212

人均生活消费轮廓图见图 3.9。

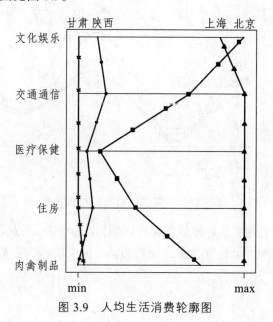

图 3.9　人均生活消费轮廓图

输入命令：

```
source("outline.R");
outline(x);
```

运行结果如图 3.10 所示。

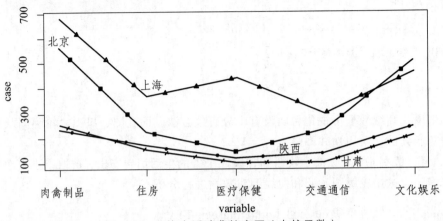

图 3.10　人均生活消费轮廓图（自编函数）

从图中可以看出，北京、上海在各个变量的取值上都明显大于陕西和甘肃，甘肃省的取值最小，生活水平最低。

输入命令：

```
source("harmonic.curve.R");
harmonic.curve(x);
```

运行结果如图 3.11 所示。

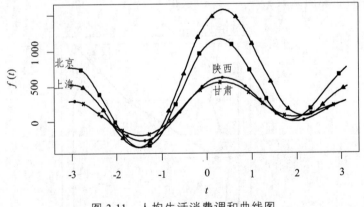

图 3.11　人均生活消费调和曲线图

如果各变量数值太悬殊，最好先标准化再作图，R 命令为 scale(x)。调和曲线图对聚类分析帮助很大，如果选择聚类分析统计量为距离的话，同类的曲线非常靠近，不同类的曲线相互分开，非常直观。

3.2　数据分布的描述与分析

利用图表展示数据，可以对数据分布的形状和特征有一个大致的了解，但这种了解只是表面的、粗浅的，还需要找到具有代表性的数量特征，准确地描述出统计数据的分布。统计数据分布的特征可以从三个方面进行测度和描述：一是分布的集中趋势，反映各数据向其中心值靠拢或聚集的程度，如平均数；二是分布的离中趋势，反映各数据远离其中心值的程度，如方差、标准差、变异系数；三是分布的偏态和峰态，反映数据分布的形状。本节重点讨论分布特征值的计算方法、特点及其应用场合。

3.2.1 数据分布形状与特征的测度

1. 集中趋势的测度

集中趋势是指一组数据向某一中心值靠拢的程度，它反映了一组数据中心点的位置所在。因为从变量值的分布情况来看，多数现象的次数分布都具有"两头少，中间大"的分布态势，即很大和很小的变量值的次数少，而靠近某一个中心值的次数多，这个中心值就是平均数。测度集中趋势就是寻找数据一般水平的代表值或中心值，通常有两种方法：一是从总体各单位变量值中抽象出具有一般水平的量，这个量不是各个单位的具体变量值，但又可反映总体各单位的一般水平，这种平均数称为**数值平均数**。二是先将总体各单位的变量值按一定顺序排列，然后取某一位置的变量值来反映总体各单位的一般水平，把这个特殊位置上的数值看作是平均数，称作**位置平均数**，主要有众数、中位数、四分位数等形式。

（1）**平均数**。

平均数，也称为**均值**（mean），是指一组数据相加后再除以数据的个数得到的结果。平均数在统计学中具有重要地位，它是描述一组数据集中程度的最主要测度值，也是进行统计分析和统计推断的基础，计算简便。平均数主要适用于数值型数据，而不适用于分类数据和顺序数据。均值是统计学中非常重要的内容，因为任何统计推断和分析都离不开均值。从统计思想上看，均值反映了一组数据的中心或代表值，是数据误差抵消后的客观事物必然性数量特征的一种反映。均值还是统计分布的均衡点，不论是对称分布，还是偏态分布，只有均值点才能支撑这一分布，使其保持平衡，这一均衡点在物理上称为**重心**。

（2）**众数**。

某制鞋厂要了解某地区的消费者最需要哪种型号的男皮鞋，于是，他们调查了某百货商场某季度男皮鞋的销售情况，得到资料如表 3.4 所示。

表 3.4 某商场某季度男皮鞋销售情况

男皮鞋号码/cm	24	24.5	25	25.5	26	26.5	27	合计
销售量/双	12	84	118	541	320	104	52	1 200

从表 3.4 可以看到，25.5 cm 的鞋号销售量最多，这说明购买男士鞋长为 25.5 cm 的人最多。如果我们计算算术平均数，则平均号码为 25.65 cm，显然这个号码没有实际意义，因为鞋厂为了生产方便且能满足顾客需求，必然制定一些固定规格生产，比如鞋长间隔为 0.5 cm，故根本不生产长度为 25.65 cm 的皮鞋。再说，鞋长的平均数并不能代表销量最多的鞋码，也不能代表人们最需要的男士皮鞋鞋码。但是直接用 25.5 cm 作为顾客对男皮鞋所需尺寸的集中趋势既便捷又符合实际。

统计上把这种在一组数据中出现次数最多的变量值叫作**众数**，用 Mo 表示。它主要用于定类（品质标志）数据的集中趋势，当然也适用于作为定序（品质标志）数据以及定距和定比（数量标志）数据集中趋势的测度值。一般情况下，只有在数据较多的情况下，众数才有意义。上面的例子中，鞋号 25.5 cm 就是众数。通常所谓的"流行款式"或"流行色"指的就是众数。由品质数列和单变量数列确定众数比较容易，哪个变量值出现的次数最多，它就是众数。众数是一种位置平均数，是总体中出现次数最多的变量值，因而在实际工作中有着特殊的用途。比如，要说明消费者需要的内衣、鞋袜、帽子等最普遍的号码，说明农贸市场上某种农副产品最普遍的成交价格等，都需要利用众数。但是必须注意，从分布的角度看，众数是具有明显集中趋势点的数值，一组数据分布的最高峰点所对应的数值即为众数。当然，如果数据的分布没有明显的集中趋势或最高峰点，众数也可能不存在；如果有两个最高峰点，也可以有两个众数。只有在总体单位比较多而且又明显地集中于某个变量值时，计算众数才有意义。

（3）**中位数与分位数**。

中位数是一组数据按一定的顺序排序后，位于这组数据最中间位置的那个变量值，用 M_e 表示。当该组数据的个数为奇数时，中位数就是 $(n+1)/2$ 位置的变量值，当该组数据的个数为偶数时，取中间两个数值的平均数作为中位数。中位数是一个位置代表值，其特点是不受极端值的影响，在研究收入分配时很有用。

设 n 个数据从小到大的顺序排列为 $x_{(1)} \leqslant \cdots \leqslant x_{(n)}$，则中位数

$$M_e = \begin{cases} x_{(\frac{n+1}{2})}, & n \text{ 为奇数} \\ \dfrac{1}{2}[x_{(\frac{n}{2})} + x_{(\frac{n}{2}+1)}], & n \text{ 为偶数} \end{cases} \qquad (3.2.1)$$

例如，求 7、6、8、2、3 这五个数据的中位数，先按大小顺序排成 2、3、6、7、8，所以 6 就是这五个数值中的中位数。若一个按大小顺序排列的序列是 2、5、7、8、11、12，则中位数的位置在 7 与 8 之间，中位数就是 7 与 8 的平均数，即 $M_e = \dfrac{7+8}{2} = 7.5$。

现将中位数推广，把处于 $p\%$ 位置的值称为**第 p 百分位数**，特别记 Q_1 为 1/4 分位数，Q_2 为 2/4 分位数，Q_3 为 3/4 分位数。显然 Q_2 就是中位数.

均值 $\bar{x}$ 包含了样本 $x_1, \cdots, x_n$ 的全部信息，但存在异常值时缺乏稳健性，中位数 M_e 具有较强的稳健性，但仅利用了数据分布中的部分信息。考虑到既要充分利用样本信息，又要具有稳健性，可以用**三均值**作为数据集中位置的数字特征，计算公式为

$$\frac{1}{4}Q_1 + \frac{1}{2}M_e + \frac{1}{4}Q_3$$

2. 离散程度的测度

集中趋势测度值是说明在同质总体中各个体变量值的代表值，其代表性如何，取决于变量值之间的变异程度。在统计中，把反映现象总体中各个体的变量值之间差异程度的指标称为**离散程度**。数据的离散程度越大，集中趋势的测度值对该组数据的代表性就越差；离散程度越小，其代表性就越好。反映离散程度的指标有绝对数的和相对数两类。

（1）**异众比率**。

异众比率（variation ration），又称**离异比例**或**变差比**，它是非众数组的频数占总频数的比例，即

$$V_r = \frac{\sum f_i - f_m}{\sum f_i} = 1 - \frac{f_m}{\sum f_i} \qquad （3.2.2）$$

其中，V_r 为异众比率；$\sum f_i$ 为变量值的总频数；f_m 为众数组的频数。

异众比率的作用是衡量众数对一组数据的代表程度，异众比率越大，说明众数的代表性越差，反之则否。它主要用来测度分类数据的离散程度，当然，对于顺序数据和数值型数据也可以计算异众比率。

（2）**极差与四分位差**。

极差（range）也叫**全距**，是一组数据的最大值与最小值之差，用 R 表示，即

$$R = \max(x_i) - \min(x_i) \qquad （3.2.3）$$

其中，$\max(x_i)$ 和 $\min(x_i)$ 分别为一组数据的最大值和最小值。

对于组距分组数据，极差也可近似表示为：

$$R \approx 最高组的上限值 - 最低组的下限值$$

极差是描述数据离散程度的最简单测度值，计算简单，易于理解。但它只是说明两个极端变量值的差异范围，因而它不能反映各单位变量值变异程度，易受极端数值的影响，因而不能准确地描述数据的分散程度。

四分位差（quartile deviation）是指 3/4 分位数与 1/4 分位数之差，也称为**半极差**、**内距**或**四分间距**，用 Q_r 表示，显然

$$Q_r = Q_3 - Q_1 \qquad （3.2.4）$$

四分位差主要用来测度顺序数据的离散程度，也可用于数值型数据，但不能用于分类数据。它反映了中间 50%数据的离散程度。其数值越小，说明中间数据越集中；数值越大，说明中间的数据越分散。此外，由于中位数处于数据的中间位置，因此四分位差的大小在一定程度上也说明了中位数对一组数据的代表程度。四分位差不受极端值影响，因此，在某种程度上弥补了极差的一个缺陷。

判断数据中是否有极端值（也称异常值），可以用下面方法。

定义 $Q_3 + 1.5 Q_r$，$Q_3 - 1.5 Q_r$ 为数据的上、下截断点。大于上截断点的数据称为特大值，小于截断点的数据称为特小值，特大值与特小值统称为极端值。如果需要，可以删除极端值后再对数据分析。

（3）**平均离差**。

平均离差也称为**平均绝对离差**，简称**平均差**，是各变量值与其平均数离差绝对值的平均数，用 M_D 表示。

对未经分组的数据资料，

$$M_D = \frac{1}{n} \sum_{i=1}^{n} |x_i - \bar{x}| \qquad （3.2.5）$$

对分组整理的数据，如果样本数据被分为 k 组，各组组中值分别用 $M_1,\cdots,M_k$ 表示，则

$$M_{\mathrm{D}} = \frac{\sum\limits_{i=1}^{k}|M_i - \overline{x}|f_i}{\sum\limits_{i=1}^{k}f_i} = \frac{\sum\limits_{i=1}^{k}|M_i - \overline{x}|f_i}{n} \qquad (3.2.6)$$

平均差以平均数为中心，反映了每个数据与平均数的平均差异程度，它能全面准确地反映一组数据的离散状况。平均差越大，则其平均数的代表性越小，说明该组变量值分布越分散；反之，平均差越小，则其平均数的代表性越大，说明该组变量值分布越集中。为了避免离差之和等于零而无法计算平均差的问题，以离差的绝对值来表示总离差，这给计算带来了很大不便，因而在应用上有较大的局限性。但平均差的实际意义比较清楚，容易理解。

（4）**方差与标准差**。

方差（variance）是各变量值与其平均数离差平方的平均数。**样本方差**是用样本数据个数减 1 后去除离差平方和，其中样本数据减 1 即 $n-1$ 称为**自由度**。自由度是附加给独立的观测值的约束或限制条件。从字面意思看，自由度是指一组数据中可以自由取值的个数。当样本数据的个数为 n 时，若样本平均数 $\overline{x}$ 确定下来，则附加给 n 个观测值的约束个数就是 1 个，因此只有 $n-1$ 个数据可以自由取值，故自由度为 $n-1$。与平均差相比，方差也克服了正负离差彼此抵消的缺点，数学上处理起来更方便。

设样本方差为 s^2，则

未分组数：

$$s^2 = \frac{1}{n-1}\sum_{i=1}^{n}(x_i - \overline{x})^2 \qquad (3.2.7)$$

分组数据：

$$s^2 = \frac{1}{n-1}\sum_{i=1}^{n}(M_i - \overline{x})^2 f_i \qquad (3.2.8)$$

注意：如果能得到总体数据，则

未分组数：$s^2 = \dfrac{1}{n}\sum\limits_{i=1}^{n}(x_i - \overline{x})^2$；分组数据：$s^2 = \dfrac{1}{n}\sum\limits_{i=1}^{n}(M_i - \overline{x})^2 f_i$。

方差的正平方根称为**标准差**（standard deviation），常用 σ 或 s 表示。方差与标准差是测度数据离散程度的最主要方法。标准差是具有量纲的，它与变量值的计量单位相同，其实际意义要比方差清楚，因此在实际问题中更多地使用标准差。

前面介绍的极差、平均差和标准差都是反映数据分散程度的绝对值，其数据的大小一方面与原变量取值的高低有关，也就是与变量的平均数大小有关，变量值绝对水平高的，离散程度的测度值自然也就大，绝对水平低的，离散程度的测度值自然也就小；另一方面，它们与原变量值的计量单位相同，采用不同计量单位，其离散程度的测度值也就不同。因此，对于平均数不等或计量单位不同的不同组别的变量值，是不能直接用离散程度的绝对指标来比较其离散程度的。为了消除变量平均数不等和计量单位不同对离散程度测度值的影响，需要计算离散程度的相对指标，即离散系数。

（5）**离散系数**。

离散系数，也称为**变异系数**，它是一组数据的标准差与其相应平均值的比值，是测度数据离散程度的相对指标，计算公式为

$$V_s = \frac{s}{\bar{x}} \tag{3.2.9}$$

离散系数是测度数据离散程度的相对统计量，无量纲，因而便于比较均值不等或量纲不同的两组数据的分散性。离散系数大，说明数据的离散程度也大；离散系数小，说明数据的离散程度也小。

还有下列数字特征与数据的分散程度有关。

样本校正平方和 $CSS = \sum_{i=1}^{n}(x_i - \bar{x})^2$ ；样本未校正平方和 $USS = \sum_{i=1}^{n}x_i^2$ 。

例 3.2.1 对 10 名成年人和 10 名幼儿的身高（cm）进行抽样调查，结果如下：

成年组 166 169 172 177 180 170 172 174 168 173

幼儿组 68 69 68 70 71 73 72 73 74 75

（1）要比较成年组和幼儿组的身高差异，你会采用什么样的指标反映其离散程度？为什么？

（2）比较分析哪一组身高离散程度大？

解 （1）可以采用离散系数反映两组数据的离散程度，因为它消除了不同组数据水平高低的影响。

（2）成年组身高的离散系数：$V_{成} = \frac{s}{\bar{x}} = \frac{4.2}{172.1} = 0.024$ ；

幼儿组身高的离散系数：$V_{幼} = \frac{s}{\bar{x}} = \frac{2.3}{71.3} = 0.032$ 。

由于幼儿组身高的离散系数大于成年组身高的离散系数，说明幼儿组身高的离散程度相对较大。

评注：虽然成年组的方差大于幼年组的方差，但不能说成年组的离散程度大，因为两组的均值差异很大，没有可比性。

上述反应数据离散程度的各个测度值，适用于不同的数据类型。对于分类数据，主要用异众比率来测度其离散程度；对于顺序数据，虽然也可以计算异众比率，但主要用四分位差测度离散程度；对于数值型数据，虽然可以计算极差、异众比率、四分位差等，但主要还是用方差或标准差来测度离散程度。当需要对不同数据的离散程度进行比较时，则使用离散系数。在实际问题中，应针对不同数据类型选择不同的测度方法。

3. 偏度和峰度的测度

集中趋势和离散程度是数据分布的两个重要特征，但要全面了解数据分布的特点，还需要掌握数据分布的形状是否对称、偏斜的程度以及扁平程度等。反映这些分布特征的测度值是偏态和峰态。

（1）**偏态及其测度。**

"偏态"（skewness）一词由统计学家皮尔逊于 1895 年首次提出，它是对数据分对称性的测度。测定偏态的统计量是**偏态系数（偏度）**。偏态系数的计算方法很多，通常采用如下公式进行计算。

未分组数据：$SK = \dfrac{n \sum (x_i - \overline{x})^3}{(n-1)(n-2)s^3}$，其中 s^3 是样本标准差的三次方。

分组数据：$SK = \dfrac{\sum\limits_{i=1}^{k}(M_i - \overline{x})^3 f_i}{ns^3}$。

偏态系数可以描述分布的形状特征：当 $SK > 0$ 时，分布为正偏或右偏；当 $SK = 0$ 时，分布关于均值是对称的；当 $SK < 0$ 时，分布为负偏或左偏。

如果偏态系数明显不同于 0 表明分布是非对称的。若 $SK > 1$ 或 $SK < -1$，可认为是高度偏态分布；当 SK 介于 0.5 与 1 之间或 -1 与 -0.5 之间，可认为是中度偏态分布；SK 越接近 0，偏斜程度越低。可见，SK 的绝对值越大，表明偏斜的程度越大。

（2）**峰态及其测度。**

"峰态"（kurtosis）一词也是由统计学家皮尔逊于 1905 年首次提出的，它是对数据分布的平峰或尖峰程度的测度。测定峰态的统计量则是**峰态系数（峰度）**。

未分组数据：峰度 $K = \dfrac{n(n+1)\sum\limits_{i=1}^{n}(x_i - \overline{x})^4 - 3(n-1)\left(\sum\limits_{i=1}^{n}(x_i - \overline{x})^2\right)^2}{(n-1)(n-2)(n-3)s^4}$；

分组数据：峰度 $K = \dfrac{\sum\limits_{i=1}^{k}(M_i - \overline{x})^4 f_i}{ns^4} - 3$，其中 s^4 是样本标准差的四次方。

峰度用以测定邻近数值周围变量值分布的集中或分散程度。它以四阶中心矩为测量标准，除以标准差的四次方是为了消除量纲的影响，以便在不同的分布曲线之间进行比较。峰度通常与正态分布比较而言，如果一组数据符合标准正态分布，则峰度 $K = 0$；如果 $K > 0$，则为尖峰分布，数据的分布更集中；如果 $K < 0$，则为扁平分布，数据越分散（如图 3.12 所示）。

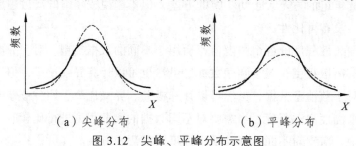

（a）尖峰分布　　　　　　（b）平峰分布

图 3.12　尖峰、平峰分布示意图

3.2.2　利用 R 软件求数据分布的特征值

本节介绍了数据分布特征的各种测度值，它们手工计算量很大，且容易出错，但其中多数可以通过 R 直接得出。图 3.13 总结了数据分布特征与适用的描述统计量。

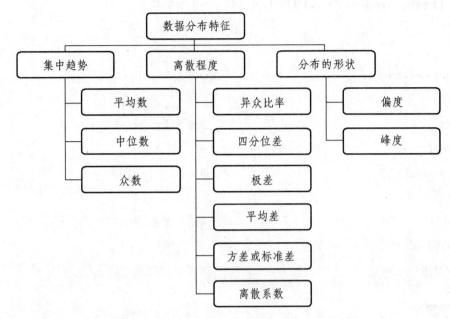

图 3.13 数据分布特征与适用的描述统计量

例 3.2.2 调查 20 名男婴的出生体重（kg），资料如下，试求数字特征。

2.770，2.915，2.795，2.995，2.860，2.970，3.087，3.126，3.125，4.654，
2.272，3.503，3.418，3.921，2.669，4.218，3.707，2.310，2.573，3.881.

R 程序与运行结果如下：

```
>w=c(2.770,2.915,2.795,2.995,2.860,2.970,3.087,3.126,3.125,4.654,2.272,3.503,3.418,3.921,2.669,
4.218,3.707,2.310,2.573,3.881)
> w.mean=mean(w);w.mean                    #均值
[1] 3.18845
> w.median<-median(w);w.median             #中位数
[1] 3.041
> q.quantile=quantile(w);q.quantile         #分位数
     0%       25%       50%       75%      100%
2.27200 2.78875 3.04100 3.55400 4.65400
> Q1=q.quantile[2];Q1                        #0.25 分位数
    25%
2.78875
> Q3=q.quantile[4];Q3                        #0.75 分位数
   75%
3.554
```

```
> M3=Q1*(1/4)+q.quantile[3]*(1/2)+Q3*(1/4);M3       #0 三均值
    25%
3.106188
> m=mean(w);v=var(w);v                               #方差
[1] 0.395825
> s=sd(w);s                                          #标准差
[1] 0.6291462
> R=max(w)-min(w);R                                  #极差
[1] 2.382
> cv=(s/m);cv                                        #变异系数
[1] 0.1973204
> R1=Q3-Q1;R1                                        #四分位极差
    75%
0.76525
> Qu=Q3+1.5*R1;Qu                                    #上截断点
    75%
4.701875
> Qd=Q1-1.5*R1;Qd                                    #下截断点
    25%
1.640875
> n=length(w);                                       #w 的长度
> g1=n/((n-1)*(n-2))*sum((w-m)^3)/s^3;g1             #偏度
[1] 0.7319223
> #峰度 g2
>g2=((n*(n+1))/((n-1)*(n-2)*(n-3))*sum((w-m)^4)/s^4-(3*(n-1)^2)/((n-2)*(n-3)));g2
[1] 0.1182108
```

　　从输出结果可以看出：均值为 3.188 45；中位数为 3.041；下、上四分位数分别为 2.788 75，3.554；三均值为 3.106 188；样本方差为 0.395 825；标准差为 0.629 146 2；极差为 2.382；变异系数为 0.197 320 4；四分位极差为 0.765 25；上、下截断点分别为 4.701 875，1.640 875；偏度系数 0.731 922 3>0，说明数据的分布形态为右侧更分散，而峰度系数 0.118 210 8>0，表明与正态分布比较数据两侧的极端数据较多。

　　最后编写一个统一的函数，计算一维样本的各种数字特征。程序文件名为 summarize，即打开记事本，文件名为 summarize.txt，并输入以下代码：

```
summarize=function(x){
#函数的输入变量 x 为数值型向量，summarize 是程序名
n=length(x)
m=mean(x)
v=var(x)
s=sd(x)
me=median(x)
cv=s/m
css=sum((x-m)^2)          #样本校正平方和
uss=sum(x^2)              #样本未校正平方和
sm=s/sqrt(n)
R=max(x)-min(x)
R1=quantile(x,3/4)-quantile(x,1/4)
M3=quantile(x,1/4)*(1/4)+me*(1/2)+quantile(x,3/4)*(1/4)
g1=n/((n-1)*(n-2))*sum((x-m)^3)/s^3
g2=((n*(n+1))/((n-1)*(n-2)*(n-3)))*sum((x-m)^4)/s^4
-(3*(n-1)^2)/((n-2)*(n-3)))
data.frame(N=n,Mean=m,Var=v,std_dev=s,Median=me,CV=cv,
CSS=css,USS=uss,M3=M3,R=R,R1=R1,Skewness=g1,
Kurtosis=g2,row.names=1)
#函数返回值是数据框 data.frame，包含样本个数 n，均值 mean……
}
```

　　将文件 summarize.txt 保存，假如保存到：F:\\summarize.txt

　　输入代码：

```
source("F:\\summarize.txt")
summarize(w)
```

　　输出结果为：

	N	Mean	Var	std_dev	Median	CV	CSS
1	20	3.18845	0.395825	0.6291462	3.041	0.1973204	7.520675

	USS	M3	R	R1	Skewness	Kurtosis
1	210.8449	3.106188	2.382	0.76525	0.7319223	0.1182108

　　对于探索性数据分析，我们侧重理论介绍与软件实现，而对实际含义的理解由读者进行。

习题 3

1. 直方图与条形图有何区别？
2. 茎叶图与直方图相比有什么优点？
3. 一组数据的分布特征可以从哪几个方面进行测度？为什么要计算离散系数？
4. 为了考察学生的学习情况，从中学某年级随机抽取 12 名学生 5 门主课程期末考试成绩，数据见表 3.5。

表 3.5　12 名学生 5 门主课程期末考试成绩

序号	政治	语文	外语	数学	物理
1	99	94	93	100	100
2	99	88	96	99	97
3	100	98	81	96	100
4	93	88	88	99	96
5	100	91	72	96	78
6	90	78	82	75	97
7	75	73	88	97	89
8	93	84	83	68	88
9	87	73	60	76	84
10	95	82	90	62	39
11	76	72	43	67	78
12	85	75	50	34	37

对于本题数据，有哪些整理与显示的方法？

5. 某行业管理局所属 40 个企业 2002 年的产品销售收入数据如表 3.6 所示。

表 3.6　40 个企业 2002 年的产品销售收入数据　　　　　单位：万元

152	124	129	116	100	103	92	95	127	104
105	119	114	115	87	103	118	142	135	125
117	108	105	110	107	137	120	136	117	108
97	88	123	115	119	138	112	146	113	126

（1）根据上面的数据进行适当的分组，编制频数分布表，并计算出累积频数和累积频率。

（2）如果按企业成绩规定：销售收入在 125 万元以上为先进企业，115 万元～125 万元为良好企业，105 万元～115 万元为一般企业，105 万元以下为落后企业。请将这 40 个企业按先进企业、良好企业、一般企业、落后企业进行分组。

6. 某电脑公司 2002 年前 4 个月各天的销售量数据如表 3.7 所示，试对数据进行分组。

表 3.7　某电脑公司 2002 年前 4 个月各天的销售量数据

234	159	187	155	172	183	182	177	163	158
143	198	141	167	194	225	177	189	196	203
187	160	214	168	173	178	184	209	176	188
161	152	149	211	196	234	185	189	196	206
150	161	178	168	174	153	186	190	160	171
228	162	223	170	165	179	186	175	197	208
153	163	218	180	175	144	178	191	197	192
166	196	179	171	233	179	187	173	174	210
154	164	215	233	175	188	237	194	198	168
174	226	180	172	190	172	187	189	200	211
156	165	175	210	207	181	205	195	201	172
203	165	196	172	176	182	188	195	202	213

7. 随机抽取 25 个网络用户，得到他们的年龄数据如表 3.8 所示。

表 3.8　网络用户年龄　　　　　　　　　　　　　　单位：周岁

19	23	30	23	41
15	21	20	27	20
29	38	19	22	31
25	22	19	34	17
24	18	16	24	23

（1）计算众数、中位数。

（2）计算四分位数。

（3）计算平均数和标准差。

（4）计算偏态系数和峰态系数。

（5）对网民年龄的分布特征进行综合分析。

4 统计推断基础

统计推断是数理统计研究的核心问题，就是根据样本对总体的分布或分布的数字特征等做出合理的推断。统计推断内容丰富，应用领域广泛，且方法繁多，所要解决的问题也多种多样，然而这一切都离不开两个基本问题：

（1）**统计估计**，就是在抽样及抽样分布的基础上，根据样本估计总体的分布及其各种特征，分为参数估计和非参数估计，以及点估计和区间估计。

（2）**假设检验**，就是利用估计区间构造一个小概率事件，如果在一次试验中小概率事件发生了，则由小概率原理可知矛盾，即否定原假设。否则，不能否定原假设，至于是否接受原假设，将再进行讨论。

本章主要讲解最基本的统计推断及其 R 实现。

4.1 参数估计

参数估计是推断统计的重要内容之一，它是在抽样及抽样分布的基础上，根据样本统计量来推断总体的参数。本节将介绍参数估计的基本方法，包括矩估计、最大似然估计与区间估计。

4.1.1 点估计

一般场合，常用 θ 表示参数，参数 θ 的所有可能取值组成的集合称为**参数空间**，常用 Θ 表示。设 $X_1, X_2, \cdots, X_n$ 是来自总体 X 的一个样本，用一个统计量 $\hat{\theta} = \hat{\theta}(X_1, \cdots, X_n)$ 的取值作为 θ 的估计值，$\hat{\theta}$ 称为 θ 的**点估计量**，简称**估计**。

在不致混淆的情况下，统称估计量和估计值为估计，并都简记为 $\hat{\theta}$。由于估计量是样本的函数，因此对于不同的样本值，θ 的估计值一般不相同，因此估计量是一种估计方法，而估计值是此方法的一次实现，二者不可混淆。如何构造 $\hat{\theta}$ 并没有明确的规定，只要它满足一定的合理性即可。

1. 矩估计

矩估计是由英国统计学家皮尔逊（K.Pearson）在 1894 年提出的，其理论依据就是**替换原理**：用样本矩去替换总体矩（矩可以是原点矩也可以是中心矩）；用样本矩的函数去替换总体矩的函数。

设总体 X 为连续型随机变量，其概率密度函数为 $f(x;\theta_1,\cdots,\theta_k)$，或 X 为离散型随机变量，其联合分布列为 $P(X=x)=p(x;\theta_1,\cdots,\theta_k)$，其中 $(\theta_1,\cdots,\theta_k)\in\Theta$ 是未知参数，$X_1,X_2,\cdots,X_n$ 是总体 X 的样本，若 k 阶原点矩 $\mu_k=EX^k$ 存在，则 $\forall j<k, EX^j$ 存在。一般来说，它们是未知参数 $\theta_1,\cdots,\theta_k$ 的函数。

设 $\mu_j=EX^j=\nu_j(\theta_1,\cdots,\theta_k), j=1,2,\cdots,k$，如果 $\theta_1,\cdots,\theta_k$ 也能够表示成 $\mu_1,\cdots,\mu_k$ 的函数 $\theta_j=\theta_j(\mu_1,\cdots,\mu_k), j=1,2,\cdots,k$，则可给出 θ_j 的矩估计量为

$$\hat{\theta}_j=\hat{\theta}_j(A_1,\cdots,A_k), j=1,2,\cdots,k，\text{其中 } A_j=\frac{1}{n}\sum_{i=1}^{n}X_i^j, j=1,2,\cdots,k$$

进一步，要估计 $\theta_1,\cdots,\theta_k$ 的函数 $\eta=g(\theta_1,\cdots,\theta_k)$，则可直接得到 η 的矩估计为 $\hat{\eta}=g(\hat{\theta}_1,\cdots,\hat{\theta}_k)$。当 $k=1$ 时，我们通常用样本均值出发对未知参数进行估计；如果 $k=2$，可以由一阶、二阶原点矩（或中心矩）出发估计未知参数。

根据替换原理，在总体分布未知场合也可以对各种参数做出估计。例如，用用样本均值 $\bar{X}$ 估计总体均值 EX；用样本方差 S^2 估计总计方差 $\mathrm{var}(X)$。

例 4.1.1 对某型号的 20 辆汽车记录其每 5L 汽油的行驶里程（km），观测数据如下：

> 29.8 27.6 28.3 27.9 30.1 28.7 29.9 28.0 27.9 28.7
> 28.4 27.2 29.5 28.5 28.0 30.0 29.1 29.8 29.6 26.9

这是一个样本容量为 20 的样本观测值，对应的总体是该型号汽车每 5L 汽油的行驶里程，其分布形式未知，但我们可用矩法估计其均值、方差、中位数等。经过计算有，

$$\bar{x}=28.695\,0，\quad s^2=0.918\,5，\quad m_{0.5}=28.600\,0$$

由此给出总体均值、方差、中位数的估计值分别为 28.695，0.918 5 和 28.600 0。

```
x=c(29.8,27.6,28.3,27.9,30.1,28.7,29.9,28.0,27.9,28.7,28.4,27.2,29.5,28.5,28.0,30.0,29.1,29.8,
29.6,26.9);
n=length(x);
m=mean(x);                    #均值
s2=var(x)*(n-1)/n;            #样本方差
a=median(x);                  #中位数 a
c(m,s2,a)                     #一行输出
```

运行结果为：

[1] 28.695000   0.918475 28.600000

矩估计法简单直观，特别在对总体的数学期望及方差等数字特征做估计时，不一定知道总体的分布函数，只需知道它们存在便可运用矩估计。总之，矩估计简单易行，又具有良好性质，故此方法经久不衰，其实最简单最直接的方法往往也是最有效的方法。

2. 极大似然估计

最大（极大）似然估计法由高斯在 1821 年提出，但一般将之归功于费希尔（R.A.Fisher），因为费希尔在 1922 年再次提出这一想法并证明了它的一些性质而使最大似然法得到了广泛应用。基本思想是：**样本来自使样本出现可能性最大的那个总体。**

例 4.1.2　某种类型的保险单，它的每份保单在有效年度发生索赔次数如表 4.1 所示。假设索赔次数服从泊松分布 $P(\lambda)$，试求索赔频率的最大似然估计。

表 4.1　每份保单索赔次数分布

索赔次数	0	1	2	3	>4
保单数目	6 895	534	205	75	0

解　样本出现的概率为

$$L(\lambda) = P(X_1 = x_1, \cdots, X_n = x_n; \lambda) = \prod_{i=1}^{n} p(x_i; \lambda) = \mathrm{e}^{-n\lambda} \lambda^{n\bar{x}} \prod_{i=1}^{n} \frac{1}{x_i!}$$

取对数并令偏导等于 0 可得

$$\frac{\partial \ln L(\lambda)}{\partial \lambda} = -n + \frac{n\bar{x}}{\lambda} = 0$$

即 $\hat{\lambda} = \bar{X} = 0.151\ 6$。

x=c(0,1,2,3,4);f=c(6895,534,205,75,0);sum(x*f)/sum(f);

运行结果为：

[1] 0.1516409

可见，对于离散总体，设有样本观测值 $x_1, \cdots, x_n$，则样本观测值出现的概率，一般依赖于某个或某些参数，用 θ 表示，将该概率看作 θ 函数，用 $L(\theta)$ 表示，即

$$L(\theta) = P(X_1 = x_1, \cdots, X_n = x_n; \theta)$$

最大似然估计就是找 θ 的估计值使得 $L(\theta)$ 最大。

定义 4.1.1　设总体 X 的概率函数为 $f(x; \theta), \theta \in \Theta$ 是一个未知参数或几个未知参数组成的参数向量，$X_1, \cdots, X_n$ 为来自总体 X 的样本，将样本的联合概率函数看成 θ 的函数，用 $L(\theta; x_1, \cdots, x_n)$ 表示，简记为 $L(\theta)$，称为样本的似然函数，即

$$L(\theta) = L(\theta; x_1, \cdots, x_n) = \prod_{i=1}^{n} f(x_i, \theta)$$

如果某统计量 $\hat{\theta} = \hat{\theta}(X_1, \cdots, X_n)$ 满足 $L(\hat{\theta}) = \max_{\theta \in \Theta} L(\theta)$，则称 $\hat{\theta} = \hat{\theta}(X_1, \cdots, X_n)$ 是 θ 的**最大似然估计**，简记为 **MLE**。

由于 $\ln x$ 是 x 的单调增函数，因此对数似然函数 $\ln L(\theta)$ 达到最大与似然函数 $L(\theta)$ 达到最大是等价的。当 $L(\theta)$ 是可微函数时，$L(\theta)$ 的极大值点一定是驻点，从而求最大似然估计往往借助于求下列似然方程（组）$\dfrac{\partial \ln L(\theta)}{\partial \theta} = 0$ 的解得到，然后利用最大值点的条件进行验证。

最大似然估计的本质是样本来自使样本出现可能性最大的那个总体，而似然函数可以衡量样本出现概率 $P(X_1 = x_1, \cdots, X_n = x_n)$ 的大小，即

$$\prod_{i=1}^{n} f(x_i, \theta)\mathrm{d}x_i = P(X_1 = x_1, \cdots, X_n = x_n; \theta)$$

因此需找出未知参数的估计值，使得似然函数达到最大，即样本出现的概率最大。

例 4.1.3 （2013 数 1，3）设总体 X 的概率密度为 $f(x;\theta) = \dfrac{\theta^2}{x^3} e^{-\frac{\theta}{x}}, x > 0$，其中 θ 为未知参数且大于 $0, X_1, \cdots, X_n$ 为来自总体 X 的简单随机样本。求：

（1）θ 的矩估计量；（2）θ 的最大似然估计量。

解 （1）$EX = \displaystyle\int_0^{+\infty} \frac{\theta^2}{x^3} e^{-\frac{\theta}{x}} x dx = \theta e^{-\frac{\theta}{x}} \Big|_0^{+\infty} = \theta$，于是 $EX = \dfrac{1}{n}\displaystyle\sum_{i=1}^n X_i = \bar{X}$，得 θ 的矩估计量 $\hat{\theta} = \bar{X}$。

（2）似然函数为 $L(\theta) = \displaystyle\prod_{i=1}^n f(x_i, \theta) = \frac{\theta^{2n}}{(x_1 x_2 \cdots x_n)^3} \exp\left\{-\theta \sum_{i=1}^n \frac{1}{x_i}\right\}, x_1, x_2, \cdots, x_n > 0$。当 $x_1, x_2, \cdots,$

$x_n > 0$ 时，取对数得 $\ln L(\theta) = 2n\ln\theta - 3\ln(x_1 x_2 \cdots x_n) - \theta\displaystyle\sum_{i=1}^n \frac{1}{x_i}$，对 θ 求导并等于 0 得

$$\frac{d\ln L(\theta)}{d\theta} = \frac{2n}{\theta} - \sum_{i=1}^n \frac{1}{x_i} = 0 \Rightarrow \theta = \frac{2n}{\displaystyle\sum_{i=1}^n \frac{1}{x_i}}$$

即 $\hat{\theta} = \dfrac{2n}{\displaystyle\sum_{i=1}^n \frac{1}{X_i}}$。

4.1.2 区间估计

定义 4.1.2 设 θ 是总体的一个参数，其参数空间为 Θ，$X_1, \cdots, X_n$ 是来自总体的样本，给定一个 $\alpha(0 < \alpha < 1)$，若有两个统计量 $\hat{\theta}_L, \hat{\theta}_U$，对任意的 $\theta \in \Theta$，有

$$P(\hat{\theta}_L < \theta < \hat{\theta}_U) = 1 - \alpha \tag{4.1.1}$$

则称随机区间 $(\hat{\theta}_L, \hat{\theta}_U)$ 为 θ 的置信水平为 $1 - \alpha$ 的**同等置信区间**，简称**置信区间**（**confidence interval**），$\hat{\theta}_L, \hat{\theta}_U$ 分别称为置信下限和置信上限。

置信水平 $1 - \alpha$ 的频率解释为，在大量重复使用 θ 的置信区间 $(\ddot{\theta}_L, \ddot{\theta}_U)$ 时，由于每次得到的样本观测值不同，从而每次得到的区间估计也不一样，对每次观察，θ 要么落进 $(\hat{\theta}_L, \hat{\theta}_U)$，要么没落进 $(\hat{\theta}_L, \hat{\theta}_U)$。就平均而言，进行 n 次观测，大约有 $n(1-\alpha)$ 次观测值落在区间 $(\hat{\theta}_L, \hat{\theta}_U)$。比如，用 95% 的置信水平得到某班全班学生考试成绩的置信区间为 $(60, 80)$，不能说区间 $(60, 80)$ 以 95% 的概率包含全班学生的平均考试成绩的真值，或者表述为全班学生的平均考试成绩以 95% 的概率落在区间 $(60, 80)$，这类表述是错误的，因为总体均值 μ 是一常数，而不是随机变量，要么落入，要么不落入，并不涉及概率。它的真正意思是，如果做了 100 次抽样，大概 95 次找到的区间包含真值，有 5 次不包含真值。

构造未知参数的置信区间最常用的方法是枢轴量法：

（1）构造统计量 $G = G(X_1, \cdots, X_n; \theta)$，使得 G 满足：待估参数 θ 一定出现，不含其他未知参数，已知信息都要出现，且分布函数已知。一般称 G 为**枢轴量**。

（2）适当选择两个常数 c, d，使得对 $\forall \alpha(0 < \alpha < 1)$ 成立 $P(c < G < d) = 1 - \alpha$，满足这样条件的 c, d 具有无穷多个。希望 $d - c$ 越短越好，但一般很难做到，常用的是选 $c = G_{\alpha/2}$，$d = G_{1-\alpha/2}$，

即 $P(G \leqslant c) = P(G \geqslant d) = \alpha/2$ ，其中 $G_{\alpha/2}$ 为 G 的 $\alpha/2$ 分位数。

（3）对 $c < G < d$ 变形得到置信区间 $(\hat{\theta}_L, \hat{\theta}_U)$ ，称为**等尾置信区间**。

正态总体是最常用的分布，讨论它的均值参数的区间估计，设 $X_1, \cdots, X_n$ 是来自总体 $N(\mu, \sigma^2)$ 的样本。

当 σ 已知时，取枢轴量 $G = \dfrac{\overline{X} - \mu}{\sigma/\sqrt{n}} \sim N(0,1)$ ，故 $u_{\alpha/2} < \dfrac{\overline{X} - \mu}{\sigma/\sqrt{n}} < u_{1-\alpha/2}$ ，由于 $u_{\alpha/2} = -u_{1-\alpha/2}$ ，

变形可得同等置信区间为 $\left(\overline{X} - u_{1-\alpha/2} \dfrac{\sigma}{\sqrt{n}}, \overline{X} + u_{1-\alpha/2} \dfrac{\sigma}{\sqrt{n}} \right)$ 。

当 σ 未知时，取枢轴量 $G = \dfrac{\sqrt{n}(\overline{X} - \mu)}{S} \sim t(n-1)$ ，故 $t_{\alpha/2} < \dfrac{\overline{X} - \mu}{S/\sqrt{n}} < t_{1-\alpha/2}$ ，同理可得同等置

信区间为 $\left(\overline{X} - t_{1-\alpha/2}(n-1) \dfrac{S}{\sqrt{n}}, \overline{X} + t_{1-\alpha/2}(n-1) \dfrac{S}{\sqrt{n}} \right)$ 。

例 4.1.4 （1998，数 1）从正态总体 $N(3.4, 6^2)$ 中抽取容量为 n 的样本，如果要求其样本均值位于区间 $(1.4, 5.4)$ 内的概率不小于 0.95，问样本容量 n 至少应多大？

解 设 $\overline{X}$ 为样本均值，则有 $\dfrac{\overline{X} - 3.4}{6/\sqrt{n}} \sim N(0,1)$ ，

$$P(1.4 < \overline{X} < 5.4) = P\left(\left| \frac{\overline{X} - 3.4}{6} \sqrt{n} \right| < \frac{2\sqrt{n}}{6} \right) = 2\Phi\left(\frac{\sqrt{n}}{3} \right) - 1 \geqslant 0.95$$

$$\Phi\left(\frac{\sqrt{n}}{3} \right) \geqslant 0.975 \text{，即 } \frac{\sqrt{n}}{3} \geqslant 1.96 \text{，} n \geqslant (3 \times 1.96)^2 = 34.6$$

因此，样本容量 n 应至少取值为 35。

```
(3*qnorm(0.975))**2
```

运行结果为：

[1] 34.57313

客观来说，R 软件并不擅长数值计算与符号计算，它只是免费的自由统计软件，很多最新的统计方法都可以找到相关的 R 程序，故它最适合数据分析与统计专业的前沿研究。这也是本书简略介绍矩估计、极大似然估计及区间估计的原因。

4.2 假设检验

假设检验问题是统计推断的另一类重要问题。如何利用样本对一个具体的假设进行检验？其基本原理就是人们在实际问题中经常采用的实际推断原理："一个小概率事件在一次试验中几乎是不可能发生的，如果发生了，矛盾，否定原假设"。

4.2.1 基本概念

在假设检验中，常把一个被检验的假设称为**原假设**，用 H_0 表示，通常将不应轻易加以否

定的假设作为原假设。当 H_0 被否定时而接受的假设称为**备择假设**，用 H_1 表示。由样本对原假设进行判断总是通过一个统计量完成的，该统计量称为**检验统计量**。当检验统计量取某个区域 W 中的值时，我们拒绝原假设 H_0，则称区域 W 为**拒绝域**，拒绝域的边界点称为**临界点**。

假设检验的依据是小概率事件在一次试验中很难发生，但很难发生不等于不发生，因而假设检验所得出的结论有可能是错误的，错误有两类：

（1）当原假设 H_0 为真，观测值却落入拒绝域，而作出了拒绝 H_0 的判断，称做**第一类错误**，又叫**弃真错误**，犯第一类错误的概率记为 α。

（2）当原假设 H_0 不真，而观测值却落入接受域，而作出了接受 H_0 的判断，称做**第二类错误**，又叫**存伪错误**，犯第二类错误的概率记为 β。

当样本容量 n 一定时，若减少犯第一类错误的概率，则犯第二类错误的概率往往增大。若要使犯两类错误的概率都减小，除非增加样本容量。只对犯第一类错误的概率加以控制，而不考虑犯第二类错误的概率的检验，称为**显著性检验**。

假设检验的一般步骤：

（1）由实际问题提出原假设 H_0（与备择假设 H_1），通常将不应轻易加以否定的假设作为原假设，为了简单起见，可省略 H_1；

（2）构造检验统计量，与构造枢轴量的方法一致；

（3）根据问题要求确定显著性水平 α，进而得到拒绝域，即构造小概率事件；

（4）由样本观测值计算统计量的观测值，看是否属于拒绝域，即判断小概率事件在一次试验中是否发生，从而对 H_0 作出判断，若小概率事件发生，则否定 H_0，反之则否。

定义 4.2.1 在一个假设检验问题中，利用观测值能够做出拒绝原假设的最小显著水平称为检验的 p 值（probability value）。

引进检验的 p 值概念好处有：结论客观，避免了事先确定显著水平；由检验的 p 值与人们心目中的显著水平 α 进行比较，则可以很容易做出检验结论。如果 $p \leq \alpha$，则在显著水平 α 下拒绝 H_0；如果 $p > \alpha$，则在显著水平 α 下应保留 H_0。

p 值法比临界值法给出了有关拒绝域的更多信息，基于 p 值，研究者可以使用任意希望的显著性水平来做计算。现在的统计软件中对假设检验问题一般都会给出检验的 p 值，只需将 p 与 α 比较大小即可确定是否拒绝 H_0。p 值表示反对原假设 H_0 的依据的强度，p 值越小，反对 H_0 的依据越强，越充分。

正态总体假设检验结果见表 4.2 ~ 4.5。

表 4.2 单个正态总体均值检验

	H_0	H_1	总体方差 σ^2 已知 统计量 $U = \dfrac{\bar{X} - \mu_0}{\sigma / \sqrt{n}}$	总体方差 σ^2 未知 统计量 $t = \dfrac{\bar{X} - \mu_0}{S / \sqrt{n}}$
			在显著性水平 α 下拒绝原假设 H_0，若	
I	$\mu \leq \mu_0$	$\mu > \mu_0$	$U \geq u_{1-\alpha}$	$t \geq t_{1-\alpha}(n-1)$
II	$\mu \geq \mu_0$	$\mu < \mu_0$	$U \leq -u_{1-\alpha}$	$t \leq -t_{1-\alpha}(n-1)$
III	$\mu = \mu_0$	$\mu \neq \mu_0$	$|U| \geq u_{1-\alpha/2}$	$|t| \geq t_{1-\alpha/2}(n-1)$

表 4.3 单个正态总体方差检验

	H_0	H_1	总体均值 μ 已知 统计量 $\chi^2 = \sum\limits_{i=1}^{n}\dfrac{(X_i-\mu)^2}{\sigma_0^2}$	总体均值 μ 未知 统计量 $\chi^2 = \sum\limits_{i=1}^{n}\dfrac{(X_i-\bar{X})^2}{\sigma_0^2}$
			在显著性水平 α 下拒绝原假设 H_0，若	
I	$\sigma^2 \leqslant \sigma_0^2$	$\sigma^2 > \sigma_0^2$	$\chi^2 \geqslant \chi_{1-\alpha}^2(n)$	$\chi^2 \geqslant \chi_{1-\alpha}^2(n-1)$
II	$\sigma^2 \geqslant \sigma_0^2$	$\sigma^2 < \sigma_0^2$	$\chi^2 \leqslant \chi_{\alpha}^2(n)$	$\chi^2 \leqslant \chi_{\alpha}^2(n-1)$
III	$\sigma^2 = \sigma_0^2$	$\sigma^2 \neq \sigma_0^2$	$\chi^2 \leqslant \chi_{\alpha/2}^2(n)$ 或 $\chi^2 \geqslant \chi_{1-\alpha/2}^2(n)$	$\chi^2 \leqslant \chi_{\alpha/2}^2(n-1)$ 或 $\chi^2 \geqslant \chi_{1-\alpha/2}^2(n-1)$

表 4.4 两个正态总体均值差检验

	H_0	H_1	总体方差 σ_1^2, σ_2^2 已知 统计量 $U = \dfrac{\bar{X}-\bar{Y}-(\mu_1-\mu_2)}{\sqrt{\dfrac{\sigma_1^2}{m}+\dfrac{\sigma_2^2}{n}}}$	总体方差 $\sigma_1^2 = \sigma_2^2 = \sigma^2$ 未知 统计量 $\dfrac{\bar{X}-\bar{Y}-(\mu_1-\mu_2)}{S_w\sqrt{\dfrac{1}{m}+\dfrac{1}{n}}}$
			在显著性水平 α 下拒绝原假设 H_0，若	
I	$\mu_1 - \mu_2 \leqslant 0$	$\mu_1 - \mu_2 > 0$	$U \geqslant u_{1-\alpha}$	$t \geqslant t_{1-\alpha}(m+n-2)$
II	$\mu_1 - \mu_2 \geqslant 0$	$\mu_1 - \mu_2 < 0$	$U \leqslant -u_{1-\alpha}$	$t \leqslant -t_{1-\alpha}(m+n-2)$
III	$\mu_1 - \mu_2 = 0$	$\mu_1 - \mu_2 \neq 0$	$|U| \geqslant u_{1-\alpha/2}$	$|t| \geqslant t_{1-\alpha/2}(m+n-2)$

表 4.5 两个正态总体方差检验

	H_0	H_1	总体均值 μ_1, μ_2 已知 统计量 $F = \dfrac{\dfrac{1}{m\sigma_1^2}\sum\limits_{i=1}^{n_1}(X_i-\mu_1)}{\dfrac{1}{n\sigma_2^2}\sum\limits_{i=1}^{n_1}(Y_i-\mu_2)}$	总体均值 μ_1, μ_2 未知 统计量 $F = \dfrac{S_X^2/\sigma_1^2}{S_Y^2/\sigma_2^2}$
			在显著性水平 α 下拒绝原假设 H_0，若	
I	$\sigma_1^2 \leqslant \sigma_2^2$	$\sigma_1^2 > \sigma_2^2$	$F \geqslant F_{1-\alpha}(m,n)$	$F \geqslant F_{1-\alpha}(m-1,n-1)$
II	$\sigma_1^2 \geqslant \sigma_2^2$	$\sigma_1^2 < \sigma_2^2$	$F \leqslant F_{\alpha}(m,n)$	$F \leqslant F_{\alpha}(m-1,n-1)$
III	$\sigma_1^2 = \sigma_2^2$	$\sigma_1^2 \neq \sigma_2^2$	$F \leqslant F_{1-\alpha/2}(m,n)$ 或 $F \geqslant F_{1-\alpha/2}(m,n)$	$F \leqslant F_{1-\alpha/2}(m-1,n-1)$ 或 $F \geqslant F_{1-\alpha/2}(m-1,n-1)$

4.2.2 利用 R 软件进行实例分析

例 4.2.1 一种汽车配件的平均长度要求为 12 cm，高于或低于该标准均被认为是不合格的。汽车生产企业在购进配件时，通常是经过招标，然后对中标的配件提供商提供样品进行检验，以决定是否购进。现对一个配件提供商提供的 10 个样本进行检验，结果如下：

$$12.2 \quad 10.8 \quad 12.0 \quad 11.8 \quad 11.9 \quad 12.4 \quad 11.3 \quad 12.2 \quad 12.0 \quad 12.3$$

假设该供货商生产的配件服从正态分布，在 0.05 的显著性水平下，检验该供货商提供配件是否符合要求。

解　依题意建立如下原假设和备注假设：

$$H_0 : \mu = 12 \quad vs \quad H_1 : \mu \neq 12$$

根据样本数据计算得 $\bar{x} = 11.89$，$s = 0.493\,2$。计算检验统计量：

$$t = \frac{\bar{x} - \mu_0}{s/\sqrt{n}} = \frac{11.89 - 12}{0.493\,2/\sqrt{10}} = -0.705\,3$$

由于 $|t| = 0.705\,3 < t_{0.975}(9) = 2.262$，所以不能拒绝原假设，样本提供的证据还不足以推翻原假设。

x=c(12.2,10.8,12.0,11.8,11.9,12.4,11.3,12.2,12.0,12.3);
t.test(x,mu=12);

运行结果为：

One Sample t-test
data:　x
t = -0.70533, df = 9, p-value = 0.4985
alternative hypothesis: true mean is not equal to 12
95 percent confidence interval:
 11.5372 12.2428
sample estimates:
mean of x
　11.89

由上可知，对于 t 检验，检验统计量的 t 值为 $-0.705\,33$，$p = 0.498\,5 > 0.05$，95%的置信区间为（11.537 2，12.242 8）故不拒绝原假设，也可认为该供货商提供配件符合要求。

例 4.2.2　在某克山病区测得 11 名克山病病人与 13 名健康人的血磷值（mmol/L）如表 4.6 所示，问该地区克山病病人与健康人的血磷值平均水平是否不同？

表 4.6　某地区急性克山病病人与健康人的血磷值

病人	0.84	1.05	1.2	1.2	1.39	1.53	1.67	1.80	1.87	2.07	2.11		
健康人	0.54	0.64	0.64	0.75	0.75	0.81	1.16	1.20	1.34	1.35	1.48	1.56	1.87

对于该问题，不能轻易肯定血磷值平均水平不同。依题意建立如下原假设和备注假设：

$$H_0 : \mu_1 = \mu_2 \quad vs \quad H_1 : \mu_1 \neq \mu_2$$

由于方差未知，首先对方差进行检验，且样本容量不大，采用近似 t 检验。

x=c(0.84,1.05,1.2,1.2,1.39,1.53,1.67,1.80,1.87,2.07,2.11);
y=c(0.54,0.64,0.64,0.75,0.75,0.81,1.16,1.20,1.34,1.35,1.48,1.56,1.87);
var.test(x,y);

运行结果为:

F test to compare two variances

data: x and y

F = 0.99525, num df = 10, denom df = 12, p-value = 0.9913

alternative hypothesis: true ratio of variances is not equal to 1

95 percent confidence interval:

 0.2950141 3.6037302

sample estimates:

ratio of variances

         0.9952456

因为 $p = 0.9913 > 0.5$,故可认为接受原假设,即两总体方差相等。

t.test(x,y,var.equal=TRUE);

运行结果为:

Two Sample t-test

data: x and y

t = 2.5261, df = 22, p-value = 0.01924

alternative hypothesis: true difference in means is not equal to 0

95 percent confidence interval:

 0.07823692 0.79588895

sample estimates:

mean of x mean of y

 1.520909   1.083846

因为 $p = 0.01924 < 0.05$,按 $\alpha = 0.05$ 水准,拒绝 H_0,认为克山病患者与健康人的血磷值不同。从样本均值来看,可认为克山病患者的血磷值较高。

如果运行:t.test(x,y),则默认为方差不等时的 t 检验。本例运行结果为:

Welch Two Sample t-test

data: x and y

t = 2.5266, df = 21.364, p-value = 0.01947

alternative hypothesis: true difference in means is not equal to 0

95 percent confidence interval:

 0.07769081 0.79643507

sample estimates:

mean of x mean of y

 1.520909   1.083846

例 4.2.3　一个以减肥为主要目标的健美俱乐部声称,参加其训练班可以使肥胖者平均体重减轻 8.5 kg 以上。为了验证该宣传是否可信,调查人员随机抽取了 10 名参与者,得到他们的体重记录分别为 B.W 和 A.W(数据见程序)。

对于该问题，不能轻易肯定体重减轻。故依题意建立如下原假设和备注假设

$$H_0 : d \leqslant 0 \quad \text{vs} \quad H_1 : d > 0$$

由于两组数据来自同样 10 个人，采用配对 t 检验。

B.W=c(94.5,101,110,103.5,97,88.5,96.5,101,104,116.5);
A.W=c(85,89.5,101.5,96,86,80.5,87,93.5,93,102);
t.test(B.W,A.W,paired=T,alt="greater");

运行结果如下：

Paired t-test
data:　B.W and A.W
t = 14.164, df = 9, p-value = 9.272e-08
alternative hypothesis: true difference in means is greater than 0
95 percent confidence interval:
　8.575214　　　　Inf
sample estimates:
mean of the differences
　　　　　9.85

因为 $p = 9.272\text{e-}08 < 0.05$，因此认为训练班可以使参加者体重减轻。同时计算体重插值的置信下限为 8.575214，因而声称"参加其训练班可以使肥胖者平均体重减轻 8.5 kg 以上"是可信的。

例 4.2.4　假想一个教师有两个班的学生，一个班有 10 个学生，另一个班只有 2 个学生。教师喜欢第一个班的学生，期末给了 6 个 100 分，4 个 99 分。而第二个班确得到了：0 分，50 分。我们对这两个班的成绩作同样的水平 $\alpha = 0.05$ 的 t 检验，

$$H_0 : \mu = 100 \Leftrightarrow H_1 : \mu < 100$$

该检验的 R 程序如下：

x=rep(c(100,99),c(6,4));t.test(x,m=100,alt="less");
y=c(50,0);t.test(y,m=100,alt="less");

运行结果为：

One Sample t-test
data:　x
t = -2.4495, df = 9, p-value = 0.01839
alternative hypothesis: true mean is less than 100
95 percent confidence interval:
　　-Inf 99.89935
sample estimates:
mean of x
　　99.6

One Sample t-test

data: y

t = -3, df = 1, p-value = 0.1024

alternative hypothesis: true mean is less than 100

95 percent confidence interval:

-Inf 182.8438

sample estimates:

mean of x

25

（1）对第一个班的结果为检验的 p 值为 0.018 39，小于 0.05，故拒绝原假设，即第一个的平均成绩小于 100（样本均值为 99.6）。如果成绩的最高分是 100 分，拒绝原假设是完全合理的，因为 10 个成绩中有 4 个低于 100 分的，而它们得平均成绩最高才可能是 100 分。

（2）对第二个班的结果为检验的 p 值为 0.102 4，大于 0.05，故不拒绝原假设，即不拒绝第二个的平均成绩小于 100（样本均值为 25）。因为样本量太少，故得到这样结论也是合理的。

例 4.2.5 利用统计软件生成一系列 $N(0.001,1)$ 随机数 $x_1, x_2, \cdots, x_n$，从 $n=10$ 开始检验

$$H_0 : \mu = 0 \Leftrightarrow H_1 : \mu > 0$$

看看当 n 多大时，p 值小于 0.05。

```
set.seed(0);
x=seq(10,1000,1);
i=1;
repeat{
        #将 t 检验的 p 值赋值给 u
        u[i]=t.test(rnorm(x[i],0.001,1),m=0,alt="greater")$p.value;
        if(u[i]<0.05) break;i=i+1;
}
i;x[i];u;
```

当 $n=49$ 时，p 值小于 0.05。经多次模拟，得，样本量越大，越容易拒绝原假设。

例 4.2.6 利用统计软件随机生成 100 个 $N(0,1)$ 随机数和 20 个 $N(3,3^2)$ 随机数。

（1）画出这 120 个数据的直方图、箱线图和 Q-Q 图并解释图形特征。

（2）利用这 120 数据作假设检验：

$$H_0 : \mu = 0 \Leftrightarrow H_1 : \mu > 0$$

你用什么检验？检验统计量是多少？p 值是多少？结论是什么？（取显著性水平 $\alpha = 0.05$）

（3）只利用前 100 个数据重复（2）。

```
x=rnorm(100,0,1);y=rnorm(20,3,3);z=c(x,y);
par(mfrow=c(1,3));    #将画图区域分为 1*3 个区域
```

```
hist(z,main="直方图");
boxplot(z,main="箱线图");
qqnorm(z,main="Q-Q 图");
t.test(z,mu=0,alt="greater");
t.test(x,mu=0,alt="greater");
```

运行结果如图 4.1 所示。

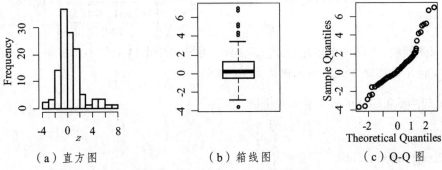

| （a）直方图 | （b）箱线图 | （c）Q-Q 图 |

图 4.1　120 个数据的直方图、箱线图和 Q-Q 图

从直方图、箱线图上可看出数据有偏大的趋势。Q-Q 图与直线区别较大，故直观上看，数据不是来自正态总体。

```
        One Sample t-test
data:   z
t = 2.412, df = 119, p-value = 0.008696
alternative hypothesis: true mean is greater than 0
95 percent confidence interval:
 0.1228811          Inf
sample estimates:
mean of x
0.3929514
```

对于数据 z，利用单侧 t 检验，检验统计量 $t=2.412$，p 值为 0.008 696，结论为拒绝原假设，即数据的均值不等于 0。

```
        One Sample t-test
data:   x
t = -0.50601, df = 99, p-value = 0.693
alternative hypothesis: true mean is greater than 0
95 percent confidence interval:
 -0.2214578          Inf
sample estimates:
  mean of x
-0.05172638
```

对于数据 x，利用单侧 t 检验，检验统计量 $t = -0.50601$，p 值为 0.693，结论为不能拒绝原假设（因 $0.693 \geq 0.5$，也可认为接受原假设）。经多次模拟，发现：当 mean(x) 越大于 0 时，p 值会越小，甚至接近 0，但是，当 mean(x) 小于 0 时，p 值会很大。

例 4.2.7 某市随机抽取了 400 名居民，发现 57 人年龄在 65 岁以上，于是研究机构声称，某市老年人口（65 岁以上）所占的比例为 14.7%，这个调查结论对么？（$\alpha = 0.05$）

解 取原假设 $H_0 : p_0 = 14.7$，由于

$$\bar{x} = \frac{57}{400} = 0.1425, \quad u = \frac{\bar{x} - p_0}{\sqrt{\dfrac{p_0(1-p_0)}{n}}} = \frac{0.1425 - 0.147}{\sqrt{\dfrac{0.147 \times (1-0.147)}{400}}} = -0.254$$

这是一个双侧检验，当 $\alpha = 0.05$ 时，$u_{1-\alpha/2} = 1.96$。由于 $0.254 < 1.96$，不能拒绝 H_0，可以认为，调查结果支持了该市老年人口所占比例为 14.7% 的结论。

binom.test(57,400,0.147); #单样本比率检验

运行结果为：

        Exact binomial test

data: 57 and 400

number of successes = 57, number of trials = 400, p-value = 0.8876

alternative hypothesis: true probability of success is not equal to 0.147

95 percent confidence interval:

 0.1097477 0.1806511

sample estimates:

probability of success

                0.1425

因为 $p = 0.8876$，故接受原假设，可认为调查结果支持了该市老年人口所占比例为 14.7% 的结论。

注意：直接调用 R 函数用的是精确检验，而手工计算采用的是大样本近似检验，二者有一定区别。已经有精确经验，为什么还要讲大样本近似检验呢？这是因为多数传统教材会习惯介绍前计算机时代的数学结果，这里为了尊重统计发展的历史，也会稍微提到。

例 4.2.8 两项调查：民意测验专家对某广告是否使观众对产品产生明显影响进行为期两周的调查，第一周为投放广告前调查，第二周为投放广告后调查。数据如下：

第一周，45 人喜欢，35 人不喜欢；第二周，56 人喜欢，47 人不喜欢。

对于该问题，研究对象为观众喜欢产品的比例，不能轻易肯定某广告投放能使喜欢产品的观众比例增加。原假设和备注假设

$$H_0 : \pi_1 \geq \pi_2 \quad \text{vs} \quad H_1 : \pi_1 < \pi_2$$

prop.test(c(45,56),c(45+35,56+47),alt="less");

运行结果为：

    2-sample test for equality of proportions with continuity

correction

data: c(45, 56) out of c(45 + 35, 56 + 47)

X-squared = 0.010813, df = 1, p-value = 0.5414

alternative hypothesis: less

95 percent confidence interval:

 -1.0000000   0.1517323

sample estimates:

  prop 1   prop 2

0.5625000 0.5436893

因为 $p=0.541\,4>0.5$，所以认为原假设成立，即广告投放并未使观众对产品产生明显的喜欢。

4.3　分布拟合优度检验

前面讨论的参数假设检验，基本上都是事先假定总体的分布类型已知且都认为服从正态分布。但有些时候，事先不知道总体服从什么分布，这就需要对总体的分布形式 $F(x)$ 进行假设检验，这种检验称为分布的**拟合优度检验**，它们是一类非参数检验问题。非参数检验泛指"对分布类型已知的统计进行参数检验"之外的所有检验方法。

4.3.1　分布检验基本理论

1. 卡方检验

卡方检验（Chi-Square Test），也称为**卡方拟合优度检验**，它是 K.Pearson 提出的一种最常用的非参数检验方法，用于检验样本数据是否与某种概率分布的理论数值相符合，进而推断样本数据是否是来自该分布的样本的问题。

卡方检验的**基本思想**：比较理论频数和实际频数的吻合程度或拟合优度。实际频数是实计数，是指实验或者调查中得到的计数数据；理论频数是根据概率原理、某种理论或者经验次数分布所计算出来的次数。

卡方检验的基本步骤如下：

（1）提出原假设 $H_0:F(x)=F_0(x,\theta)$，其中 F_0 分布形式已知，参数 θ 未知。

（2）构造统计量。

按数据规模进行分组为 $(c_{i-1},c_i]$，$i=1,\cdots,r$，其中 $c_0=0$，c_r 的理论值为 ∞，令 n_i 表示 $(c_{i-1},c_i]$ 中的频数，当分组数据的组距 $d_i=c_i-c_{i-1}$ 相等时，每组频率为 $\dfrac{n_i}{n}$。当组距不等时，需计算消除组距因素影响后的标准化频率 $r_i=\dfrac{n_i}{nd_i}$。在理论分布为真的情况下，分组区间 $(c_{i-1},c_i]$ 应该出现的次数

$$E_i = n[F_0(c_i, \hat{\theta}) - F_0(c_{i-1}, \hat{\theta})], i = 1, \cdots, r-1, \quad E_0 = nF_0(c_0, \hat{\theta}), \quad E_r = n[1 - F_0(c_0, \hat{\theta})]$$

其中 n 为样本容量；$\hat{\theta}$ 是未知参数的极大似然估计值；E_i 称为**理论频数**。

构造统计量 $Q = \sum_{i=1}^{r} \frac{(n_i - E_i)^2}{E_i}$，当 n 充分大时，一般为大于等于 50，则 $Q \sim \chi^2(r-k-1)$，k 为未知数的个数，表达了实际观测结果和理论期望结果的相互差异的总和。

（3）求临界值 $\chi_{1-\alpha}^2(r-k-1)$。

在原假设为真的情况下，表示相互差异的 Q 值较小，说明观测频数分布与期望频数分布比较接近。如果 Q 过分大，说明观测频数分布与期望频数分布存在较大差距，就拒绝 H_0，拒绝域的形式为 $Q \geqslant C$（常数）。给定显著水平 α，

$$P\{\text{当 } H_0 \text{ 为真时拒绝 } H_0\} = P_{H_0}(Q \geqslant \chi_{1-\alpha}^2(r-k-1)) = \alpha$$

（4）求观察值 Q 并做出判断。

如果 $Q > \chi_{1-\alpha}^2(r-k-1)$，则拒绝原假设，即选择的分布不可以拟合总体分布，更合适的说法是数据与假设符合（拟合）的程度不好，这也是"拟合优度检验的由来"。χ^2 拟合检验中，样本容量 n 要足够大，一般应大于 50，E_i 不太小，一般不小于 5 个，否则将个数较少的组合并。

如果卡方分布的概率 p 值小于显著水平 α，应拒绝原假设，认为样本所属总体的分布与指定的理论分布存在显著差异。如果卡方分布的概率 p 值大于显著水平 α，则不应拒绝原假设，也可认为样本所属总体的分布与指定的理论分布无显著差异。

2. K-S 检验

由于卡方拟合优度检验需要将样本空间分成不相交的子集，包含了较多的主观因素，特别是对于连续型总体，有可能会由于子集划分的不同而导致对同一样本得到对立的检验结果，而 K-S 检验在一定程度上克服了卡方检验的缺点，是比卡方检验更精确的一种非参数检验。K-S 检验也是一种拟合优度检验，可利用样本数据推断总体是否服从某一理论分布。K-S 检验是将观测量的累积分布函数（经验分布函数）与某个确定的理论分布函数相比较，以检验一个样本是否是来自某指定的分布。

K-S 检验的理论基础是 **Kolmogorov 定理**：设总体分布 $F(x)$ 连续，经验分布函数为 $F_n(x)$，则 $\sqrt{n}D_n = \sqrt{n} \sup_{x \in \mathbf{R}} |F_n(x) - F(x)|$ 的极限分布为

$$K(x) = \begin{cases} \sum_{k=-\infty}^{+\infty} (-1)^k e^{-2k^2 x^2}, & x > 0 \\ 0, & x \leqslant 0 \end{cases}$$

K-S 检验的基本原理是：分别做出已知理论分布下的累计频率分布及观察的累计频率分布，然后对两者进行比较，确定两种分布的最大差异。如果样本服从理论分布，则最大差异值不应太高，否则就应拒绝原假设。其原假设 H_0 为：样本来自的总体的分布与指定的理论分布无显著差异。

具体检验步骤如下：

（1）提出原假设 $H_0 : X$ 具有分布函数 $F(X) = F_0(x)$；

（2）确定 α, n，查表得 $D_{n,\alpha} = k_\alpha(n)/\sqrt{n}$，其中 $k_\alpha(n)$ 是上侧 α 分位数；

（3）H_0 的拒绝域为 $D_n \geqslant D_{n,\alpha}$；

（4）列出 K 氏检验计算表，计算 D_n。若 $D_n \geqslant D_{n,\alpha}$，则拒绝 H_0，反之则否。具体计算 D_n 时，由于 $F_n(x)$ 为阶梯函数，所以

$$D_n = \max_{1 \leqslant k \leqslant n}\{|F_n(x_{(k)}) - F_0(x_{(k)})|, |F_n(x_{(k+1)}) - F_0(x_{(k)})|\}$$

D 统计量也称为 K-S 检验统计量。在小样本下，原假设成立时，D 统计量服从 Kolmogorov 分布。在大样本下，原假设成立时，$\sqrt{n}D$ 近似服从 $K(x)$ 分布。如果 D 统计量的概率 p 值小于显著性水平 α，则应拒绝原假设，认为样本来自的总体与指定的分布有显著性差异；如果 p 大于显著性水平 α，则不拒绝原假设。

3. 正态性的图检验

正态分布是最常用的分布，用来判断总体分布是否为正态分布的检验方法称为**正态性检验**，它在实际问题中大量使用。很多统计方法中，经常假定样本来自正态总体，统计推断的好坏依赖于真实总体与正态总体的接近程度如何，因此正态性检验是十分必要的。正态检验的原假设一般为 H_0：数据服从正态分布，相应备择假设记为 H_1，检验方法很多，下面介绍利用图示法直观判断。

正态概率纸检验法是正态检验的有效图示法，但该方法要求使用正态概率纸，当利用计算机进行检验时，与此对应的就是 QQ 图法。

设 $X_{(1)} \leqslant X_{(2)} \leqslant \cdots \leqslant X_{(n)}$ 是总体 $X \sim F(x)$ 的次序统计量，存在连续位置尺度函数 $F_0\left(\dfrac{X-\mu}{\sigma}\right)$，其中 $\mu = EX, \sigma = \sqrt{DX}$，通常用最大似然估计 $\hat{\mu}, \hat{\sigma}$ 代替。$F = F_0$ 等价于下列散点图中的点近似在一条直线上，本文假定 $F_0 \sim N(\mu, \sigma^2)$。

（1）PP 图：$t_i = \dfrac{i - 0.5}{n}$ 与 $u_i - F_0\left(\dfrac{X_{(i)} - \hat{\mu}}{\hat{\sigma}}\right)$ 的散点图；

（2）QQ 图：$q_i = F_0^{-1}\left(\dfrac{i - 0.5}{n}\right)$ 与 $X_{(i)}$ 的散点图；

（3）SP 图：$r_i = \dfrac{2}{\pi}\arcsin(\sqrt{t_i})$ 与 $s_i = \dfrac{2}{\pi}\arcsin(\sqrt{u_i})$ 的散点图。

在实际中，QQ 图最常用，原理如下：假设样本来自正态总体，由分布函数近似样本检验分布函数，有 $F(x) = \dfrac{1}{\sqrt{2\pi\sigma^2}}\int_{-\infty}^{x}\exp\left(-\dfrac{(x-\mu)^2}{2\sigma^2}\right)\mathrm{d}x \approx F_n(x)$。若记 $N(0,1)$ 的分布函数为 $\Phi(x)$，则 $F(x) = \Phi\left(\dfrac{x-\mu}{\sigma}\right) \approx F_n(x)$，从而 $\dfrac{x-\mu}{\sigma} = \Phi^{-1}(F_n(x)) \triangleq q$，故 $x = \sigma q + \mu$。

当 $x = x_{(i)}$ 时，经验分布函数 $F_n(x) = \dfrac{i}{n}$，在实际应用中，常用 $\dfrac{i-0.5}{n}$ 进行连续性修正 $\dfrac{i}{n}$。

相应的 $q_i = \Phi^{-1}\left(\dfrac{i-0.5}{n}\right)$ 是 $N(0,1)$ 的 $\dfrac{i-0.5}{n}$ 分位点，而 $x_{(i)}$ 是样本分位点，点 $(q_i, x_{(i)})$ 应该近似在

直线 $x = \sigma q + \mu$ 上。如果它们近似落在一条直线上，样本来自正态总体的假设成立，否则不成立。

一般 QQ 图检验法要求样本容量 n 较大，当 n 很小时，QQ 图的直线性就不稳定。

由于 SP 图相当对统计量进行方差稳定变换，所以效率最高。不同的人对点偏离直线的看法不一样，因此结论带有人为主观因素，为了尽量规范，现运用 Michael 拟合优度检验法给出接受区间。Michael 拟合优度统计量 $D_{sp} = \max |r_i - s_i|$，假定显著性水平为 α，则置信水平为 $1 - \alpha$ 的置信区间分别为

（1）QQ 图： $X = \mu + \sigma F_0^{-1}\left(\sin^2\left[\arcsin(\sqrt{F_0(q_i)}) \pm \dfrac{\pi}{2} d_\alpha \right] \right)$；

（2）PP 图： $u = \sin^2\left[\arcsin(\sqrt{t}) \pm \dfrac{\pi}{2} d_\alpha \right]$；

（3）SP 图： $s = r \pm d_\alpha$，其中 d_α 为显著性水平 α 处的界限，可查表求出。

4.3.2　利用 R 软件进行实例分析

例 4.3.1　60 名学生的高等数学成绩如下（假定保存在 F：\\R 软件数据\\gdsxcj.txt）：

61 80 79 63 76 74 54 96 67 59 65 56 80 51 67 46 76 68 48 89 56 89 67 60

75 54 97 72 96 77 59 82 59 85 67 85 38 41 68 55 65 38 88 72 46 59 87 61

77 76 31 90 78 81 79 82 65 69 76 92

R 程序为：

```
w=scan("F:\\R 软件数据\\gdsxcj.txt");w
plot(ecdf(w), verticals =TRUE,do.p=FALSE);
#ecdf(w)生成 w 的经验分布函数，verticals =TRUE 表示画竖线（=FALSE 不画），do.p=FALSE
表示跳跃点处不画记号，do.p=TRUE（默认值）画记号"."
x=31:97;
lines(x,pnorm(x,mean(w),sd(w)));
```

运行结果如图 4.2 所示。

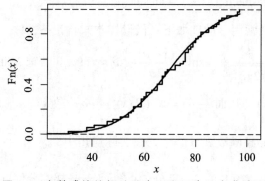

图 4.2　高数成绩的经验分布图和正态分布曲线图

从图中可以看出，高等数学成绩的经验分布函数曲线用正态分布曲线拟合效果较好。

```
qqnorm(w);          #画数值向量 w 的正态 QQ 图
qqline(w);          #画与 QQ 图相应的直线
```

运行结果如图 4.3 所示。

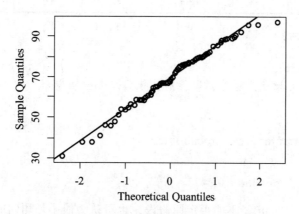

图 4.3　高等数学成绩的正态 QQ 图

```
A=table(cut(w,br=c(0,50,60,70,80,90,100)));A
#将 w 的值分组并统计各组频数，结果赋值于 A
p=pnorm(c(50,60,70,80,90,100),mean(w),sd(w));
p=c(p[1],p[2]-p[1],p[3]-p[2],p[4]-p[3],p[5]-p[4],1-p[5]);
#计算相应分组的概率（理论分布）
chisq.test(A,p=p)
ks.test(w,"pnorm",mean(w),sd(w));   #ks 检验
```

运行结果为：

(0,50]	(50,60]	(60,70]	(70,80]	(80,90]	(90,100]
7	11	13	15	10	4

Chi-squared test for given probabilities

data:　A

X-squared = 0.77829, df = 5, p-value = 0.9784

One-sample Kolmogorov-Smirnov test

data:　w

D = 0.086788, p-value = 0.7568

alternative hypothesis: two-sided

可见，对于卡方检验，统计量 χ^2 的计算值为 0.778 29，自由度为 5，检验的 p 值 0.978 4 > 0.5；对于 ks 检验，p 值 0.756 8 > 0.5。所以接受原假设，认为学生的高等数学成绩来自正态总体。

例 4.3.2 如果投一骰子 150 次并得到表 4.7 的分布数据，此骰子是均匀的吗？

表 4.7 骰子分布数据

点 数	1	2	3	4	5	6	合 计
出现次数	22	21	22	27	22	36	150

对应的卡方检验为：

freq=c(22,21,22,27,22,36);
chisq.test(freq); #参数 p 设置为理论频率，默认值为均匀分布概率

运行结果为：

Chi-squared test for given probabilities
data: freq
X-squared = 6.72, df = 5, p-value = 0.2423

该例中 $p = 0.242\ 3 > 0.05$，不能否定原假设，也可认为骰子是均匀的。

例 4.3.3 英语中最常用的 5 个字母近似地服从下述分布，现分析一篇文章，计算这 5 个字母出现的次数，见表 4.8。

表 4.8 5 个字母出现的次数

字 母	E	T	N	R	O
理论概率	0.29	0.21	0.17	0.17	0.16
出现次数	100	110	80	55	14

据此能否得出该篇文章是用英文撰写的结论？

对应的卡方检验为：

p=c(0.29,0.21,0.17,0.17,0.16);freq=c(100,110,80,55,14);
chisq.test(freq,p=p);

运行结果为：

Chi-squared test for given probabilities
data: freq
X-squared = 55.395, df = 4, p-value = 2.685e-11

该例中 $p = 2.685\text{e-}11 < 0.05$，拒绝原假设，即认为该文章不是用英文撰写的。

4.4 关联性检验

通过调查表得到的调查数据一般都是属性数据，即在许多调查研究中，得到的信息是样

本中个体的分类，而不是定量变量的值，我们经常会需要考察这两个分类变量是否存在联系。例如，在某次调查中，根据人们是否抽烟进行分类，研究肺癌与吸烟的关系，称为独立性（无关联性）检验。

1. 卡方统计量

卡方统计量可以用于测定两个分类变量之间的相关程度。若用 f_o 表示观测值频数，用 f_e 表示期望值频数，则

$$\chi^2 = \sum \frac{(f_o - f_e)^2}{f_e} \sim \chi^2(R-1)$$

其中，R 为分类变量的个数。

卡方统计量描述了观测值和期望值的接近程度，两者越接近，$|f_o - f_e|$ 越小，从而计算的卡方值也越小，反之则否。卡方检验正是通过对卡方分布中的临界值进行比较，做出是否拒绝原假设的统计决策。

例 4.4.1 1912 年 4 月 15 日，豪华巨轮泰坦尼克号与冰山相撞沉没。当时，船上共有 2 208 人，其中男性 1 738 人，女性 470 人。海难发生后，幸存 718 人，其中男性 374 人，女性 344 人，以 $\alpha = 0.1$ 的显著性水平检验存活状况是否与性别有关。

解 假定 H_0：观测频数与期望频数一致

将计算过程列成表 4.9。

表 4.9 卡方计算表

性别	观测频数 f_o	期望频数 f_e
男性	374	$718 \div 2\ 208 \times 1\ 738 = 565$
女性	344	$718 \div 2\ 208 \times 470 = 153$
$\chi^2 = \sum \dfrac{(f_o - f_e)^2}{f_e} = 303$		

由于分类变量的个数为 $R = 2$，所以卡方统计量的自由度为 $2 - 1 = 1$。经查表可得 $\chi^2_{0.9}(1) = 2.706$，因为 $\chi^2 = 303 \gg \chi^2_{0.9}(1)$（卡方统计量的精确值为 303.768 1），故拒绝 H_0，且接受对立假设 H_1，表明存活状况与性别显著相关。

```
x=718/2208*c(1738,470);y=c(374,344);sum((x-y)^2/x)
```

运行结果为：

[1] 303.7681

假定 H_0：存活状况与性别独立，则就是列联表检验，R 软件实现为：

```
b=c(374,1738-374);g=c(344,470-344);
chisq.test(rbind(b,g));
chisq.test(rbind(b,g),correct=F);     #不使用 Yate 连续性校正
```

运行结果为：

Pearson's Chi-squared test with Yates' continuity correction

data: rbind(b, g)

X-squared = 447.8, df = 1, p-value < 2.2e-16

Pearson's Chi-squared test

data: rbind(b, g)

X-squared = 450.15, df = 1, p-value < 2.2e-16

显然，它们结论都是拒绝原假设，即存活状况与性别不独立。注意，R 函数的卡方检验默认进行 Yate 连续性校正，我们也可通过参数 correct 为 T 或 F，选择是否使用 Yate 连续性校正。

```
x=718/2208*c(1738,470);y=c(374,344);sum((x-y)^2/x)
x1=1490/2208*c(1738,470);y1=c(1738,470)-y;
sum((x-y)^2/x)+sum((x1-y1)^2/x1)
```

运行结果为：

[1] 303.7681   [1] 450.1476

综上所述，当原假设为"观测频数与期望频数一致"时，卡方统计量的取值为 303.768 1；当原假设为"存活状况与性别独立"时，卡方统计量的取值为 450.147 6。可见，原假设不一样，所用的统计理论也是有区别的，故学习统计原理是至关重要的。

2. 列联表检验

例 4.4.2   为了探讨吸烟与慢性支气管炎有无关系，调查了 339 人，情况如表 4.10 所示。

表 4.10   吸烟与慢性支气管炎的关系调查表

	患慢性支气管炎	未患慢性支气管炎
吸烟	43	162
不吸烟	13	121

设想有两个随机变量：X 表示吸烟与否，Y 表示患慢性支气管炎与否。检验吸烟与患慢性支气管炎有无关系，即检验 X 与 Y 是否无关联。

上述例子涉及的问题就是属性数据分析问题。属性数据一般都汇总为表格——列联表后，再进一步分析。对属性数据进行分析，将达到以下几方面的目的：

（1）产生汇总分类数据——列联表；

（2）检验属性变量间的独立性（无关联性）；

（3）计算属性变量间的关联性统计量；

（4）对高维数据进行分层分析和建模。

列联表（contingency table）是由两个以上的属性变量进行交叉分类的频数分布表。表 4.10 就是列联表。具有两个或多个分类变量的列联表称为**交叉表**。具有两个变量的列联表称为**双向表**，具有三个变量的表称为**三向表**，依次类推。当双向表中的两个变量都仅有两个水平时，这种特殊的表称为**2×2 表**。表 4.11 给出了交叉表的基本形式。

表 4.11　交叉表的形式

行		列				
		第 1 列	第 2 列	⋯	第 c 列	行边缘频数
	第 1 行	n_{11}	n_{12}	⋯	n_{1c}	n_{1+}
	第 2 行	n_{21}	n_{22}	⋯	n_{2c}	n_{2+}
	⋯	⋯	⋯	⋯	⋯	⋯
	第 r 行	n_{r1}	n_{r2}	⋯	n_{rc}	n_{r+}
	列边缘频数	n_{+1}	n_{+2}	⋯	n_{+c}	n_{++}

其中 $n_{i+} = \sum_j n_{ij}$，$n_{+j} = \sum_i n_{ij}$，$n_{++} = \sum_{i,j} n_{ij}$ 为观测总个数.

这是一张具有 r 行和 c 列的一般列联表，称为 $r \times c$ **表**，其中第 i 行第 j 列的单元表示为单元 ij。交叉表常给出在所有行变量和列变量的组合中的观测个数，表中的总观测个数用 n 表示，在单元 ij 中的观测个数表示为 n_{ij}，称为**单元频数**。

在收集属性数据时，通常不仅为了了解每个单元频数，也想知道形成列联表的行和列变量间是否有某种相关，即一个变量取不同数值时，另一个变量的分布是否有显著的不同，这就是属性变量关联性分析的内容。

用统计学术语来说：**提出原假设 H_0：行变量与列变量无关联性**。

假设两属性的列联表如表 4.11，如果行变量与列变量无关联性，则列联表中各行的相对分布应近似相等，即不同的 $i(i=1,2,\cdots,r)$，以下频率应近似相等：

$$\frac{n_{ij}}{n_{i+}} \approx \frac{n_{+j}}{n}, \quad (j=1,2,\cdots,c)，或等价有 n_{ij} \approx \frac{n_{i+} n_{+j}}{n} \overset{\text{def}}{=} m_{ij}, \quad (j=1,2,\cdots,c)$$

上式右端的 m_{ij} 也称为列联表中第 (i,j) 单元在无关联性假设下的**期望频数**，而 n_{ij} 是列联表中第 (i,j) 单元的观测频数。

一个通常使用的检验是卡方检验，检验统计量为：

$$\chi^2 = \sum_{i=1}^{r} \sum_{j=1}^{c} \frac{(n_{ij} - m_{ij})^2}{m_{ij}}$$

在原假设成立的情况下，当观测数据较大时，检验统计量近似服从自由度为 $(r-1)\times(c-1)$ 的卡方分布，并且观测频数 n_{ij} 和期望频数 m_{ij} 应该比较接近，大的卡方值是极端情况，所以通过计算卡方统计量及显著性概率值 p，即可对原假设进行检验。

如果没有空单元，即所有单元频数都不为 0，并且所有单元的期望频数均大于 5，那么卡方检验是合理的，如果这两个条件有一个不满足，卡方检验也许就是不合理的。如果期望频数过小，会造成对卡方统计量的高估，从而导致不适当地拒绝原假设 H_0 的结论。处理的方法是将较小的期望频数合并，这样便可得到合理的结论。

通过列联表分析，可以判断两个分类变量之间是否独立，而当拒绝原假设之后，却无法进一步了解两个分类变量以及分类变量各个状态（取值）之间的相关关系，此时应用对应分析方法可以有效地解决这个问题。

对于例 4.4.2，利用 R 软件进行关联性分析：

```
x=matrix(c(43,13,162,121),nr=2);
chisq.test(x,correct=F);            #皮尔逊卡方检验
fisher.test(x);                     #Fisher 精确经验
```

运行结果为：

Pearson's Chi-squared test

data:　x

X-squared = 7.4688, df = 1, p-value = 0.006278

Fisher's Exact Test for Count Data

data:　x

p-value = 0.006856

alternative hypothesis: true odds ratio is not equal to 1

95 percent confidence interval:

　1.234503 5.224550

sample estimates:

odds ratio

　2.464298

可见，对于皮尔逊卡方检验，卡方值为 7.468 8，p 值为 0.006 278；对于 Fisher 精确经验，p 值为 0.006 856。所以应拒绝原假设，作出结论：吸烟与患慢性支气管炎是有关联的。

卡方分布对两个分类变量之间的相关性进行统计检验，如果两个变量之间存在联系，它们之间的相关程度有多大呢？主要利用相关系数测定相关程度。

（1）**φ 相关系数**是描述 2×2 列联表数据相关程度最常用的一种相关系数，计算公式为 $\varphi = \sqrt{\chi^2 / n}$，其中 χ^2 是计算出的 χ^2 值，n 为列联表的总频数，即样本量。实际上，φ 相关系数的取值范围在 0~1 之间，且 φ 的绝对值越大，说明两变量的相关程度越高。

（2）**列联相关系数**，简称 c 系数，主要用于大于 2×2 列联表的情况，计算公式为 $c = \sqrt{\dfrac{\chi^2}{\chi^2 + n}}$。当列联表中两个变量相互独立时，系数 $c = 0$，但不可能大于 1，其可能最大值依赖列联表的行数 R 和列数 C，且随之增大而增大。

（3）由于 φ 相关系数无上限，c 系数小于 1，克莱默（Gramer）提出了 **V 相关系数**，计算公式为

$$V = \sqrt{\frac{\chi^2}{n \times \min[(R-1),(C-1)]}}$$

当两个变量相互独立时，$V = 0$；当两个变量完全相关时，$V = 1$，所以 $0 \leqslant V \leqslant 1$。如果列联

表中有一维为 2，即 $\min[(R-1),(C-1)]=1$，则 V 值等于 φ 值。

3. Fisher 精确检验

Fisher 精确检验最初是针对 2×2 这种特殊的列联表提出的，当卡方检验的条件不满足时，可以考虑 Fisher 精确检验，这种检验是建立在超几何分布的基础上，对单元频数小的表来说，特别适合。

例 4.4.3　比较两种工艺对产品质量是否有影响，对其产品进行抽样检查，结果如表 4.12 所示。

表 4.12　两种工艺下产品质量的抽查结果

	合格	不合格	小计
工艺 1	3	4	7
工艺 2	6	4	10
小计	9	8	17

因抽查的产品数量 n 少，虽然单元频数 n_{ij} 均大于 0，但期望频数大多数小于 5，故卡方检验不适合，应使用 Fisher 精确检验。

原假设 H_0：工艺和产品质量无关联性的条件

在原假设 H_0 成立的条件下，当总频数和边缘小计固定时，抽查的观测频数 n_{ij} 总共有 8 种可能：

$$\begin{pmatrix} a & b \\ c & d \end{pmatrix} = \begin{pmatrix} 0 & 7 \\ 9 & 1 \end{pmatrix}, \begin{pmatrix} 1 & 6 \\ 8 & 2 \end{pmatrix}, \begin{pmatrix} 2 & 5 \\ 7 & 3 \end{pmatrix}, \begin{pmatrix} 3 & 4 \\ 6 & 4 \end{pmatrix}, \begin{pmatrix} 4 & 3 \\ 5 & 5 \end{pmatrix}, \begin{pmatrix} 5 & 2 \\ 4 & 6 \end{pmatrix}, \begin{pmatrix} 6 & 1 \\ 3 & 7 \end{pmatrix}, \begin{pmatrix} 7 & 0 \\ 2 & 8 \end{pmatrix}$$

利用超几何分布，可计算每种可能结果出现的概率：

$$P\left\{ \begin{pmatrix} a & b \\ c & d \end{pmatrix} \right\} = \frac{\dfrac{n!}{a!b!c!d!}}{C_n^{a+b}C_n^{a+c}}$$

计算结果如下：

$$p_1 = 0.000\,411\,3,\ p_2 = 0.012\,958\,0,\ p_3 = 0.103\,660,\ p_4 = 0.302\,343,$$

$$p_5 = 0.362\,812,\ p_6 = 0.181\,406,\ p_7 = 0.034\,554,\ p_8 = 0.001\,851.$$

由以上结果可以看出，结果 1，2，7，8 出现的概率为小概率事件，如果发生，则认为原假设不成立，反之则接受原假设。本次试验中，出现的结果为 4，其发生的概率为 0.302 343，较大，故可接受原假设，即认为工艺和产品质量无关联性。

下面给出两侧检验和单侧检验的 p 值计算公式：

$$两侧检验\ p = \sum_{p_i \leqslant p_4} p_i = 0.637,$$

$$左侧检验 \ p = \sum_{a \leqslant n_{11}} p_i = \sum_{a \leqslant 3} p_i = 0.419 \ ,$$

$$右侧检验 \ p = \sum_{a \geqslant n_{11}} p_i = \sum_{a \geqslant 3} p_i = 0.883 \ ,$$

以上 p 值都支持工艺和产品质量无关联的假设。

由于 p 值显著大于 0.1，故接受原假设，即工艺和产品质量无关联。

```
x=matrix(c(3,6,4,4),nr=2);
fisher.test(x);                    #双侧检验
fisher.test(x,alt="less");         #左侧检验
fisher.test(x,alt="greater");      #右侧检验
```

运行结果为：

Fisher's Exact Test for Count Data

data: x

p-value = 0.6372

alternative hypothesis: true odds ratio is not equal to 1

95 percent confidence interval:

 0.04624382 5.13272210

sample estimates:

odds ratio

  0.521271

Fisher's Exact Test for Count Data

data: x

p-value = 0.4194

alternative hypothesis: true odds ratio is less than 1

95 percent confidence interval:

 0.000000 3.799992

sample estimates:

odds ratio

  0.521271

Fisher's Exact Test for Count Data

data: x

p-value = 0.883

alternative hypothesis: true odds ratio is greater than 1

95 percent confidence interval:

 0.06475916   Inf

sample estimates:

odds ratio

  0.521271

习题 4

1. 在总体 $N(7.6,4)$ 中抽取容量为 n 的样本，如果要求样本均值落在 $(5.6,9.6)$ 内的概率不小于 0.95，则 n 至少是多少？

2. 已知某种能力测试的得分服从正态分布 $N(\mu,\sigma^2)$，随机抽取 10 个人参与这一测试，求他们得分的联合密度函数，并求这 10 个人得分的平均值小于 μ 的概率？如果 $\mu = 62$，$\sigma^2 = 25$，若得分超过 70 就能得奖，求至少有一人得奖的概率？

3. 两台机床生产同一零件，已知其外径均服从正态分布。今从中抽测零件外径（单位：mm）为：

第一台 41.5 42.3 41.7 43.1 42.4 42.2 41.8 43.0 42.9；

第二台 34.5 38.2 34.2 34.1 35.1 33.8。

如果取显著性水平 $\alpha = 0.10$，试问两车床生产的零件外径精度是否存在显著性差异？

4. 一种以休闲和娱乐为主题的杂志，声称其读者群中有 80% 为女性。为检验这一说法是否属实，某研究部分抽取了由 200 人组成的一个随机样本，发现有 146 个女性经常阅读该杂志。分别取显著性水平 $\alpha = 0.05$ 和 $\alpha = 0.01$，检验该杂志读者群中女性的比率是否为 80%，它们的 p 值各是多少？

5. 啤酒生产企业采用自动生产线灌装啤酒，每瓶的装填量为 640 mL，但由于受某些不可控因素的影响，每瓶的装填量会有差异。此时，不仅每瓶的平均装填量很重要，装填量的方差 σ^2 也很重要。如果 σ^2 很大，会出现装填量太多或太少的情况，这样要么企业不划算，要么消费者不满意。假定生产标准规定每瓶填装量的标准差等于 4 mL。企业质检部门抽取了 10 瓶啤酒进行检验，得到样本标准差为 $s = 3.8$ mL。试以 0.10 的显著性水平检验填装量的标准差是否符合要求。

6. 一种原料来自三个不同的地区，原料质量被分成三个不同等级。从这批原料中随机抽取 500 件进行检验，数据如表 4.13 所示。

表 4.13

	一级	二级	三级
甲地区	52	64	24
乙地区	60	59	52
丙地区	50	65	74

试检验地区和原料质量之间是否存在依赖关系。

7. 某商业中心有 5 000 部电话，在上班的第一小时内打电话的人数和次数记录在表 4.14 中。

表 4.14

打电话次数 (x)	0	1	2	3	4	5	6	7	$\geqslant 8$
相应的人数 (N_i)	1 875	1 816	906	303	82	15	1	2	0

请检验打电话的次数是否符合 Poisson 分布。

5 蒙特卡罗

蒙特卡罗（Monte-Carlo，M-C）方法又称**随机抽样方法**，已被广泛应用在各个领域，它既可以研究概率问题，也可以求解确定性的数学问题，尤其在多重定积分的计算上具有极大优势。例如，在贝叶斯分析中，后验矩常表示为积分形式，贝叶斯决策中风险计算也依赖积分，但此类积分不存在解析解，只能从积分范围上的某分布函数随机抽样，进而对此积分值进行估计。

本章主要介绍蒙特卡罗的基本理论，接着初步介绍了随机数的生成方法，最后利用蒙特卡罗方法解决积分问题。

5.1 蒙特卡罗基本理论

5.1.1 蒙特卡罗的起源

模拟又称为仿真，是指把某一现实的或抽象的系统的某种特征或部分状态，用另一系统（称为模拟模型）来代替和模仿。例如，某工厂计划大规模扩建，扩建前决策人希望了解扩建的成本和扩建后效益的提高情况，那么只要对没有扩建的工厂和假定扩建后工厂的运营情况进行模拟计算，就能圆满解答这个工厂的决策问题。这里的现实系统就是目前工厂的营运系统或扩建后的工厂营运系统，把这一复杂的现实系统用经过检验的模拟模型来代替，并利用构造的模拟模型进行模拟试验，从而了解工厂目前和扩建后的营运情况和效益情况。模拟结果对工厂决策人将提供有价值的信息。模拟的基本思想是建立一个试验的模型，这个模型包含所研究系统中的主要特点。通过这个实验模型的运行，获取所研究系统的必要信息。

（1）**物理模拟**：对实际系统及其过程用功能相似的实物系统去模仿。例如，军事演习、船艇实验、沙盘作业等。物理模拟通常花费较大、周期较长，且在物理模型上改变系统结构和系数都较困难。而且，许多系统无法进行物理模拟，如社会经济系统、生态系统等。

（2）**数学模拟**：在一定的假设条件下，运用数学运算模拟系统的运行，称为**数学模拟**，现代的数学模拟都是在计算机上进行的，也称为**计算机模拟**。与物理模型相比，计算机模拟具有明显优点：成本低、时间短、重复性高、灵活性强，改变系统的结构和系数都比较容易。在实际问题中，面对一些带随机因素的复杂系统，用分析方法建模常常需要作许多简化假设，与面临的实际问题可能相差甚远，以致解答根本无法应用。这时，计算机模拟几乎成为唯一的选择。

蒙特卡罗方法是一种应用随机数来进行计算机模拟的方法。这种方法对研究的系统进行随机观察抽样，通过对样本值的观察统计，求得所研究系统的某些参数。对随机系统用概率模型来描述并进行实验，称为**随机模拟方法**，也称为**统计模拟方法**。

蒙特卡罗的基本思想最初起源于著名的"蒲丰（Buffon）投针实验"。

例 5.1.1　蒲丰投针实验　在这个著名的实验中，实验者向平行网格间距为 d 的平面上投长度为 l（$l < d$）的针，以 x 表示针的中点与最近一条平行线相交的距离，φ 表示针与此直线的交角，见图 5.1。

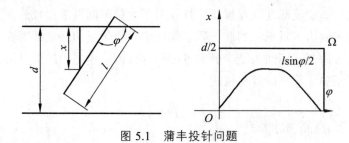

图 5.1　蒲丰投针问题

易知样本空间 Ω 满足 $0 \leqslant x \leqslant \dfrac{d}{2}$，$0 \leqslant \varphi \leqslant \pi$，其面积为 $S_\Omega = \dfrac{d\pi}{2}$。这时，针与平行线相交（记为事件 A）的充要条件为 $x \leqslant \dfrac{l}{2}\sin\varphi$。

由于针是向平面任意投掷的，由等可能性知这是一个几何概率问题，所以

$$P(A) = \frac{S_A}{S_\Omega} = \frac{\displaystyle\int_0^\pi \frac{l}{2}\sin\varphi\,\mathrm{d}\varphi}{\dfrac{d\pi}{2}} = \frac{2l}{d\pi}$$

如果 l, d 已知，则将 π 值代入可得 $P(A)$。反之，如果知道了 $P(A)$，则用上式可求 π。而关于 $P(A)$ 的值，可在实验中用频率去近似它，即投针 N 次，其中针与平行线相交 n 次，则事件 A 的概率可估计为 $\dfrac{n}{N}$，即 $P(A) \approx \dfrac{n}{N}$。进一步可得 $\hat{\pi} = \dfrac{2lN}{dn}$，这可作为 π 的一个估计，并且当 N 趋于无穷时，$\hat{\pi}$ 收敛于 π。

历史上，确实有一些研究者用此方法来估算 π，表 5.1 摘录了有关的历史资料。

表 5.1　投针试验记录

实验者	年份	投针次数	相交次数	π值
Wolf	1850	5 000	2 531	3.159 6
Smith	1855	3 204	1 219	3.155 4
De Morgan C.	1860	600	383	3.137
Fox	1884	1 030	489	3.159 5
Lazzerini	1901	3 408	1 808	3.141 592 9
Reina	1925	2 520	859	3.179 5

蒙特卡罗方法在现实科学问题中的系统应用始于电子计算的早期，并伴随着世界上第一台可编程的超大计算机 MANIAC 于第二次世界大战期间在洛斯阿拉莫斯（Los Alamons）的发展而发展。为了更好地使用这些具有快速运算能力的机器，科学家们提出了一种基于统计抽样技术的方法，用来解决原子弹设计中有关易裂变物质的随机中子扩散的数值计算问题和估计 Schrodinger 方程中的特征根问题。这一方法的基本思想首先由 Ulam 提出，然后在他与 Von Neumann 驾车从洛斯阿拉莫斯到拉米（Lamy）的途中，经两人仔细考虑得以正式提出。

蒙特卡罗方法的高度灵活性和超强功效性吸引了大量不同科学领域的研究者，他们都为蒙特卡罗方法的发展做出了贡献。然而，要了解任何一个领域的问题都需要大量特定的专业领域的知识，这大大限制了不同领域中研究者的相互交流。本书的主要目的是为读者提供一个蒙特卡罗自成体系的、统一的处理模式。

5.1.2 蒙特卡罗的基本原理

M-C 方法通常是用随机变量 $X \sim f(x)$ 用区域 D 的简单子样 $x_1, \cdots, x_N$ 的算术平均值

$$\bar{x}_N = \frac{1}{N} \sum_{n=1}^{N} x_n$$

作为所求解积分 $I = E(X) = \int_D f(x)\mathrm{d}x$ 的近似值。

由大数定律可知，具有相同期望和有限方差的独立随机变量的平均值收敛于共同的均值，即当 $EX = I$ 时，算术平均值 $\bar{x}_N$ 以概率 1 收敛到 I，常表示为

$$P(\lim_{N \to \infty} \bar{x}_N = I) = 1$$

由中心极限定理，对于 $\forall \lambda_\alpha > 0$ 有

$$P\left(|\bar{x}_N - I| < \frac{\lambda_\alpha \sigma}{\sqrt{N}} \right) \approx \frac{2}{\sqrt{2\pi}} \int_0^{\lambda_\alpha} \mathrm{e}^{-0.5t^2} \mathrm{d}t = 1 - \alpha$$

即 $|\bar{x}_N - I| < \frac{\lambda_\alpha \sigma}{\sqrt{N}}$ 近似以概率 $1 - \alpha$ 成立，称 $1 - \alpha$ 为置信水平，σ 为随机变量 X 的标准差，$\bar{x}_N$ 收敛到 I 的速度的阶为 $O(N^{-\frac{1}{2}})$。

如果 $\sigma^2 = \infty$，仍能保证 $\bar{x}_N = I$，但收敛速度不能达到 $O(N^{-\frac{1}{2}})$，根据马尔辛-凯维奇的一个结果有：

$$P\left(N^{\frac{r-1}{r}} (\bar{x}_N - I) \to 0 \right) = 1$$

因此对 $\forall \varepsilon > 0$，$\alpha > 0$，只要 N 充分大就有 $P\left(N^{\frac{r-1}{r}} |\bar{x}_N - I| < \varepsilon \right) \geq 1 - \alpha$，即 $\bar{x}_N$ 收敛到 I 的速度是 $N^{-\frac{r-1}{r}}$。

如果 $\sigma \neq 0$，则 M-C 方法的误差 $\varepsilon = \dfrac{\lambda_\alpha \sigma}{\sqrt{N}}$ 与显著水平是一一对应的。

显然 ε 是由 σ 和 $\sqrt{N}$ 决定的，与问题的维数无关，在固定 σ 的情况下，要想提高精确度一位，就要增加 100 倍的工作量。从另一角度说，在固定误差 ε 和抽样产生一个 x 的平均费用 c 不变的情况下，如果 σ 减少到 1/10，则工作量可减少到 1/100；若费用 c 随着方法的改变而改变时，由于总费用 $NC = (\lambda_\alpha / \varepsilon)^2 \sigma^2 c$。因此，提高 M-C 方法效率既不是增加抽样数 N 也不是简单地减小 σ，而应该是在减小标准差的同时兼顾费用大小，使方差 σ^2 与费用 c 的乘积尽量小。

许多科学问题的实质就是求积分

$$I = \int_D h(x) f(x) \mathrm{d}x$$

的近似值，其中 D 通常是一个高维空间中的区域，$h(x)$ 是感兴趣的目标函数，用统计语言描述就是，在统计分析的推断中，很多感兴趣的量都可表示为某随机变量函数的期望

$$\mu = E_f[h(X)] = \int_{\mathcal{X}} h(x) f(x) \mathrm{d}x$$

其中 f 为随机变量 X 的密度函数。实质上，这就是一个积分问题。

当 $X_1, \cdots, X_n$ 是总体 f 的简单随机样本时，由强大数定律可知，当 $m \to \infty$ 时，

$$\hat{\mu}_{\mathrm{MC}} = \frac{1}{m} \sum_{i=1}^{m} h(X_i) \to E_f[h(X)], \mathrm{a.s}$$

故 $\bar{\mu}_{\mathrm{MC}} = \dfrac{1}{m} \sum_{i=1}^{m} h(x_i)$ 可作为 $E_f[h(X)]$ 的估计值，这就是 Monte-Carlo 方法。如果 $h(X)$ 的方差存在，则

$$\widehat{\mathrm{var}(\hat{h}_m)} = \frac{1}{m-1} \sum_{i=1}^{m} [h(x_i) - \bar{\mu}_{\mathrm{MC}}]^2 \triangleq v_m$$

由中心极限定理可知，当 $m \to \infty$，

$$\frac{\hat{h}_m - E_f[h(X)]}{\sqrt{\mathrm{var}[h(X)]}} \approx N(0,1)$$

故我们有 μ 的近似置信界和统计推断。

无疑，利用真正的随机投针方法进行大量试验是很困难的，于是有人说，可以把真正的随机投针实验利用统计模拟实验的方法来代替，即把蒲丰投针实验在计算机上实现。具体步骤如下：

（1）产生随机数。首先产生相互独立的随机变量 X, φ 的抽样序列：

$$\{(x_i, \varphi_i), i = 1, \cdots, N\}，\quad \text{其中} X \sim U(0, d)，\quad \varphi \sim U(0, \pi)$$

（2）模拟实验。检验不等式 $x_i \leqslant \dfrac{l}{2} \sin \varphi_i$ 是否成立。如果成立，表示第 i 次投针成功，即针与平行线相交。

（3）求解。如果实验 N 次，成功 n 次，则 $\hat{\pi} = \dfrac{2lN}{dn}$ 。

这一随机模拟实验看似合理，但存在逻辑问题，我们的目的是估计 π，但是在求解过程中需要利用随机数 $\varphi \sim U(0, \pi)$，这就导致了利用 π 求解 π，陷入了逻辑循环。但是，我们可从这一实验中看出，用蒙特卡罗方法求解实际问题的基本步骤包括：

（1）建模。对所求解的问题构造一个简单而又便于实现的概率模型，使所求的解恰好是所建模型的参数或特征量或有关量，比如是某个事件的概率，或者是该模型的期望。

（2）改进模型。根据概率模型的特点和计算实践的需要，尽量改进模型，以便减少实验误差和降低成本，提高计算效率。

（3）模拟实验。对模型中的随机变量建立抽样方法，在计算机上进行模拟实验，抽取足够多的随机数，对有关事件进行统计。

（4）求解。对模拟结果进行统计处理，给出所求问题的近似解。例如，蒲丰投针实验，由实验结果，先给出相交概率的估计值，然后给出 π 的估计值。

假如不深究逻辑问题，利用 R 软件进行蒲丰投针实验程序如下：

```
a=1;l=0.8;        #a 为间距，1 为针长
n=c(5000,10000,10^5,10^6);m=length(n);
freq=c();pi.e=c();
for(i in 1:m){
    theta=runif(n[i],0,pi);x=runif(n[i],0,a/2);
    k=sum(x<=1/2*sin(theta));
    freq[i]=k/n[i];
    pi.e[i]=2*n[i]*1/(a*k);
}
data.frame("试验次数"=n,"概率近似值"=freq,"pi 估计值"=pi.e);
```

运行结果为：

	试验次数	概率近似值	pi 估计值
1	5e+03	0.64260	3.112356
2	1e+04	0.63830	3.133323
3	1e+05	0.63574	3.145940
4	1e+06	0.63621	3.143616

蒙特卡罗方法属于实验数学的一个分支，它是一种独特风格的数值计算方法。此方法是以概率统计理论为主要基础理论，以随机抽样作为主要手段的数值计算方法。它们用随机数进行统计实验，把得到的统计特征值作为所求问题的数值解。蒙特卡罗方法适用范围非常广泛，既可以求解确定性问题，也可求解随机性问题。

5.2 利用随机数函数生成随机数

用随机模拟方法解决实际问题时，首先要解决的是随机数的产生方法，或称随机变量的抽样方法。然而，这项听起来简单的任务在计算机上并非很容易实现，即使能实现，因为需要调试计算机程序，所以真随机数也不可取。在调试程序过程中，经常必须对同一计算重复多次，这就要求重复产生一样的随机数序列。科学计算界广为大家接受的替代方法就是产生伪随机数。总之，随机数是模拟的基石。本节主要利用随机数函数生成随机数。

定义 5.2.1 若随机变量 X 的分布函数为 $F(x)$，则 X 的一个样本值称为一个 **F 随机数**，若 $F(x)$ 有密度函数 $f(x)$ 时，也称为 **f 随机数**。

$U[0,1]$ 的 n 个独立样本称为 n 个**均匀随机数**，简称**随机数**。

一般情况下，n 个独立随机数可由 n 次重复抽样得到。

虽然 $U[0,1]$ 是最简单的连续分布，但产生大量相互独立 $U[0,1]$ 随机数对用随机模拟方法解决实际问题是相当重要的。这是因为，非均匀随机数可由 $U[0,1]$ 随机数经相应运算而产生的，所以，$U[0,1]$ 随机数的质量决定了非均匀随机数的质量，生成 $U[0,1]$ 随机数主要有三种方法：

（1）**手工方法**，即采用掷骰子、抽签、抽牌等，许多彩票的发行至今仍采用这种方法。如果操作过程规范，这种方法产生的随机数是没有规律可言的，也是无法预测的，因此，研究彩票的中奖号码是没有任何意义的。

（2）**物理方法**，在计算机上安装一台物理随机数发生器，把具有随机性质的物理过程变换为随机数，这样可得到真正的随机数且取之不尽。但缺点是，速度慢，无法重复且对统计模拟带来不可验证性，加上物理随机数发生器需经常检查和维修，因而大大降低了这种方法的使用价值。

（3）**数学方法**，利用数学方法生成的随机数，也称为**伪随机数**。这是目前使用最广，发展最快的一类方法，它的特点是占用内存少、速度快又便于复算。本书介绍用数学方法产生随机数的常见算法。

定理 5.2.1 设 $X_i, i = 1, 2, \cdots$，i.i.d 于 $B(1, 0.5)$，则

$$Y = \sum_{i=1}^{\infty} \frac{X_i}{2^i} \triangleq 0.X_1 X_2 \cdots \sim U(0,1)$$

此定理给出了产生 $U[0,1]$ 随机数的方法，即只需产生一系列 0-1 二点分布的随机数列 $\{X_i\}$，则 $Y = 0.X_1 X_2 \cdots$ 就是均匀随机数。严格来说，利用计算机根本得不到均匀随机数。因为计算机提供的是二进制，其位数总是有限的。[0,1]区间上的实数有无穷多个，但在计算机内，用来表示 [0,1] 区间上的数是有限的。设 k 表示一个整数值的二进制位数（即整数的尾数字长），则计算机表示 [0,1] 区间上的数共有 2^k 个。利用计算机产生的均匀随机数是用含有 2^k 个数的离散总体来代替均匀分布的连续总体。

定义 5.2.2 设离散随机变量 Y 的概率密度为

$$P(Y = u_i) = P\left(Y = \frac{i}{2^k - 1}\right) = \frac{1}{2^k}, \quad (i = 0, 1, \cdots, 2^k - 1)$$

则称 Y 为**准均匀分布**。

显然，利用计算机只能得到准均匀分布随机数。但当 $k \geqslant 15$ 时，Y 与均匀随机变量的统计性质差异极小，可把**准均匀随机数（伪随机数）**作为均匀随机数。

目前，应用最广泛的随机数发生器是线性同余发生器（LCG），

$$\begin{cases} x_n = (ax_{n-1} + c)(\bmod M) \\ r_n = x_n / M \\ \text{初值} x_0 \end{cases}$$

其中 M 为模数；a 为乘子；c 为增量且都为非负整数。当 $c \neq 0$，上式称为**混合同余发生器**；当 $c = 0$ 时，称为**乘同余发生器**，此时当模为素数时，称它为**素数模乘同余发生器**。

在计算机上利用数学方法产生的随机数是按照一定的算法而产生的数列，这就不可能得到真正的随机数，因此用数学方法生成的随机数也称为伪随机数。但是，如果计算方法是精心设计的，便可产生看起来相互独立的均匀随机数，并且可以通过一系列的统计检验，如独立性、均匀性等。也就是说，伪随机数具有真随机数的统计性质，可作为真随机数使用。伪随机数具有以下特点：

（1）近似性：由 LCG 算法可知，随机数不相互独立，每个数都依赖于前一个数，但如果这种相关关系弱到一定程度就可以认为是相互独立的。我们用离散数据 $0, \dfrac{1}{m}, \dfrac{2}{m}, \cdots, 1$ 代替线段 $[0,1]$，设 k 为表示一个整数值的二进制位数，则 $m = 2^k$，若 m 足够大，这种近似是完美的。

（2）周期性：理想随机数序列的周期应该是无限长的，但由一定算法产生的伪随机数必然有一定的周期性，从而导致随机数出现一定的相关性和重复性。周期短的直接后果是，按统计模型模拟的结果不可靠，即模拟样本也存在周期性，不符合模型的假定，但周期与计算机的精度直接相关，精度决定了最长周期。

所以，一个好的随机数发生器应具备以下几点：

（1）产生的数列要具有均匀总体随机样本的统计性质；

（2）产生的数列要有足够长的周期，以满足模拟计算的需要；

（3）产生数列的速度要快，占用内存小，具有可重复性。

由于目前大多数软件都可生成高质量的均匀随机数，因此不再研究均匀随机数的生成方法，只需直接应用即可，可以认为有一个"黑箱"能产生任意所需的均匀随机数，本书的随机模拟都以此为基础。为避免程序计算出错，均匀随机数函数一般不生成随机数 0 与 1。为了论述方便，本书认为 $U[0,1]$ 与 $U(0,1)$ 等价。读者也许会发现，随机数生成的每次结果是不一样的，这是由于每次运行时，随机序列发生器的种子数不同所致。为了调试程序的需要，有时要求每次运行能够产生相同的随机数序列，因此必须控制随机数发生器的种子数。

实际上，计算机生成的是伪随机数，其生成机制由随机种子控制，最基本的随机数产生函数允许用户自己设置随机种子。若将随机种子设为特定值，就可以使得随机模拟重现。R 软件设置种子命令为：

set.seed(0)　　#随机数种子为 0

表 5.2 给出 R 软件中的随机数生成函数。一般来说，产生随机数的 R 函数构成为：

r+分布英文缩写+参数，

函数命令中第一个参数均表示随机数的生成数量。

表 5.2　R 软件随机数生成命令

分布	随机数函数	注　释
离散分布	sample(x, n, p)	从 x 中不放回抽取 n 个样本，对应概率为 p
二项分布 $B(n,p)$	rbinom(k, n, p)	n 为试验总次数，p 为事件发生的概率
多项分布	rmultinom(n, size, prob)	size=试验总次数，prob=$c(p_1,\cdots,p_k)$ 表示 k 类事件发生的概率
泊松分布 $P(\lambda)$	rpois(n, lambda)	$P(X=x)=\dfrac{\lambda^x \mathrm{e}^{-\lambda}}{x!}, x=0,1,\cdots,\lambda>0$
几何分布 $Ge(p)$	rgeom(n, p)	$P(X=x)=(1-p)^x p, x=0,1,\cdots$
负二项分布 $NB(r,p)$	rnbinom(k, r, p)	r 为事件发生的次数，p 为事件发生的概率，随机数 x 表示 r 次事件发生所需的失败次数
超几何分布	rhyper(nn, m, n, k)	m=不合格数，n=合格数，k=抽取数
均匀分布 $U(a,b)$	runif(n, a, b)	$f(x)=\dfrac{1}{b-a}, 0 \leqslant x \leqslant b$
正态分布 $N(A,B^2)$	rnorm(n, mean, std)	mean=A（均值），std=B（标准差）
对数正态分布 $LN(\mu,\sigma^2)$	rlnorm(n, mean, sigma)	mean=μ，sigma=σ
指数分布 $Exp(\lambda)$	rexp(n, lambda)	$f(x)=\lambda \mathrm{e}^{-\lambda x}, x \geqslant 0$，注意其均值为 $\dfrac{1}{\lambda}$
卡方分布	rchisq(k, n, ncp=0)	非中心化：即 ncp=λ，$$g(x,n,\lambda)=\mathrm{e}^{-\frac{\lambda}{2}}\sum_{r=0}^{\infty}\frac{(\lambda/2)^r}{r!}f(x,n+2r)$$ 中心化：$f(r,n)=\dfrac{1}{2^{n/2}\Gamma(n/2)}x^{\frac{n}{2}-1}\mathrm{e}^{-\frac{x}{2}}$，即 $ncp=0$
非中心 f 分布	rf(k, m, n, ncp)	生成 k 个参数为 m，n，ncp 的非中心 f 分布随机数
非中心 t 分布	rt(k, n, ncp)	生成 k 个参数为 n，ncp 的非中心 t 分布随机数
柯西分布	rcauchy(n, a, b)	$f(x)=\dfrac{1}{\pi b\left[1+\left(\dfrac{x-a}{b}\right)^2\right]}$
伽马分布 $\Gamma(a,\lambda)$	rgamma(n, a, b)	$b=\dfrac{1}{\lambda}$
贝塔分布 Beta(a,b)	rbeta(n, a, b, ncp)	ncp 非中心参数，默认 0
威布尔分布	rweibull(n, a, b)	$f(x)=\dfrac{a}{b}\left(\dfrac{x}{b}\right)^{a-1}\mathrm{e}^{-\left(\frac{x}{b}\right)^a}, x>0$，$a$ 为形状参数，b 为尺度参数
Logistic 分布	rlogis(n, m, s)	$f(x)=\dfrac{1}{s}\mathrm{e}^{\frac{x-m}{s}}\left(1+\mathrm{e}^{\frac{x-m}{s}}\right)^{-2}$，$m$ 为位置参数，s 为尺度参数

分布	随机数函数	注　释
Wilcoxon 符号秩统计量的分布	rsignrank(nn, n)	随机数：来自一组数据经过绝对值排序取秩后，将所有数据值为正对应的秩求和结果。 n：随机数的取值范围在 0 到 $\dfrac{n(n+1)}{2}$
Wilcoxon 秩和统计分布	rwilcox(nn, m, n)	随机数：来自样本量分别为 m,n 的随机、独立数据 X,Y，计算所有满足 $X_i \geqslant Y_j$ 的个数和结果。 随机数的取值范围：0 到 mn
多元正态分布	mvrnorm(n, mu, sigma)	$mu=$均值，$sigma=$协方差阵，需调用 MASS 包

在上面所列分布中，参数 ncp 表示非中心参数，默认为 $ncp=0$，表示中心分布。加上不同的前缀表示不同的意义：

d 表示概率密度函数或分布律；

p 表示分布函数 $F(x)$；

q 表示分布函数的反函数 $F^{-1}(u)$，即 u 的下分位数；

r 表示产生服从某个分布的随机数。

例 5.2.1　设 $X \sim N(1,2^2)$，则

```
dnorm(3,mean=1,sd=2)        #求密度函数 f(3)的值
pnorm(6,1,2)                #求分布函数 F(6)的值
qnorm(0.95,1,2)             #求 0.95 分位数
rnorm(6,1,2)                #生成 6 个 N(1,4)随机数
```

在数学软件中，随机数函数命令采用的一般是目前已知最优的算法，尤其是权威软件，比如 R 软件，故在进行随机模拟时，如果能直接调用随机数函数命令就直接调用，当然对于一些特殊的分布，则需要自己设计算法、自己编程。

例 5.2.2　模拟掷骰子试验，共掷 10 次。

解　掷骰子试验相当于生成 {1,2,3,4,5,6} 上的离散均匀随机数，故

```
n=10;
x1=1:6;p1=rep(c(1/6),c(6));              #离散随机变量概率分布
x=sample(x1,n,p=p1,replace=TRUE);x       #有放回生成指定分布随机数
```

一次模拟结果为：

[1] 3 2 2 4 4 3 1 4 2 3

或者

```
> x=sample(1:6,10,rep=T);x
```

[1] 2 5 2 3 1 1 5 3 2 1

注意：有些版本的 R 软件不认 "rep=T"，需采用 "rep=TRUE"。

例 5.2.3　从统计 1 班中随机抽取 6 位同学，假定统计 1 班共 55 位同学。

解 从统计 1 班中随机抽取 6 位同学，相当于生成两个 $\{1,2,\cdots,55\}$ 上的离散均匀随机数，并且两个随机数的取值不能相同。

```
n=6;
x1=1:55;p1=rep(c(1/55),c(55));        #离散随机变量概率分布
x=sample(x1,n,p=p1);x
```

一次模拟结果为：

[1] 18 41 1 28 3 35

或者

```
> x=sample(1:55,6);x                  #同 x=sample(55,6);x
```

[1] 11 3 2 9 44 17

5.3 利用反函数及变换抽样法生成随机数

本节结合 R 软件运用反函数及变换抽样法生成各种非均匀随机数，并分析它们的优缺点。

如果分布函数 $F(x)$ 严格单调，$U \sim U[0,1]$，则

$$P(F^{-1}(U) \leqslant x) = P(U \leqslant F(x)) = F(x)$$

即 $F^{-1}(u)$ 是 F 随机数，其中 $u \sim U[0,1]$。很多分布函数并非严格单调如离散型随机变量，不存在逆函数，但可定义广义逆函数 $F^{-1}(u) = \inf\{x : F(x) \geqslant u\}$ 并有：

定理 5.3.1 如果 $F(x)$ 是分布函数，$u \sim U[0,1]$，则

$$F^{-1}(u) = \inf\{x : F(x) \geqslant u\}$$

是一个 F 随机数。若 $X \sim G(x)$，则 $Y = F^{-1}(G(X)) \sim F(y)$，即由已知 $G(x)$ 随机数可以得到 $\forall F(x)$ 随机数。

为叙述方便文中的 u 及 u_i 都是均匀随机数。

设离散随机变量，分布函数为 $F(x)$，密度函数为 $f(x_i) = P(X = x_i) = p_i$，将 $[0,1]$ 分为一些互不相交的子区间，使第 i 个子区间 J_i 的长度为 p_i。任取一 $u \sim U[0,1]$，若 $u \in J_i$，令 $z = x_i$，则 $z \sim F$。

若 $F(x)$ 为 $\{1,2,\cdots,n\}$ 上离散均匀随机变量，由于

$$z = j \Leftrightarrow u \in \left[\frac{j-1}{n}, \frac{j}{n}\right) \Leftrightarrow nu \in [j-1, j) \Leftrightarrow j = [nu]+1$$

则 $z = [nu]+1$ 为 $\{1,2,\cdots,n\}$ 上的**离散均匀随机数**。

若 $X \sim Ge(p)$，即 $f(k) = P(X = k) = q^{k-1}p, k \geqslant 1$，$q = 1-p$，由于

$$P(X = k) = P(1 - q^{k-1} \leqslant U < 1 - q^k)$$

所以 $$1-q^{X-1} \leqslant U < 1-q^X \Leftrightarrow X \ln q < \ln(1-U) < (X-1) \ln q \Leftrightarrow X = \left[\frac{\ln(1-U)}{\ln q}\right] + 1$$

因此 $k = \left[\dfrac{\ln(1-u)}{\ln q}\right] + 1 \sim Ge(p)$。

若 $X \sim P(\lambda)$，U_k i.i.d 于 $U(0,1)$，则 $T_k = -\ln U_k$ 是 i.i.d 于 $Exp(1)$。

那么 $\{N_t = \sup\{k : \tau_k = T_1 + \cdots + T_k \leqslant t\}, t \geqslant 0\}$ 为强度为 1 的齐次泊松过程，$N_\lambda = m \Leftrightarrow \tau_m \leqslant \lambda < \tau_{m+1}$，即

$$-\ln\left(\prod_{k=1}^{m} U_k\right) < \lambda \leqslant -\ln\left(\prod_{k=1}^{m+1} U_k\right) \Leftrightarrow \prod_{k=1}^{m+1} U_k < e^\lambda \leqslant \prod_{k=1}^{m} U_k$$

则满足 $\prod\limits_{k=1}^{m+1} u_k < e^\lambda \leqslant \prod\limits_{k=1}^{m} u_k$ 的 m 是泊松随机数。

若 $X \sim P(\lambda)$，即有

$$p_{k+1} = P(X = k+1) = \frac{\lambda}{k+1} p_k, \quad p^{(n+1)} = \sum_{i=1}^{n+1} p_k = p^{(n)} + p_{n+1}, n = 0,1,\cdots$$

于是有产生随机数 X 的算法：

（1）置 $k := 0, p_k = e^{-\lambda}$ 和 $p^{(k)} = 0$；

（2）产生 $u \sim U[0,1]$；

（3）令 $p_{k+1} = \dfrac{\lambda}{k+1} p_k$ 和 $p^{(k+1)} = p^{(k)} + p_{k+1}$；

（4）若 $p^{(k)} < u \leqslant p^{(k+1)}$，令 $x = k+1$；否则，令 $k := k+1$，返回（3）。

如果 $0 = t_0 < t_1 < \cdots < t_n = 1$，$t_i - t_{i-1} = p_i, i \leqslant n$，$F(x) = \sum\limits_{i=1}^{n} p_i F_i(x)$，其中 $F_i(x)$ 为分布函数，u 为随机数，$Z \overset{\triangle}{=\!=} F_i^{-1}\left(\dfrac{U-t_{i-1}}{p_i}\right)$，若 $t_{i-1} < U \leqslant t_i$，则

$$
\begin{aligned}
&P(Z \leqslant x) \\
&= P\left(\sum_{i=1}^{n} F_i^{-1}\left(\frac{U-t_{i-1}}{p_i}\right) I_{(t_{i-1},t_i]}(U) \leqslant x\right) = \sum_{i=1}^{n} P\left(F_i^{-1}\left(\frac{U-t_{i-1}}{p_i}\right) I_{(t_{i-1},t_i]}(U) \leqslant x, U \in (t_{i-1},t_i]\right) \\
&= \sum_{i=1}^{n} P(t_{i-1} < U \leqslant t_{i-1} + p_i F_i(x)) = \sum_{i=1}^{n} p_i F_i(x)
\end{aligned}
$$

所以 $z = F_i^{-1}\left(\dfrac{u-t_{i-1}}{p_i}\right)$。若 $t_{i-1} < u \leqslant t_i$，是 F 随机数。

若 $F(x) = 1 - e^{-\lambda x}$，则 $z = -\lambda^{-1} \ln(1-u)$ 是 $Exp(\lambda)$ 随机数。n 个独立的均值为 θ 的指数随机数的和为 $\Gamma(n,\theta)$ 随机数；

若 $x_1 \sim \Gamma(n,1)$，$x_2 \sim \Gamma(m-1)$ 且相互独立，则 $\dfrac{x_1}{x_1 + x_2}$ 是 Beta(n,m) 随机数；

若 $y \sim Beta\left(\dfrac{m}{2},\dfrac{n}{2}\right)$，则 $x = \dfrac{n}{m}\dfrac{y}{1-y} \sim F(m,n)$。

若 $X \sim tr(a,b,m)$，密度函数

$$f(x)=\begin{cases} \dfrac{2(x-a)}{(b-a)(m-a)}, & a<x\leqslant m \\[2mm] \dfrac{2(b-x)}{(b-a)(b-m)}, & m<x\leqslant b \\[2mm] 0, & \text{其他} \end{cases}$$

当 $a=0$，$b=1$ 称为**标准三角形分布**。若 $X_1 \sim tr(0,1,c)$，$0\leqslant c\leqslant 1$，则有

$$a+(b-a)X_1 \sim tr(a,b,m)，（\text{其中 } m=a+(b-a)c）$$

故只需考虑怎样生成 $tr(0,1,c)$ 的随机数。

由于 $tr(0,1,c)$ 的分布函数

$$F(x)=\begin{cases} 0, & x<0 \\ x^2/c, & 0\leqslant x<c \\ 1-(1-x)^2\big/(1-c), & c\leqslant x<1 \\ 1, & x\geqslant 1 \end{cases}$$

其反函数

$$F^{-1}(u)=\begin{cases} \sqrt{cu}, & 0\leqslant u<c \\ 1-\sqrt{(1-c)(1-r)}, & c\leqslant u<1 \end{cases}$$

故产生 $u \sim U(0,1)$，若 $u\leqslant c$，令 $x=\sqrt{cr}$，否则令 $x=1-\sqrt{(1-c)(1-r)}$，则 $x \sim tr(0,1,c)$。

若生成独立的 $u,v \sim U[0,1]$，则 $x=\sqrt{-2\ln u}\cos(2\pi v)$ 或 $x=\sqrt{-2\ln u}\sin(2\pi v)$ 为 $N(0,1)$ 随机数，$\mu+\sigma x \sim N(\mu,\sigma^2)$，$y=\mathrm{e}^{\sigma x+\mu} \sim LN(\mu,\sigma^2)$。

若生成相互独立随机数 $x_1,\cdots,x_n \sim N(0,1)$，则 $x=x_1^2+\cdots+x_n^2 \sim \chi^2(n)$，$x_1/x_2 \sim C(0,1)$。

若生成 $u \sim N(0,1),x_1 \sim \chi^2(m),x_2 \sim \chi^2(n)$ 且相互独立，则

$$\frac{u}{\sqrt{x_2/n}} \sim t(n)，\quad \frac{x_1/m}{x_2/n} \sim F(m,n)$$

若 $y \sim \Gamma\left(\dfrac{n}{2},1\right)$，则 $2y \sim \chi^2(n)$，特别有：

产生 $u_1,\cdots,u_k \sim U[0,1]$，其中 $k=\begin{cases} n/2, & n\text{ 为偶数} \\ (n-1)/2, & n\text{ 为奇数} \end{cases}$，计算 $y=-\ln(u_1\cdots u_k)$。当 n 为偶数时，令 $x=2y$；当 n 为奇数时，产生 $z \sim N(0,1)$，令 $x=2y+z^2$，则 $x \sim \chi^2(n)$。

若 $X \sim W(m,a)$，分布函数 $F(x)=1-\exp\left(-\dfrac{x^m}{a}\right)$，$x>0$，则 $x=[-a\ln(1-u)]^{1/m}$ 或 $x=[-a\ln(u)]^{1/m}$ 为 $W(m,a)$ 随机数。

若 $X \sim C(0,1)$ ，分布函数 $F(x) = \frac{1}{\pi}\arctan x + \frac{1}{2}$ ， $F^{-1}(u) = \tan[\pi u - \pi/2]$ ，则 $x = \tan[\pi u - \pi/2]$ 为 $C(0,1)$ 随机数。

例 5.3.1 利用反函数法生成柯西随机数。

```
x=0;n=1000;
for(i in 1:1:n){
    u=runif(1,0,1);
    x[i]=tan(pi*(u-0.5));
    while(x[i]>=10|x[i]<=-10){
        u=runif(1,0,1);
        x[i]=tan(pi*(u-0.5));
    }
}
par(mfcol=c(1,2));
hist(x);    #频数直方图
hist(x,col="grey",prob=TRUE);
t=seq(by=0.01,-10,10);y1=1/pi/(1+t^2);
lines(t,y1,col="red")
```

绘制的柯西分布频数直方图和频率直方图如图 5.2 所示。

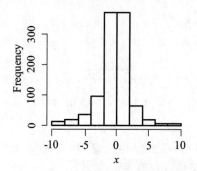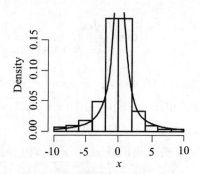

图 5.2   R 绘制柯西分布的频数直方图（左）和频率直方图（右）
（实线为柯西分布密度函数）

例 5.3.2 假设随机变量 X 的密度函为 $f(x) = \begin{cases} 24x^2, & 0 \leqslant x \leqslant 0.5 \\ 0, & 其他 \end{cases}$ ，定义 u 是均匀随机数，

已知 $u = 0.125$ ，试用反函数法确定 X 的观测值。

解 当 $0 \leqslant x \leqslant 0.5$ 时， $F(x) = \int_{-\infty}^{x} f(t)\mathrm{d}t = \int_{0}^{x} 24t^2\mathrm{d}t = 8x^3$ 。

当 $x > 0.5$ 时， $F(x) = 1$ 。所以由反函数法知 X 的模拟数是方程 $u = F(x)$ 的解，即 $0.125 = 8x^3$ ， $x = 0.25$ 。

例 5.3.3 （混合随机变量的模拟）假设随机变量 X 的分布函数为：当 $x < 0$ 时， $F(x) = 0$ ； $F(0) = 0.5$ ；当 $0 < x < 1$ 时， $F'(x) = x$ 。有三个均匀随机数：0.25，0.625，0.52.请按上述 X 的分布模拟三个样本 X_1, X_2, X_3 。

解　因为 $P(X=0)=0.5$，$F(x)=0.5x^2+0.5,\ 0<x<1$。

由反函数法可知：当 $0<u\leqslant0.5$，X 的模拟数为 0，所以当 $u_1=0.25$ 时，$x_1=0$。

当 $0.5<u<1$，$u=0.5x^2+0.5$，所以 $x_2=0.5$，$x_3=0.2$。

反函数法（直接抽样法）对连续型或离散型分布都适用，首先求得其分布函数的反函数，但有些分布函数的反函数不能用初等函数表示，如正态分布和伽玛分布，因此抽样公式不能精确给出，但可用数值方法求解，这也是此法的局限性。

评价生成算法的原则有：

（1）准：生成的随机数一定要严格地具有所要求的密度，但问题往往出在尾部，尤其是近似算法，处理不妥，随机数的分布就成了要求分布的截断分布，从而忽略了尾部的特性。

（2）快：能用加减运算的，就不用乘除运算；能用乘除运算的，就不用超越函数，如三角函数、对数和指数及其表达式等。

（3）少：生成一个非均匀随机数所需的均匀随机数平均个数尽量少。反函数法只需一个均匀随机数，满足准、少原则，可有时候要使用超越函数或用数值方法求解，因此速度不快。

在一个算法中这三个原则往往相互制约，一个变好的同时，其他的往往可能变坏，因此要使三者的协调统一，采用适合的算法。

5.4　利用近似抽样生成随机数

当目标分布 $F(x)$ 比较复杂，上述方法难以实现抽样时，还可采用近似抽样法，只是要保证系统误差相对随机误差可以忽略不计。本节比较研究了近似抽样法生成随机数的理论基础，给出了各种近似抽样法的优缺点。

5.4.1　近似抽样法基本理论

直接抽样、变换抽样、舍选抽样法等从理论上讲，产生的为随机数 x 都是精确的，即 x 服从目标分布 $F(x)$，但利用近似抽样法除了用伪随机数代替随机数形成的误差外，还具有系统误差，即 x 近似服从目标分布 $F(x)$。

近似抽样法的基本思想是，产生与目标分布 $F(x)$ 很接近的分布函数 $G(x)$ 的随机数，但这存在一定系统误差，即分布函数 $G(x)$ 与目标分布 $F(x)$ 的差异。该方法使用的前提条件如下：

（1）$G(x)$ 随机数容易生成；

（2）适当控制系统误差，使得系统误差与模拟的随机误差相比可以忽略不计。

5.4.2　几种常见近似抽样法

分布函数近似方法的不同产生了不同的近似抽样。下面介绍几种常用的近似抽样法。

1. 利用中心极限定理

利用准确抽样法生成正态分布随机数运算量太大，或抽样效率太低，为此可采用近似抽样法。

例 5.4.1　利用近似抽样法产生 $N(0,1)$ 随机数。

用来产生渐近正态分布的 n 个 i.i.d 随机变量要满足中心极限定理且最好 n 较大，而满足中心极限定理的最简单随机变量就是 $U(0,1)$。

独立产生 $U_1, \cdots, U_n \sim U(0,1)$，记 $\overline{U} = \dfrac{1}{n}\sum\limits_{i=1}^{n} U_i$，则 $E\overline{U} = \dfrac{1}{2}$，$\mathrm{var}(\overline{U}) = \dfrac{1}{12n}$。

由中心极限定理（NLT）知，当 n 充分大时，

$$X = \sqrt{12n}\left(\overline{U} - \frac{1}{2}\right) \approx N(0,1)$$

利用上述公式，产生 n 个均匀随机数可得到一个 $N(0,1)$ 随机数。在实际中，常取 $n = 6$ 或 12，特别当 $n = 12$ 时，$X = \sum\limits_{i=1}^{12} U_i - 6$，产生 12 个均匀随机数即可生成一个 $N(0,1)$ 随机数。由于 U_i 和 $1 - U_i$ 同为均匀随机数，故近似公式可化为

$$X = \sum_{i=1}^{6}(U_{2i} - U_{2i-1})$$

生成非均匀分布随机数关键在于生成理想的均匀随机数。不同软件随机数函数的均匀性、周期性、独立性差异很大，故在实际应用中，可因地制宜，提高均匀随机数的质量，进而提高目标随机数的质量。

2. Hasting 有理逼近抽样

如果 F^{-1} 对目标函数可用，则反函数法可能是最简单的选择了，如果不可用，但 F 可用或者可近似，那么用线性插值可得到一个粗糙的方法。

首先介绍**分段线性密度近似抽样法**：先将 $(-\infty, +\infty)$ 用分点

$$-\infty = a_0 < \cdots < a_m = +\infty$$

分为 m 个小区间，实际中取 $a_0 = a$ 使 $F(a) \approx 0$，$a_m = b$ 使 $F(b) \approx 1$，令

$$F_k(x) = \begin{cases} 0, & x \leqslant a_{k-1} \\ \dfrac{F(x) - F(a_{k-1})}{p_k}, & a_{k-1} < x \leqslant a_k \\ 1, & x > a_k \end{cases}$$

其中 $p_k = F(a_k) - F(a_{k-1})$，则 $F(x) = \sum\limits_{j} p_j F_j(x)$，在每一小段用线性函数 $\dfrac{x - a_{k-1}}{a_k - a_{k-1}} \approx F_k(x)$。算法如下：

（1）产生离散随机数 $J \sim P(J = k) = p_k, k = 1, \cdots, m$；

（2）产生 $u \sim U(0,1)$ ，令 $X = a_{J-1} + (a_J - a_{J-1})u$ ，则 $X \approx F(x)$ 。

用 $x_1, \cdots, x_m$ 的网格横跨 f 的支撑区域，在每个格子点计算或近似 $u_i = F(x_i)$ 。然后取 $U \sim U(0,1)$ ，并在两个格子点间按照

$$X = \frac{u_j - U}{u_j - u_i} x_i + \left(1 - \frac{u_j - U}{u_j - u_i}\right) x_j$$

作线性插值，其中 $u_i \leqslant U \leqslant u_j$ 。其实本质上就是要生产 x_i 与 x_j 间随机数 x ，用两段随机值进行插值近似。此方法在实际中并没有吸引力，因为它需对 F 完全近似，而不管样本量的大小，并且不能推广到多维空间，且比其他方法效率低。

进一步，可用有理函数来逼近分布函数或其反函数，进而利用直接抽样法，这就是 Hasting 有理逼近方法。

例 5.4.2　（**近似直接抽样**）由于当 $U \sim U(0,1)$ 时，$\Phi^{-1}(U) \sim N(0,1)$ ，其中 $\Phi(u)$ 为 $N(0,1)$ 的分布函数，所以用反函数数抽样困难在于 $\Phi^{-1}(u)$ 不能用初等函数表示，但可用有理函数逼近。Hasting 有理逼近法近似生成 $N(0,1)$ 随机数的具体算法如下：

（1）产生 $u \sim U(0,1)$ ；

（2）若 $u \leqslant 0.5$ ，取 $a = u$ ，否则 $a = 1 - u$ ，计算 $y = \sqrt{-2\ln a}$ ；

（3）令 $X = \text{sign}(r - 0.5)\left(y - \dfrac{c_0 + c_1 y + c_2 y^2}{1 + d_1 y + d_2 y^2 + d_3 y^3}\right)$ ，其中 $c_0 = 2.515\,517$ ，$c_1 = 0.802\,853$ ，

$c_2 = 0.010\,328$ ，$d_1 = 1.432\,788$ ，$d_2 = 0.189\,269$ ，$d_3 = 0.001\,308$ ，则 $X \sim N(0,1)$ 。

3. 复合近似抽样法

复合近似抽样法是合成抽样法与近似抽样法的综合，其基本思想是：如果密度函数 $f(x)$ 可分解为

$$f(x) = \sum_{i=1}^{m} p_i f_i(x)$$

其中 p_i 为权重系数。我们可令 $p_i = \dfrac{1}{m}, i = 1, 2, \cdots, m$ ，而 $f_i(x)$ 用最简单的线性函数近似。

设总体分布为 $F(x)$ ，密度函数为 $f(x)$ 。

（1）确定分点 $x_i, i = 1, \cdots, m$ 使 $\displaystyle\int_{x_{i-1}}^{x_i} f(x)\mathrm{d}x = \dfrac{1}{m}$ ；

（2）对密度函数 $f(x)$ 进行分解，则

$$f(x) = \sum_{i=1}^{m} p_i f_i(x), p_i = \frac{1}{m}, \quad \text{其中 } f_i(x) = \begin{cases} f(x), & x \in (x_{i-1}, x_i] \\ 0, & \text{其他} \end{cases}$$

（3）用线性函数近似

$$f_i(x) \approx d_i f_{i1}(x) + (1 - d_i) f_{i2}(x)$$

其中

$$f_{i1}(x) = \begin{cases} \dfrac{2(x - x_{i-1})}{(x_i - x_{i-1})^2}, & \text{当} f(x_i) > f(x_{i-1}) \\[3mm] \dfrac{-2(x - x_{i-1})}{(x_i - x_{i-1})^2}, & \text{当} f(x_i) < f(x_{i-1}) \end{cases}, \quad f_{i2} = \dfrac{1}{x_i - x_{i-1}}, \quad x \in (x_{i-1}, x_i]$$

$$d_i = \frac{|f(x_i) - f(x_{i-1})|}{f(x_i) + f(x_{i-1})}$$

算法如下：

（1）产生 $u \sim U(0,1)$，令 $i = [mu] + 1$；

（2）独立生成 $u_1, u_2 \sim U(0,1)$，当 $u_2 \leqslant d_i$ 时，令 $X = \begin{cases} x_{i-1} + (x_i - x_{i-1})\sqrt{u_1}, & \text{当} f(x_i) > f(x_{i-1}) \\ x_i - (x_i - x_{i-1})\sqrt{1 - u_1}, & \text{当} f(x_i) < f(x_{i-1}) \end{cases}$，

否则，令 $X = x_{i-1} + (x_i - x_{i-1})u_1$，则 $X \approx F(x)$。

例 5.4.3　（$\Gamma(a,1)$ 近似复合抽样）如果 $X_1, \cdots, X_n$ i.i.d 于标准指数分布 $Exp(1)$ 时，$\sum\limits_{i=1}^{n} X_i \sim$ $\Gamma(n,1)$。当 $a > 1$ 且不为整数时，Naylor 提出：

（1）产生 $u \sim U(0,1)$；

（2）若 $u \leqslant 1 - (a - [a])$，令 $X = \Gamma([a], 1)$，否则令 $X = \Gamma([a] + 1, 1)$，则 $X \sim \Gamma(a, 1)$。

如果 $X \sim \Gamma(a, 1)$，则 $Y = \dfrac{X}{b} \sim \Gamma(a, b)$。不难导出 $\Gamma(a, b)$ 随机数的生成算法。

4. 经验分布抽样法

在实际问题中，调查数据来自总体的分布函数 $F(x)$ 往往未知，此时可利用观测数据 $x_1, \cdots, x_n$ 建立样本的经验分布函数 $F_n(x)$，由格里文科定理可知，当 n 充分大时 $F_n(x) \approx F(x)$，于是产生 $F_n(x)$ 随机数，将其近似地看成 $F(x)$ 随机数。这种由观测数据或经验分布函数出发，产生总体 $F(x)$ 随机数的方法，称为**经验分布抽样法**。

（1）已知观测数据。

设已知观测数据 $x_1, \cdots, x_n$ 来自总体 $F(x)$，对其排序得次序样本 $x_{(1)}, \cdots, x_{(n)}$，n 个点将 $[x_{(1)}, x_{(n)}]$ 分为 $n-1$ 个小区间，假定数据落入每个小区间的概率相等，均为 $\dfrac{1}{n-1}$，且在每个小区间都是均匀分布。具体算法如下：

① 产生 $u \sim U(0,1)$，令 $a = (n-1)u$，$I = [a] + 1$；

② 取 $X = x_{(I)} + (a - [a])(x_{(I+1)} - x_{(I)})$，则 X 近似为 $F(x)$ 随机数，记为 $X \approx F(x)$。

可见，经验分布抽样法方法简单易行，但生成随机数的取值范围为 $[x_{(1)}, x_{(n)}]$。

（2）已知观测数据频数。

若已知 n 个观察数据 $x_1, \cdots, x_n$ 落在 m 个连续小区间

$$[a_0, a_1), [a_1, a_2), \cdots, [a_{m-1}, a_m]$$

内的观察频数分别为 $n_1, \cdots, n_m$，$\sum\limits_{i=1}^{m} n_i = n$，切记观测数据是未知的。利用这些观测频数可给出经验分布函数 $F_n(x)$，产生 $F_n(x)$ 随机数，将其近似地看成 $F(x)$ 随机数。算法如下：

① 产生 $u \sim U(0,1)$，整数 k 使得下式成立 $F_n(a_{k-1}) < u \leqslant F_n(a_k)$；

② 令 $X = a_{k-1} + \dfrac{(u - F_n(a_{k-1}))(a_k - a_{k-1})}{F_n(a_k) - F_n(a_{k-1})}$，则 $X \approx F(x)$。

显然随机数 X 的取值范围为 $[a_0, a_m]$。

5.5　利用蒙特卡罗方法进行定积分计算

本节研究利用 M-C 方法计算定积分的原理，给出了三种模拟方法并进行了推广，最后结合 R 软件进行实例分析，给出了模拟程序。

5.5.1　蒙特卡罗方法与定积分

设 $f(x)$ 是 $[0,1]$ 上的连续函数且 $0 \leqslant f(x) \leqslant 1$，计算定积分 $I = \int_0^1 f(x)\mathrm{d}x$。

1. 随机投点法

由于 $P(y \leqslant f(x)) = \int_0^1 \int_0^{f(x)} \mathrm{d}y\mathrm{d}x = \int_0^1 f(x)\,\mathrm{d}x = I$，所以试验步骤如下：

（1）独立产生均匀随机数 x_i 及 y_i；

（2）若条件 $y_i \leqslant f(x_i)$ 成立，则记录点 (x_i, y_i) 落入积分区域一次；

重复进行随机投点试验，若试验次数为 N，成功次数为 M，则 $I \approx M/N \stackrel{\triangle}{=\!=} \theta_1$。

由于 $M \sim B(N, p)$，所以 $E\theta_1 = \dfrac{EM}{N} = p$，可见 θ_1 是成功概率 p 的无偏估计量。由于

$$\mathrm{var}(\theta_1) = \frac{\mathrm{var}(M)}{N^2} = \frac{1}{N} p(1 - p)$$

所以 θ_1 以概率收敛到待估参数 p。

一般区间 $[a,b]$ 上的定积分计算可化为 $[0,1]$ 区间上的积分。设 $c \leqslant f(x) \leqslant d$，$x \in [a,b]$，做线性变换 $x = (b-a)u + a$，则

$$I = \int_a^b f(x)\,\mathrm{d}x = \int_0^1 (f(a + (b-a)u) - c + c)(b-a)\mathrm{d}u = S_0 \int_0^1 \phi(u)\,\mathrm{d}u + c(b-a)$$

其中 $S_0 = (b-a)(d-c)$，$0 \leqslant \phi(u) = \dfrac{f(a + (b-a)u) - c}{d - c} \leqslant 1$。故只需求解 $[0,1]$ 区间上的标准定积分值，便可得 $I = \int_a^b f(x)\mathrm{d}x$。

2. 平均值法

此时 $f(x) \geqslant 0$ 即可，计算步骤为：

（1）产生 $U[0,1]$ 随机数 $r_n (n = 1, 2, 3, \cdots, N)$；

（2）用平均值 $\bar{I} = \dfrac{1}{N}\sum_{n=1}^{N}f(r_n)$ 作为 I 的近似值。

设随机变量 $R \sim U(0,1)$，令 $Y = f(R)$，则 $EY = \int_0^1 f(x)\mathrm{d}x = I$，所以

$$I = EY \approx \frac{1}{N}\sum_{n=1}^{N}f(r_n) \xlongequal{\triangle} \theta_2$$

即 θ_2 是 EY 的无偏估计量。可见，平均值的本质就是：先将积分 I 转为随机变量 $f(R)$ 的期望，随机数 $f(r_n), n = 1,2,\cdots,N$ 就是随机变量 $f(R)$ 的样本观测值，然后利用样本均值估计期望。

由于 $\mathrm{var}(\theta_1) = I(1-I)/N$，$\mathrm{var}(\theta_2) = \dfrac{1}{N}\int_0^1\left(f(x)-I\right)^2\mathrm{d}x = \dfrac{1}{N}[\int_0^1 f^2(x)\mathrm{d}x - I^2]$，因此 $\mathrm{var}(\theta_2) -$

$\mathrm{var}(\theta_1) = \dfrac{1}{N}\left[\int_0^1 f^2(x)\mathrm{d}x - I\right] \leqslant 0$，即方法 2 比方法 1 更有效。

平均值法推广：考虑定积分 $I_s = \int\cdots\int_{D_s}f(x_1,\cdots,x_s)\mathrm{d}x_1\cdots\mathrm{d}x_s$，其中 D_s 是积分区域。

计算步骤为：

（1）产生随机点 $r^{(n)} = (r_1^{(n)},\cdots,r_s^{(n)}) \sim U(D_s)$；

（2）$I_s \approx \bar{I} = \dfrac{D_s}{N}\sum_{n=1}^{N}f(x_1^{(n)},\cdots,x_s^{(n)})$。

算法如下：

（1）赋初值：ξ 落入 D_s 的次数 $m = 0$，试验次数 $n = 0$，并规定试验总次数 N。

（2）产生 s 个相互独立且服从 $[a,b]$ 区间上的均匀随机数 $\xi = (\xi_1,\cdots,\xi_s)$，置 $n = n+1$。

（3）判断 $n \leqslant N$ 是否成立，若成立转（4），否则停止抽样，转（5）。

（4）检验 s 维空间的点 ξ 是否落入积分区域 D_s，若 $\xi \in D_s$，置 $m = m+1$ 并令 $\eta_m = \xi$，计算 $f(\eta_m)$，转（2）；否则舍去 ξ，转（2），重新产生 k 维均匀随机数。

（5）$V_{D_s} \approx \dfrac{m}{N}(b-a)^k$，$E[f(\xi)\,|\,\xi \in D_s] \approx \dfrac{1}{m}\sum_{i=1}^{m}f(\eta_i)$，则 $I_k \approx \dfrac{1}{N}(b-a)^k\sum_{i=1}^{m}f(\eta_i)$。

平均值法的改进（重要抽样法）：

由于 $I = \int_0^1 g(x)\dfrac{f(x)}{g(x)}\mathrm{d}x$，其中 $g(x)$ 是某随机变量 X 的密度函数，因此

$$I = E(Z) \approx \frac{1}{N}\sum_{i=1}^{N}Z_i = \frac{1}{N}\sum_{i=1}^{N}\frac{f(x_i)}{g(x_i)} = \theta_3$$

其中 $Z = f(X)/g(X)$，也可写成

$$\theta_3 = \frac{1}{N}\sum_{i=1}^{N}f(x_i)\omega(x_i)$$

$\omega(x_i) = 1/g(x_i)$ 称为**重要抽样的权因**。重要抽样法的本质就是在对积分值贡献大的区域多抽样以提高效率。

显然 $E(\theta_3) = I$，当不是从均匀分布产生 r_i，而是从密度函数 $g(x)$ 产生 x_i 时，估计公式必须用权因子 $\omega(x_i)$ 修正。

显然 $\operatorname{var}(Z) = \int_0^1 \left(\dfrac{f(x)}{g(x)} - I \right)^2 g(x) \mathrm{d}x = \int_0^1 \dfrac{f^2(x)}{g(x)} \mathrm{d}x - I^2$。

若取 $g(x) = \dfrac{1}{I} f(x)$ 则 $\operatorname{var}(\theta_3) = \dfrac{1}{N} \operatorname{var}(Z) = 0$，即模拟试验结果方差为 0，但实际上 I 是未知量，无法选取 $g(x)$ 使得 $\operatorname{var}(\theta_3) = 0$，故只要求 $g(x)$ 是 $[0,1]$ 区间上的某个密度函数，当 $g(x) \sim U[0,1]$ 时，它就是平均值估计。一般应选取与 $f(x)$ 尽可能相近的密度函数 $g(x)$，使 $\dfrac{f(x)}{g(x)}$ 接近于常数，故而 $\operatorname{var}(\theta_3)$ 接近于 0，以达到降低模拟试验的方差。

平均值法的改进在 s 维中的推广：

设 $g(x_1, \cdots, x_s)$ 是 D_s 上的密度函数，令

$$Z(x_1, \cdots, x_s) = \begin{cases} \dfrac{f(x_1, \cdots, x_s)}{g(x_1, \cdots, x_s)}, & g(x_1, \cdots, x_s) \neq 0 \\ 0, & g(x_1, \cdots, x_s) = 0 \end{cases}$$

$$I_s = \int \cdots \int_{D_s} Z(x_1, \cdots, x_s) g(x_1, \cdots, x_s) \mathrm{d}x_1 \cdots \mathrm{d}x_s = E(Z(X_1, \cdots, X_s))$$

从联合分密度为 $g(x_1, \cdots, x_s)$ 的分布中随机抽取 N 个点 $(x_1^{(n)}, \cdots, x_s^{(n)})$，并计算

$$\eta_n = (x_1^{(n)}, \cdots, x_s^{(n)}), \quad n = 1, \cdots, N$$

则平均值

$$\bar{\eta} = \dfrac{1}{N} \sum_{n=1}^{N} Z(x_1^{(n)}, \cdots, x_s^{(n)})$$

若选取 $g(x_1, \cdots, x_s) \sim U(D)$，即

$$g(x_1, x_2, \cdots, x_s) = \begin{cases} \dfrac{1}{V_D}, & (x_1, x_2, \cdots, x_s) \in D \\ 0, & 其他 \end{cases}$$

其中 V_D 是区域 D 的体积；$Z(x_1, x_2, \cdots x_s) = V_D f(x_1, x_2, \cdots, x_s)$。首先产生区域 D 上的 s 维均匀随机数 $(r_1^{(n)}, \cdots, r_s^{(n)})$，则有

$$I_S \approx \dfrac{V_D}{N} \sum_{n=1}^{N} Z(r_1^{(n)}, r_2^{(n)}, \cdots, r_s^{(n)})$$

在实际问题中，积分区域 D 可以是很一般的 s 维区域。产生 D 上的均匀随机数及计算体积 V_D 都是一件不易的事情，处理的办法是取一充分大的一维区间

$$[a,b] \text{ s.t. } D \subset [a,b] \times [a,b] \times \cdots \times [a,b] = [a,b]^s$$

即长为 $b-a$ 的 s 维正方体区域把 D 包含在其中，只需产生 s 个在 $[a,b]$ 区间上相互独立的均匀随机数 $\xi_1, \cdots, \xi_s$，记 $\xi = (\xi_1, \cdots, \xi_s)$，可以证明，当 $\xi \in D$ 的条件下，ξ 在 D 内服从均匀分布。

对 D 内任一子区间 G 有

$$P(\xi \in G \mid \xi \notin D) = \frac{P(\xi \in G)}{P(\xi \in D)} = \frac{V_G}{b-a} \bigg/ \frac{V_D}{b-a} = V_G / V_D$$

其中 V_G 表示子区间 G 的体积，这说明在 $\xi \in D$ 的条件下，ξ 服从 D 内均匀分布。

$$E[f(\xi) \mid \xi \in D] = \frac{1}{V_D} \int \cdots \int_D f(x_1, \cdots, x_s) dx_1 \cdots dx_s = \frac{I_s}{V_D}, \quad I_s = E[f(\xi) \mid \xi \in D]$$

3. 分层抽样法

基本思想与重要抽样法一样，都是使对积分值贡献大的抽样更多出现，但它不改变原来的概率分布，而是将抽样区间分成一些小区间，在各个小区间的抽样点数根据贡献大小决定，以便提高抽样效率。步骤如下：

（1）用分点 a_i $(i = 0,1,\cdots,m)$ 将区间 $[0,1]$ 分成 m 个互不相交的子区间，其长度 $l_i = a_i - a_{i-1}$ $(a_0 = 0, a_1 = 1)$；

（2）产生 n_i 个均匀随机数 $U[a_{i-1}, a_i]$：$r_j^{(i)} = a_{i-1} + l_i r_j$，$j = 1,2,\cdots,n_i$，$r_j \sim U(0,1)$；

（3）计算 $I_i = \dfrac{l_i}{n_i} \sum\limits_{j=1}^{n_i} f(r_j^{(i)})$；

（4）计算 $\theta_4 = \sum\limits_{i=1}^{m} \dfrac{l_i}{n_i} \sum\limits_{j=1}^{n_i} f(r_j^{(i)})$；$\theta_4$ 则为 I 的近似解。

可见，用 M-C 方法计算定积分具有如下优点：收敛速度与维数无关；受积分区域的影响不大；程序结构简单，占用内存少。

缺点：伪随机数的均匀性影响随机变量的取值，进而影响结果；收敛速度慢；误差较大，且是概率误差，不是真正的误差。

为提高近似精度，可将 M-C 方法与其他有关数值方法结合，如一阶 Newton-Cotes。M-C 方法最适用求其他数值法不宜求解的高维问题。

5.5.2　实例分析

例 5.5.1　计算 $I = \int_0^1 e^x dx$。

在 R 语言中使用函数 integrate()即可获得积分结果，第一个参数为被积函数，第二个和三个参数分别为积分下限和上限。

```
f=function(x){exp(x)};
I=integrate(f,0,1);I          #数值积分
```

运行结果为：

1.718282 with absolute error < 1.9e-14

当积分结果需要用到其他运算中，可以通过提取积分值完成。R 程序如下：

```
a=I[1]$value;a          #提取积分值，赋值给变量 a
```

运行结果为：

[1] 1.718282

由于 $1 \leqslant \mathrm{e}^x \leqslant \mathrm{e}$ ，故转化为 $\dfrac{I-1}{\mathrm{e}-1}=\displaystyle\int_0^1 \dfrac{\mathrm{e}^x-1}{\mathrm{e}-1}\mathrm{d}x$ 。

（1）**随机投点法**。

```
m=1000;              #共模拟 m 次
n=1000;              #每次模拟中抽样 n 次
I1=c();
for(i in 1:1:m){
    s=0;
    for(j in 1:1:n){
        a=runif(1,0,1);b=runif(1,0,1);
        if(b<=(exp(a)-1)/(exp(1)-1)) {s=s+1};
    }
    I1[i]=s/n*(exp(1)-1)+1;
}
c(mean(I1),var(I1))
```

事实上，也可不用将被积函数值转化为 $[0,1]$ ，只须在长方形 $[0,1]\times[0,\mathrm{e}]$ 上随机投点即可，程序如下：

```
m=1000;n=1000;I1=c();
for(i in 1:1:m){
    s=0;
    for(j in 1:1:n){
        a=runif(1,0,1);b=runif(1,0,exp(1));
        if(b<=exp(a)) {s=s+1};
    }
    I1[i]=s/n*(1*exp(1));
}
c(mean(I1),var(I1))
```

（2）**平均值法**。

令 $X \sim U[0,1]$ ，密度函数记为 $f(x)$ ， $h(X)=\mathrm{e}^X$ ，则

$$E_f(h(X))=\int_0^1 \mathrm{e}^x \times \frac{1}{1}\mathrm{d}x=\int_0^1 \mathrm{e}^x \mathrm{d}x=I$$

```
m=1000;n=1000;I2=c();
for(i in 1:1:m){
    s=0;
    for(j in 1:1:n){
        x=runif(1,0,1);fx=exp(x);s=s+fx;
```

```
    }
    I2[i]=s/n;
}
c(mean(I2),var(I2))
```

如果每次抽样都将 $h(X)$ 的样本观测值记下，则程序可修改为

```
set.seed(0);   #随机数种子为 0,每次模拟结果一样
m=1000;n=1000;I2=c();
for(i in 1:1:m){
    s=0;
    for(j in 1:1:n){
        x=runif(1,0,1);fx=exp(x);s[j]=fx;
    }
    I2[i]=mean(s);
}
c(mean(I2),var(I2))
```

（3）**重要抽样法**。

由于 $e^x = 1 + x + \dfrac{x^2}{2!} + \cdots \approx 1 + x$，取 $g(x) = \dfrac{2}{3}(1+x)$，$x \in [0,1]$，显然，$g(x)$ 为密度函数，对

应的分布函数 $F(x) = \begin{cases} 0, & x < 0 \\ \dfrac{1}{3}x^2 + \dfrac{2}{3}x, & 0 \leqslant x < 1 \\ 1, & x \geqslant 1 \end{cases}$，反函数为

$$x = -1 + \sqrt{1+3y}, \ 0 \leqslant y \leqslant 1$$

令 $f(x) = e^x$，$Z = \dfrac{f(X)}{g(X)} = \dfrac{3e^X}{2(1+X)}$，则 $I = \dfrac{1}{N}\sum_{i=1}^{N} f(x_i)\dfrac{1}{g(x_i)}$，其中 $x_i \sim g(x)$。

```
m=1000;n=1000;I3=c();
for(i in 1:1:m){
    s=0;
    for(j in 1:1:n){
        x=(3*runif(1,0,1)+1)^(1/2)-1;
        s=s+exp(x)/(2*(1+x)/3);
    }
    I3[i]=s/n;
}
c(mean(I3),var(I3))
```

（4）分层抽样法。

将积分区域分成$[0,0.5]$和$[0.5,1]$两个小区间，靠近 0 的区域对积分值的贡献小，取 400 个点，靠近 1 的区域贡献大，取 600 个点。

```
m=1000;n=1000;I4=c();
for(i in 1:1:m){
    s1=0;s2=0;
    for(j in 1:1:400){
        x=runif(1,0,0.5);fx1=exp(x);
        s1=s1+fx1;
    }
    for(j in 1:1:n-400){
        x=runif(1,0.5,1);fx2=exp(x);
        s2=s2+fx2;
    }
    I4[i]=0.5*s1/400+0.5*s2/(n-400);
}
c(mean(I4),var(I4))
```

注意：1:1:n-400 与 1:1:(n-400)是不一样的。

计算结果见表 5.3。

表 5.3　几种计算结果表

模拟方法	均值	方差
随机投点法 I1	1.717 980 625 5	0.000 694 089 6
平均值法 I2	1.717 376 088 1	0.000 225 907 2
重要抽样法 I3	1.718 201e+00	2.692 045e-05
分层抽样法 I4	1.718 455e+00	6.114 973e-05

```
par(mfcol=c(1,2));hist(I1); hist(I2);
par(mfcol=c(1,2));hist(I3);hist(I4);
```

运行结果见图 5.3 和图 5.4。

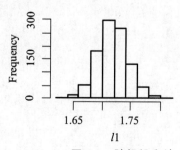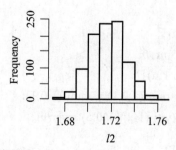

图 5.3　随机投点法（左）与平均值法（右）直方图

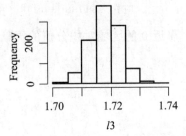
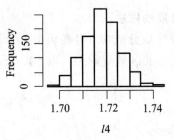

图 5.4　重要抽样法（左）与分层抽样法（右）直方图

$I = \int_0^1 e^x dx = e = 1.71828$，这些方法计算的 I 值与真实值很接近，而方差也都比较小，同时看出，$\mathrm{var}(I3) < \mathrm{var}(I4) < \mathrm{var}(I2) < \mathrm{var}(I1)$，说明 $I3$ 与 $I4$ 方法比 $I2$ 好，而 $I2$ 比 $I1$ 好，这也与理论推导相吻合。

例 5.5.2　圆周率的估计。

我们知道单位圆的面积是 π，但它的外切正方形的面积是 4。我们设想做两个鱼缸，一个是以单位圆为底的圆柱形鱼缸，而另一个是边长为 2 的正方形为底的方柱形鱼缸，且两鱼缸的高度相等。因此，将两个鱼缸注满水，则圆柱形鱼缸中中水的重量是方柱形鱼缸中水的重量的 $\pi/4$ 倍，将这个比例记为 p，于是 $\pi = 4p$。接下来的实验就是秤一下两鱼缸中水的重量就可计算出圆周率 π。实际上，我们所做的就是仿照上面思路，采用向如图 5.5 所示的平面随机投点的方法（例如可以撒一把黄豆）。只有点落入正方形中才算一次试验，而落在它之外的均不计数。投点落入图形中哪一点是完全随机的，由几何概率可知，在一次实验中投出的点落入单位圆内的机会是这个 1/4 单位圆与正方形的面积之比。我们做的实验是：投足够多的点，统计一下在整个试验中有多少次试验的投点落入 1/4 单位圆，进而估计圆周率 π。

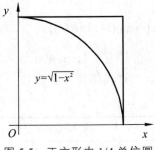

图 5.5　正方形内 1/4 单位圆

下面利用蒙特卡罗方法估计圆周率 π。假定 $y = f(x) = \sqrt{1-x^2}$，$0 \leqslant x \leqslant 1$，显然，正方形的面积为 1，1/4 单位圆的面积为 $\pi/4$，如果能用蒙特卡罗方法估计出 1/4 单位圆面积，就可近似得到 π 的估计值。

模拟思想如下：首先生成 n 对均匀随机数 (x_i, y_i)，假如 m 对随机数满足 $y \leqslant \sqrt{1-x^2}$，$0 \leqslant x \leqslant 1$，则 1/4 单位圆面积的估计值为 m/n。R 程序如下：

```
#估计圆周率，每次模拟 100000 次，共模拟 10 次
A=0;
for(j in 1:10){
    n=10^5;m=0;
    for(i in 1:n){
        x=runif(1,0,1);y=runif(1,0,1);
        if(y<=(1-x^2)^0.5) m=m+1;
    }
    A[j]=m/n*4;
```

```
}
A;c(mean(A),sd(A))    # A 为 10 次模拟的圆周率
```

某次模拟的结果如下：

[1] 3.13892 3.15052 3.14192 3.13816 3.14200 3.13992 3.14424 3.13464 3.13820

[10] 3.13168

[1] 3.140020000 0.005186315

可见，模拟效果不错，值得注意的是随机模拟的每次结果可能不一致，但差别不大。

例 5.5.3　求定积分 $\int_0^\pi \sin x\,dx$ 的值。

显然，有

$$\int_0^\pi \sin x\,dx = -\cos x\Big|_0^\pi = \cos x\Big|_\pi^0 = 1-(-1) = 2$$

R 程序如下：

```
# 随机投点法
m=0;n=5000;
t=seq(0,pi,by=0.01);plot(t,sin(t),type="l");
for(i in 1:n){
    x=runif(1,0,pi);y=runif(1,0,1);
    if(y<=sin(x)) {points(x,y,pch=20);m=m+1}
    else {m=m+0};
}
(m/n)*pi
```

运行结果如图 5.6 所示。

[1] 2.006849

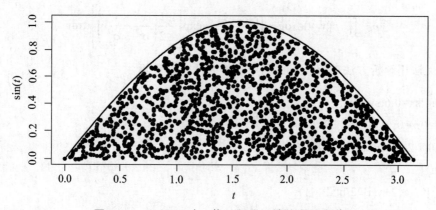

图 5.6　$n=1\,000$ 时，落入积分区域的点的图像

令 $X \sim U(0,\pi)$ ，密度函数为 $f(x)$ ，则 $E_f(\sin(X)) = \int_0^\pi \sin(x)\dfrac{1}{\pi}dx$ ，故

$$\int_0^\pi \sin(x)\mathrm{d}x = \pi E_f(\sin(X))$$

```
#样本均值法
s=0;n=5000;
for(i in 1:n){
    x=runif(1,0,pi);s=s+sin(x)
}
s/n*pi
```

一次运行结果为：

[1] 1.992015

可见，随机模拟的结果与实际结果几乎相同。

例 5.5.4　炮弹射击的目标为一椭圆形区域，在 X 方向半轴长 120 m，Y 方向半轴长 80 m。当向瞄准目标的中心发射炮弹时，在众多随机因素的影响下，弹着点服从以目标中心为均值的正态分布，在 X,Y 方向的的均方差分别为 60 m，40 m，且 X,Y 方向相互独立，求每颗炮弹在椭圆形区域内的概率。

解　设目标中心为 $x=0$，$y=0$，记 $a=120$，$b=80$，则椭圆形区域可表示为

$$\Omega : \frac{x^2}{a^2} + \frac{y^2}{b^2} \leqslant 1$$

记正态分布的概率密度为

$$p(x) = \frac{1}{\sqrt{2\pi}\sigma_x}\exp\left(-\frac{x^2}{2\sigma_x^2}\right), \quad p(y) = \frac{1}{\sqrt{2\pi}\sigma_y}\exp\left(-\frac{y^2}{2\sigma_y^2}\right)$$

其中 $\sigma_x = 60$，$\sigma_y = 40$。由 X,Y 方向相互独立，则 $p(x,y) = p(x)p(y)$。于是，炮弹命中椭圆形区域的概率为二重积分

$$p = \iint_\Omega p(x,y)\mathrm{d}x\mathrm{d}y = \iint_\Omega \frac{1}{2\pi\sigma_x\sigma_y}\exp\left[-\frac{1}{2}\left(\frac{x^2}{\sigma_x^2} + \frac{y^2}{\sigma_y^2}\right)\right]\mathrm{d}x\mathrm{d}y$$

这个积分无法用解析方法求解，下面利用蒙特卡罗方法计算。

```
a=1.2;b=0.8;sx=0.6;sy=0.4;
n=10^5;m=0;z=0;
x=runif(n,0,1.2);y=runif(n,0,0.8);
for(i in 1:n){
    if (x[i]^2/a^2+y[i]^2/b^2<=1)
    {u=exp(-0.5*(x[i]^2/sx^2+y[i]^2/sy^2));z=z+u;m=m+1;}
}
p=4*a*b*z/2/pi/sx/sy/n;p
```

重复运行 5 次，计算结果分别为：

0.863 138 2，0.864 015 7，0.868 157 2，0.863 003 8，0.861 551 5

可以看出，用蒙特卡罗方法可以计算被积函数非常复杂的定积分、重积分，并且没有维数限制，但它的缺点是计算量大，结果具有随机性，精度较低。

5.6　蒙特卡罗方法与反常积分

本节研究 M-C 方法与反常积分间的关系，并结合 R 软件进行实例分析。

讨论瑕积分 $I = \int_a^b f(x)\mathrm{d}x$ ，b 为瑕点，

$$I = \lim_{\varepsilon \to 0+} \int_a^{b-\varepsilon} f(x)\mathrm{d}x \approx \lim_{\varepsilon \to 0+} \frac{b-\varepsilon-a}{N} \sum_{i=1}^N f(x_i) = \frac{b-a}{N} \sum_{i=1}^N f(x_i)$$

随着模拟次数 N 的不同，如果计算的数值不收敛，则瑕积分 I 发散；如果计算的数值收敛，则收敛值就是积分值 I 。

对于反常积分 $I = \int_a^\infty f(x)\mathrm{d}x$ ，有

$$I = \lim_{b \to \infty} \int_a^b f(x)\mathrm{d}x \approx \lim_{b \to \infty} \frac{b-a}{N} \sum_{i=1}^N f(x_i)$$

当 b 充分大时，随着 b 的不同，如果计算的数值不收敛，则瑕积分 I 发散；如果计算的数值收敛，则收敛值就是积分值。

对于反常积分的随机模拟是非常复杂的，因为当 b 充分大时，抽样次数难以控制，即使很大，效率也是非常低的。

例 5.6.1　计算瑕积分 $I = \int_0^1 \frac{1}{\sqrt{1-x^2}}\mathrm{d}x$ 。

```
m=1000;n=10^1;I=c();
for(i in 1:1:m){
    s=0;
    for(j in 1:1:n){
        x=runif(1,0,1);fx=1/(1-x^2)^0.5;s=s+fx;
    }
    I[i]=s/n;
}
mean(I);var(I)
```

模拟结果见表 5.4。

表 5.4　收敛瑕积分结果

n	10	100	1 000	10 000	精确值
均值	1.551 509	1.584 438	1.570 127	1.572 084	$\pi/2$
方差	0.301 742 9	0.106 150 6	0.004 787 37	0.004 098 43	

例 5.6.2　计算瑕积分 $I = \int_0^1 \dfrac{1}{1-x^2} \mathrm{d}x$ 。

```
m=1000;n=10;I=c();
for(i in 1:1:m){
    s=0;
    for(j in 1:1:n){
        x=runif(1,0,1);fx=1/(1-x^2);
        s=s+fx;
    }
    I[i]=s/n;
}
c(mean(I),var(I))
```

模拟结果见表 5.5。

表 5.5　发散瑕积分结果

n	10	100	1 000	10 000
均值	5.511 324	12.176 25	10.637 14	4.455 196e+01
方差	420.455 365	25 612.536 53	3 090.841 55	1.281 319e+06

显然模拟结果振荡，不收敛，即瑕积分是发散的，由于模拟误差是概率误差，不是真正的误差，所以随机数的质量严重影响模拟结果，具有很大偶然性。若随机数分散，则方差就会变得极其不稳定。

例 5.6.3　计算反常积分 $I = \int_0^{+\infty} \dfrac{1}{1+x^2} \mathrm{d}x$ 。

$$I = \int_0^{+\infty} \frac{1}{1+x^2} \mathrm{d}x = \lim_{b \to \infty} \int_0^b \frac{1}{1+x^2} \mathrm{d}x = \lim_{b \to \infty} \arctan(b) - \arctan(0) = \frac{\pi}{2}$$

记 $I_b = \int_0^b \dfrac{1}{1+x^2} \mathrm{d}x$ ，令 $b = 100$ ，采用样本均值法进行随机模拟：

```
b=10^2;                    #充分大
s=0;n=10^6;
for(i in 1:n){
```

```
x=runif(1,0,b);s=s+1/(1+x^2);
}
```

s/n*b   #积分 Ib 的模拟值
I1=atan(b)-atan(0);I1   #积分 Ib 的精确值
I=pi/2;I   #所求积分 I 的精确值

一次运行结果为：

[1] 1.545573   [1] 1.560797   [1] 1.570796

这表示积分 I_b 的精确值为 1.560 797，一次模拟值为 1.545 573，所求积分 I 的精确值为 1.570 796。

令 $b = 1\,000$，采用样本均值法再进行一次随机模拟可得：积分 I_b 的精确值为 1.569 796，一次模拟值为 1.581 949，所求积分 I 的精确值 1.570 796。进一步模拟可知，直接采用样本均值法，模拟方法的波动还是较大的，可考虑重要性抽样方法。因此，可猜测反常积分 I 收敛。至于定论如何，需要进一步理论分析与随机模拟。

随机模拟在科学研究中，常常被作为探索性试验。假设科学家有了一个新的模型或技术的想法，但又不知道它的效果如何，所以还没有对其进行深入的理论分析，这时就可利用随机模拟方法去判断新模型或技术的性能。如果模拟获得了好的结果，再进行深入的理论分析并对模型进行完善；如果模拟发现了模型的缺点，也可以进行针对性的修改，或者考虑转用其他解决方法。

习题 5

1. 讨论随机种子的作用并给出 R 软件控制方法。

2. 用逆变换法生成以下密度函数的随机变量，并写出 R 程序。

（1）$f(x) = \dfrac{x-2}{8}$，$2 < x \leqslant 6$；

（2）$f(x) = 4x(1-x^2)$，$0 < x < 1$；

（3）Logistic 分布 $f(x) = \dfrac{\exp(-x)}{[1+\exp(-x)]^2}$，$x \in \mathbf{R}$；

（4）$f(x) = \dfrac{\mathrm{e}^x}{\mathrm{e}-1}$，$0 \leqslant x \leqslant 1$。

3. 利用 M-C 计算定积分 $\displaystyle\int_0^2 2x^2 \mathrm{d}x$，并分析试验误差。

4. 分别用确定性方法和 M-C 方法求积分 $\displaystyle\int_0^1 \sin^2\left(\dfrac{1}{x}\right)\mathrm{d}x$ 的值并讨论优缺点。

5. 请举例说明，如果分层不合理，也可能使得抽样效果变差。就是说，若在分配抽样次数时，贡献大的抽样次数反而少，则可能出现分层抽样给出的估计方法比样本平均值给出的估计方差还大。

6. 设 X 服从柯西分布，其密度函数为

$$f(x) = \frac{1}{\pi(1+x^2)}, \ x \in \mathbf{R}$$

记 $\theta = P(X > 2)(= 0.1476)$，考虑以下三个 θ 的估计：

（1）$\hat{\theta}_1 = \frac{1}{n}\sum_{i=1}^{n}\varphi_1(x_i)$，其中 $\varphi_1(x) = \begin{cases} 1, & x > 2 \\ 0, & \text{其他} \end{cases}$，而 $x_1, \cdots, x_n$ 是来自柯西分布的样本。

（2）$\hat{\theta}_2 = \frac{1}{n}\sum_{i=1}^{n}\varphi_2(x_i)$，其中 $\varphi_2(x) = \begin{cases} 1/2, & |x| > 2 \\ 0, & \text{其他} \end{cases}$，而 $x_1, \cdots, x_n$ 是来自柯西分布的样本。

（3）$\hat{\theta}_1 = \frac{1}{n}\sum_{i=1}^{n}\varphi_3(x_i)$，其中 $\varphi_3(x) = \frac{1}{2}f(x)$，而 $x_1, \cdots, x_n$ 是来自 $U(0, 0.5)$ 的样本。

试证明：$\hat{\theta}_i, \ i = 1, 2, 3$ 都是 θ 的无偏估计，并比较它们的方差。

7. 利用重要抽样法探讨反常积分 $I = \int_{0}^{+\infty} \frac{1}{1+x^2}\mathrm{d}x$。

6 随机模拟实验

在统计分析的推断中，很多感兴趣的量都可表示为某随机变量函数的期望

$$\mu = E_f[h(X)] = \int_\chi h(x)f(x)\mathrm{d}x$$

其中 f 为随机变量 X 的密度函数，χ 是随机变量 X 的样本空间。当 $X_1,\cdots,X_n$ 是总体 f 的简单随机样本时，由大数定律可知，具有相同期望和有限方差的随机变量的平均值收敛于其共同的均值。当 $m \to \infty$ 时，

$$\hat{\mu}_{\mathrm{MC}} = \frac{1}{m}\sum_{i=1}^{m} h(X_i) \to E_f[h(X)], \mathrm{a.s}$$

故 $\overline{\mu}_{\mathrm{MC}} = \frac{1}{m}\sum_{i=1}^{m} h(x_i)$ 可作为 $E_f[h(X)]$ 的估计值，即利用样本均值估计期望，这就是**蒙特卡罗方法的平均值法**。它与 X 的维数无关，这一基本特征奠定了 M-C 在科学和统计领域中潜在的作用。**蒙特卡罗方法**又称**随机模拟**，简单实用，已经被广泛应用在各个领域，是当今科学与技术各领域中有力的研究手段。

本章主要对一些随机系统进行模拟，并给出了 R 程序代码供读者参考。

6.1 古典概型实验

本节主要利用 R 软件研究古典概型的随机模拟，希望起到抛砖引玉的作用。

6.1.1 掷骰子实验

1. 投掷一对均匀骰子的概率分布

投掷一对均匀骰子，求下列事件的概率：
（1）点数和小于 6；
（2）点数和等于 8；
（3）点数和是偶数。

解 显然有

$$P_1 = \frac{C_4^1 + C_3^1 + C_2^1 + C_1^1}{6^2} = \frac{10}{36} = \frac{5}{18}, \quad P_2 = \frac{5}{6^2} = \frac{5}{36}, \quad P_3 = \frac{1}{2}$$

下面进行随机模拟，R 程序如下：

```
zp=c(5/18,5/36,1/2);                    #真实概率
n=10^6;m1=0;m2=0;m3=0;
x1=1:6;p1=rep(c(1/6),c(6));             #离散随机变量概率分布
for(i in 1:n){
    x=sample(x1,2,p=p1,replace=TRUE);   #有放回抽样
    if(x[1]+x[2]<6) m1=m1+1;
    if(x[1]+x[2]==8) m2=m2+1;
    if((x[1]+x[2])%%2==0) m3=m3+1;      # %%为取余运算
}
p=c(m1/n,m2/n,m3/n);p
```

一次运行结果为：

[1] 0.278466 0.138589 0.500066

　　显然，所求概率的模拟值与真值非常接近，误差比较小。可见，随机模拟方法得到的结论是非常具有参考价值的。实际上，随机模拟在科学研究中一个很重要的作用就是试探性研究。当人们得到一个新的模型或技术时，可利用随机模拟方法大致探讨它们的性能，如果效果不错，可进一步深入理论分析与研究；如果效果较差，则意味着新模型或新技术存在较大缺陷，需要修订，甚至需要更换。也许读者会说，这个题目很简单，直接求解就可以。但是，我们把题目稍微修改下，即投掷 3 个均匀骰子，所求事件不变，这时候，如果采用解析求解就非常麻烦，但采用随机模拟方法就非常简单，只需将程序中代码做如下更换即可。

```
n=10^6;m1=0;m2=0;m3=0;
x1=1:6;p1=rep(c(1/6),c(6));             #离散随机变量概率分布
for(i in 1:n){
    x=sample(x1,3,p=p1,replace=TRUE);
    if(x[1]+x[2]+x[3]<6) m1=m1+1;
    if(x[1]+x[2]+x[3]==8) m2=m2+1;
    if((x[1]+x[2]+x[3])%%2==0) m3=m3+1;  # %%为取余运算
}
p=c(m1/n,m2/n,m3/n);p
```

一次运行结果为：

[1] 0.046331 0.097156 0.498480

　　可见，随机模拟通过计算机仿真随机系统的运行来获得系统的状态变化与输出的大量数据，进而对所得数据进行统计分析，在误差可接受的范围内，估算出系统行为的特征量。

　　进一步可求出投掷一对均匀骰子的概率分布。令 X、Y 分别表示两个骰子出现的点数，显然，随机变量 X,Y 是相互独立的。对于任意一个骰子来说出现的点数有 6 种可能且是等可

能的，我们的目标是求两枚骰子出现点数之和的概率分布，不妨令 $Z = X + Y$，取值范围为 $2,3,\cdots,12$，则

$$P\{Z = 2\} = P\{X = 1, Y = 1\} = P\{X = 1\}P\{Y = 1\} = \frac{1}{6} \times \frac{1}{6} = \frac{1}{36};$$

$$P\{Z = 3\} = P\{X = 1, Y = 2\} + P\{X = 2, Y = 1\} = \frac{1}{36} + \frac{1}{36} = \frac{2}{36} = \frac{1}{18};$$

$$P\{Z = 4\} = P\{X = 1, Y = 3\} + P\{X = 2, Y = 2\} + P\{X = 3, Y = 1\} = \frac{3}{36} = \frac{1}{12};$$

……

同理可得随机变量 Z 取其他值的概率，即

$$Z \sim \begin{pmatrix} 2 & 3 & 4 & 5 & 6 & 7 & 8 & 9 & 10 & 11 & 12 \\ \frac{1}{36} & \frac{1}{18} & \frac{1}{12} & \frac{1}{9} & \frac{5}{36} & \frac{1}{6} & \frac{5}{36} & \frac{1}{9} & \frac{1}{12} & \frac{1}{18} & \frac{1}{36} \end{pmatrix}$$

R 程序如下：

```
n=10^6;
x1=1:6;p1=rep(c(1/6),c(6));
x=sample(x1,n,p=p1,replace=TRUE);
y=sample(x1,n,p=p1,replace=TRUE);
z=x+y;
m=table(z);
v=as.data.frame(t(table(z)))[,c(2,3)]
freq=v[,2];
mp=(freq/n);mp
p=c(1/36,1/18,1/12,1/9,5/36,1/6,5/36,1/9,1/12,1/18,1/36);
wc=mp-p;wc
```

一次运行结果如下：

```
 [1] 0.027723 0.055691 0.083563 0.111072 0.139116 0.166128 0.139523 0.111034
 [9] 0.083294 0.055149 0.027707
 [1] -5.477778e-05   1.354444e-04   2.296667e-04 -3.911111e-05   2.271111e-04
 [6] -5.386667e-04   6.341111e-04  -7.711111e-05 -3.933333e-05  -4.065556e-04
[11] -7.077778e-05
```

从上面的结果可以看出，随机模拟运行出的结果与实际结果的误差不大，因此这次模拟是比较成功的。

2. 双骰子游戏

有一种游戏是用两个骰子玩的。参加的人掷两个骰子，如果结果（两枚骰子面上的点数

之和）是 7 或 11，他就赢了。如果结果是 2，3 或 12，他就输了。假如其他结果，他必须继续投掷，直到分出输赢。

　　理论上讲，这个游戏可能永远玩不完。下面通过随机模拟方法估计玩家赢的可能性。

```
n=10^5;                        #模拟次数
m=0;
x1=1:6;p1=rep(c(1/6),c(6));    #离散随机变量概率分布
M=0;
for(i in 1:n){
    k=0;
    aa=3;          #赋予初值，不能是 0 或 1
    while(aa!=1&aa!=0){
            x=sample(x1,2,p=p1,replace=TRUE);
            a=sum(x);
            if(a==7|a==11) aa=1;
            if(a==2|a==3|a==12) aa=0;
            k=k+1;
    }
    M[i]=k;        #第 i 次游戏次数
    if(aa==1) m=m+1;
}
M;
c(m/n,max(M))
```

　　一次运行结果为：

[1]　0.66542 27.00000

　　可见，玩家赢的概率大约为 0.665 42，在 10^5 次的模拟中，游戏次数最多为 27 次。

　　如果我们规定，每次赌博最多掷 10 次骰子，如果仍未分出胜负，则为平局，重新开始赌博。显然，玩家赢的可能性与前面方法相同。

```
n=10^5;          #模拟次数
m1=0;            #玩家赢的次数
m2=0;            #玩家输的次数
x1=1:6;p1=rep(c(1/6),c(6));        #离散随机变量概率分布
M=0;
for(i in 1:n){
    k=0;
    aa=3;          #赋予初值，不能是 0 或 1
    A=10;          #游戏次数上限
    for(j in c(1:A)){
```

```
        x=sample(x1,2,p=p1,replace=TRUE);
        a=sum(x);
        if(a==7|a==11){aa=1;break;}
        if(a==2|a==3|a==12) {aa=0;break;}
    }
    M[i]=j;        #第 i 次游戏次数
    if(aa==1) m1=m1+1;
    if(aa==0) m2=m2+1;
}
m=c(m1,m2,n-m1-m2);mp=m/n;
m;mp
```

一次模拟结果为：

[1] 65640 32582   1778
[1] 0.65640 0.32582 0.01778

3. 巴黎沙龙问题

设 X 是投掷均匀骰子第一次得到 6 的次数，这等价于投掷 6 个骰子的平均值，对吗？模拟这个实验得到 X 的直方图，并估计 X 的期望。

```
n=10000;        #模拟次数
x1=1:6;p1=rep(c(1/6),c(6));        #离散随机变量概率分布
xm=0;X=0;
for(j in 1:n){
    x=0;i=0;
    #一次样本观测值
    while(x!=6){
        x=sample(x1,1,p=p1,replace=TRUE);
        i=i+1;
        xm[i]=x; #记录每次模拟的样本轨迹
    }
    X[j]=i;
}
jg1=c(mean(X),sd(X));jg1
#投掷 6 枚骰子平均值的模拟实验
Y=0;
for(k in 1:1:n){
    y=sample(x1,6,p=p1,replace=TRUE);
    Y[k]=mean(y);
}
```

```
jg2=c(mean(Y),sd(Y));jg2
par(mfcol=c(1,2));
hist(X);hist(Y)
```

一次模拟结果为：

[1] 6.045500 5.549172

[1] 3.5058667 0.6946522

生成的直方图如图 6.1 所示。

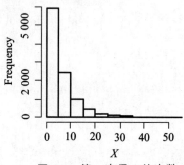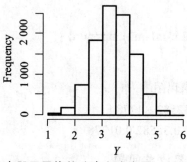

图 6.1　第一次得 6 的次数（左）与 6 个骰子平均值（右）直方图

显然，这种说法是不对的，因为随机变量 X 的期望约为 6.045 500，标准差约为 5.549 172，投掷 6 个骰子的平均值约为 3.505 866 7，标准差约为 0.694 652 2。

假如你会下注 10 元，如果 4 次投骰子没有出现 6，你将赢得这 10 元。模拟这个实验并给出实验报告。

```
#估计玩家赢的概率
n=10000;
m=0;    #赢得实验的次数
x1=1:6;p1=rep(c(1/6),c(6));
for(i in 1:n){
    x=sample(x1,4,p=p1,replace=TRUE);
    if(max(x)<6) m=m+1;
}
mp=m/n;mp
```

一次运行结果为：

[1] 0.4831

试运行下面程序，读者有什么发现？

```
#估计玩家赢的概率
n=10000;
m=0;    #赢得实验的次数
x1=1:6;p1=rep(c(1/6),c(6));
set.seed(0);
```

```
for(i in 1:n){
    x=sample(x1,4,p=p1,replace=TRUE);
    if(max(x)<6) m=m+1;
}
mp=m/n;mp
```

一次运行结果为：

[1] 0.4794

通过 10 000 次模拟，玩家大约有 48%的可能赢得这 10 元钱，可见，如果长时间玩对玩家是不利的。

6.1.2 抽样模型实验

1. 抽取灯泡

盒中有 6 只灯泡，其中 2 只次品，4 只正品，现从中有放回的抽取两次（每次抽出一只），求下例事件的概率：

（1）A 是两次抽到的都是次品。

（2）B 是一次抽到次品，另一次抽到正品。

解 显然有

$$P(A)=\frac{2}{6}\times\frac{2}{6}=\frac{1}{9}\ , \quad P(B)=\frac{2}{6}\times\frac{4}{6}+\frac{4}{6}\times\frac{2}{6}=\frac{4}{9}$$

下面进行随机模拟，不妨设编号 1，2 为次品，编号 3，4，5，6 为正品，R 程序为

```
n=10000;
x1-1:6;p1-rep(c(1/6),c(6));
y1=sample(x1,n,p=p1,replace=TRUE);
y2=sample(x1,n,p=p1,replace=TRUE);
m1=0;m2=0;
for(i in 1:n){
    if(y1[i]<=2 & y2[i]<=2) m1=m1+1
    else m1=m1+0;
    if(y1[i]>2 & y2[i]<=2) m2=m2+1
    else if(y1[i]<=2 & y2[i]>2) m2=m2+1
    else m2=m2+0;
}
mp=c(m1/n ,m2/n);mp
```

一次运行结果为：

[1] 0.1170 0.4459

2. 摸球实验

袋中有 10 个球，其中白球 7 只，黑球 3 只。分三次取球，有放回，每次取一个，分别求：

（1）第三次摸到了黑球的概率；

（2）第三次才摸到黑球的概率；

（3）三次都摸到了黑球的概率。

解 当有放回地摸球时，由于三次摸球互不影响，因此，三次摸球相互独立，从理论上可得：

（1）第三次摸到黑球的概率为 $\dfrac{3}{10}=0.3$；

（2）第三次才摸到黑球的概率为 $\dfrac{7}{10}\times\dfrac{7}{10}\times\dfrac{3}{10}=0.147$；

（3）三次都摸到黑球的概率为 $\dfrac{3}{10}\times\dfrac{3}{10}\times\dfrac{3}{10}=0.027$。

假定黑球记为 1，白球记为 0，则三次摸球相当于进行了三次 $B(1,0.3)$ 试验，程序运行如下：

```
a1=rbinom(10^6,1,0.3);        #第 1 次摸球
a2=rbinom(10^6,1,0.3);        #第 2 次摸球
a3=rbinom(10^6,1,0.3);        #第 3 次摸球
c=0;b=0;
for(i in 1:6){
    b=a3[1:10^i];
    c[i]=sum(b)/(10^i);
}
c #第三次摸到了黑球的频率
d=0;
for(i in 1:6){
    b=(!a1[1:10^i])&(!a2[1:10^i])&a3[1:10^i];
    d[i]=sum(b)/(10^i);
}
d #第三次才摸到了黑球的频率
e=0;
for(i in 1:6){
    b=a1[1:10^i]&a2[1:10^i]&a3[1:10^i];
    e[i]=sum(b)/(10^i);
}
e #三次都摸到了黑球的频率
```

一次模拟结果为：

```
[1] 0.100000 0.300000 0.302000 0.296400 0.297930 0.299883
```

[1] 0.100000 0.120000 0.131000 0.143000 0.147240 0.147199

[1] 0.000000 0.030000 0.039000 0.028600 0.026350 0.026847

执行的结果可以看到，随着试验次数的增加，其频率会逐渐稳定在理论值附近。

当下放回时，由于第二次摸球会受到第一次的影响，而第三次摸球又会受到第二次摸球的影响，因而三次摸球相互影响，并不独立。从理论上可求得：

（1）第三次摸到黑球的概率为 $\frac{7}{10}\times\frac{6}{9}\times\frac{3}{8}+\frac{7}{10}\times\frac{3}{9}\times\frac{2}{8}+\frac{3}{10}\times\frac{7}{9}\times\frac{2}{8}+\frac{3}{10}\times\frac{2}{9}\times\frac{1}{8}=0.3$；

（2）第二次才摸到黑球的概率为 $\frac{7}{10}\times\frac{6}{9}\times\frac{3}{8}=0.175$；

（3）三次都摸到黑球的概率为 $\frac{3}{10}\times\frac{3}{9}\times\frac{1}{8}=0.008$。

用计算机模拟该过程时，生成均匀随机数 $U[0,1]$，当值小于 0.7 时认为摸到了白球，否则认为摸到了黑球；第二次摸球时由于少了一个球，故可认为在区间长度为 0.9 的区间上生成均匀随机数，如果第一次摸到白球，可将区间设为 $[0.1,1]$，否则设为 $[0,0.9]$；第三次摸球可依次类推。模拟程序运行如下：

```
b1=runif(10^6,0,1);
b2=runif(10^6,0,1);
b3=runif(10^6,0,1);
a1=round(b1-0.2,digits=0);
a2=round(b2*0.9-0.2-0.1*(a1-1),digits=0);
a3=round(b3*0.8-0.2-0.1*(a1-1)-0.1*(a2-1),digits=0);
c=0;b=0;
for(i in 1:6){
    b=a3[1:10^i];
    c[i]=sum(b)/(10^i);
}
c #第三次摸到了黑球的频率
d=0;
for(i in 1:6){
    b=(!a1[1:10^i])&(!a2[1:10^i])&a3[1:10^i];
    d[i]=sum(b)/(10^i);
}
d #第三次才摸到了黑球的频率
e=0;
for(i in 1:6){
    b=a1[1:10^i]&a2[1:10^i]&a3[1:10^i];
    e[i]=sum(b)/(10^i);
}
e #三次都摸到了黑球的频率
```

一次运行结果为：

[1] 0.100000 0.300000 0.300000 0.291400 0.297220 0.300198

[1] 0.100000 0.170000 0.155000 0.166100 0.174340 0.175428

[1] 0.000000 0.000000 0.014000 0.009400 0.007490 0.008213

上面的程序代码比较难理解，可改进如下：

```
n=10^6;m1=0;m2=0;m3=0;
y=c(1,1,1,1,1,1,1,0,0,0); #1,0 分别表示白球、黑球
p1=rep(c(1/10),c(10));
for(i in 1:1:n){
    x=sample(y,3,p=p1,replace=F);
    if(x[3]==0) m1=m1+1;
    if(x[1]==1&x[2]==1&x[3]==0) m2=m2+1;
    if(sum(x)==0) m3=m3+1;
}
c(m1/n,m2/n,m3/n)
```

一次运行结果为：

[1] 0.299779 0.175018 0.008286

6.1.3 其他古典概型实验

1. 破译密码

三个人独立地破译一个密码，他们能译出的概率分别是 0.2，1/3，0.25。求密码被破译的概率。

解 设 A = "密码被破译"，则

$$P(A) = \frac{1}{5} + \frac{1}{3} + \frac{1}{4} - \frac{1}{5} \times \frac{1}{3} - \frac{1}{3} \times \frac{1}{4} - \frac{1}{5} \times \frac{1}{4} + \frac{1}{5} \times \frac{1}{3} \times \frac{1}{4} = \frac{3}{5}$$

下面进行随机模拟，R 程序为：

```
n=10^4;m=0;
set.seed(0);
for(i in 1:n){
    a=rbinom(1,1,0.2);b=rbinom(1,1,1/3);c=rbinom(1,1,0.25);
    if(a+b+c>=1) m=m+1
    else m=m+0;
}
mp=m/n;mp
```

一次运行结果为：

[1] 0.6003

2. 天气问题

若每天下雨的概率为 0.5，则一周内至少有连续三天及以上下雨的概率。答案为 $\dfrac{47}{128} = 0.367\,2$，具体分析如下：

这是一个古典概率问题，样本空间有 $2^7 = 128$ 个样本点，所求事件可分为：

（1）7 天连续下雨，1 种情况；

（2）6 天连续下雨，1+1=2 种情况；

（3）5 天连续下雨，2+1+2=5 种情况；

（4）4 天连续下雨，4+2+2+4=12 种情况；

（5）3 天连续下雨，8+4+4+4+8-1=27 种情况。

综上所述，所求事件包含的样本点个数为 47。

模拟程序如下：

```
p=0.5;N=10^5;s=0;
for(n in 1:N){
        y=0;c=0;
        for(t in 1:7){
                if(runif(1,0,1)>p) c=c+1
                else {c=0};
                if(c==3) {y=1;break}
                else {y=0};
        }
        s=s+y;
}
mp=s/n;mp
```

一次运行结果为：

[1] 0.36438

这个程序直观，但较为繁琐，还可以优化，比如：

```
s=0;N=10^5;
for(i in 1:N){
        a=rbinom(7,1,0.5);
        b=which(a==1);          #找出下雨天的序号
        c=diff(b);              #相连的两个下雨天之间相隔了几天
        d=which(c==1);          #找出只有相隔一天的序号
        e=diff(d);
```

```
if(length(which(e==1))>=1) s=s+1;
}
s/N
```

一次运行结果为：

[1] 0.36808

3. 生日问题

某班级有 n 个人（ $n \leqslant 365$ ），问至少有两个人的生日在同一天的概率为多少？

解 假定一年按 365 天计算，由于每一个人在 365 天的每一天过生日都是等可能的，所以 n 个人可能的生日情况为 365^n 种，且每一种出现的可能性是相等的。设 $A=$ " n 个人中至少有两个人的生日相同"， $B=$ " n 个人的生日全不相同"，显然， $B=\bar{A}$ ，且 B 所包含的样本点数为

$$365 \times 364 \times \cdots \times (365-n+1) = \frac{365!}{(365-n)!}$$

因此

$$P(\bar{A}) = P(B) = \frac{365!}{365^n(365-n)!}, \quad P(A) = 1 - \frac{365!}{365^n(365-n)!}$$

如果直接计算公式的分子与分母，分子与分母的计算都会溢出。只要改用如下计算次序就可以解决这个问题：

$$P(A) = 1 - \prod_{i=0}^{n-1} \frac{365-i}{365}$$

这个例子是历史上有名的生日问题，直接求 $P(A)$ 比较麻烦，而利用对立事件求解就简单多了。

```
n=10;x=seq(by=-1,365,(365-n+1))/365;
PA1=1-prod(x);PA1
PA2=1-factorial(365)/(365^n*factorial(365-n));PA2
[1] 0.1169482
Warning messages:
1: In factorial(365) : value out of range in 'gammafn'
2: In factorial(365 - n) : value out of range in 'gammafn'
[1] NaN
```

随机模拟的 R 程序如下：

```
n=10^4;k=10;m=0;
for(i in 1:n){
    x=sample(1:365,k,rep=TRUE);
```

```
b=table(x);    #b 为带元素名向量, 向量名为因素, 取值为频数
    if(max(b)>1) m=m+1;
}
m/n
```

一次运行结果为:

[1] 0.1191

提示: 如果一个排序序列的差分中含有 0, 则此序列中一定有两个相同的数字。

4. 商品优惠券

在生活中, 我们常常会遇到某些食品商家采用一种游戏的方式提供商品的优惠券。商家在每件商品中附有一张优惠券, 每张券上只印一个字, 商家要求消费者筹齐所有子即可享受优惠。通常这些字可拼出一句话, 那句话往往是商家的广告语或品牌名称。

现在我们以 6 个字为例, 假如它们是"河南赊店老酒", 并且这 6 个字的商品是相等数量的。那么, 消费者享受到此优惠的可能性有多大呢? 显然, 买得越多获得优惠的机会就越大。如果消费者购买了 12 件商品后能获得优惠的可能性有多大? 请利用随机模拟方法回答此问题。

将这 6 个字依次编号为 1～6 的数字。消费者每购买一件商品, 他得到的那个字就相当于 1～6 上的一个均匀离散随机数。这样, 我们可以用生成随机数的方法模拟获得优惠券的情况。

```
a=12;              #购买的件数
n=10^5;            #模拟次数
m=0;
for(i in 1:n){
    x=sample(1:6,a,rep=TRUE);
    #排序, 差分, 如果序列中有 5 个 1,则集齐 6 个字
    x1=sort(x);
    x2=diff(x1);
    if(length(x2[x2==1])==5) m=m+1;
}
m;m/n
```

一次模拟结果为:

[1] 43736
[1] 0.43736

这表明购买 12 件商品得优惠的可能性大约为 0.437 36。模拟结果还可以告诉我们, 都买 36 件商品后获得优惠的可能性已高大 0.99。

当然, 实际的情况是 6 个字的商品数量并不是相等的, 常常是某个子的商品数量要少得多, 这样获得优惠的可能性就大大降低了。例如, 假设最后那个字的商品数量减少一半, 其他字的商品数量相等。

```
a=12;                 #购买的件数
n=10^5;               #模拟次数
m=0;
pp=(1-1/12)/5;
p=c(pp,pp,pp,pp,pp,1/12); #6 个字的概率分布
for(i in 1:n){
    x=sample(1:6,a,p,rep=TRUE);
    x1=sort(x);
    x2=diff(x1);
    if(length(x2[x2==1])==5) m=m+1;
}
m;m/n
```

一次运行结果为：

[1] 36052
[1] 0.36052

2015 年春节，支付宝发起了集齐五福送大礼活动，但敬业福特别少，常常一福难求，这最终导致获奖人数大减，在红包总量一定的情况下，每个中奖的红包就比较大。不过，对于一般商家而言，这样做的主要目的是为了降低推广成本。

6.2 几何概型实验

早在概率论发展初期，人们就认识到，只考虑有限个等可能样本点的古典方法是不够的. 把等可能推广到无限个样本点场合，便引入了**几何概型**，由此形成了确定概率的**几何方法**，基本思想如下：

（1）设样本空间 Ω 充满某区域 S，其度量（长度、面积、体积等）大小为 $\mu(S)$；

（2）向区域 S 上随机投掷一点，这里"随机投掷一点"的含义是指该点落入 S 任何部分区域内的可能性只与这部分区域的度量成比例，而与这部分区域的位置和形状无关；

（3）设事件 A 是 S 的某个区域，度量为 $\mu(A)$，则向区域 S 上随机投掷一点，该点落在区域 A 的概率为 $P(A) = \dfrac{\mu(A)}{\mu(S)}$。

这个概率称为**几何概率**，它满足概率的公理化定义。下面给出几个几何概型实验供读者参考。

1．取数问题

在区间 $(0,1)$ 中随机地选两个数，求事件"两数之和小于 6/5"的概率。

解 $p = 1 - \dfrac{0.8 \times 0.8}{2} = 0.68$

```
n=10^5;m=0;
set.seed(0);            #设定随机数，可重现模拟结果
for(i in 1:n){
    x=runif(2,0,1);
    #注意，if 语句中间不能出现分号
    if(x[1]+x[2]<6/5) m=m+1
    else m=m+0;
}
m/n
```

一次运行结果为：

[1] 0.67905

2. 会面问题

甲乙约定在下午 6 时到 7 时之间在某处会面，并约定先到者应等候另一个人 20 分钟，过时即可离去。求两人会面的概率。

解 设 x, y 分别表示甲乙两人到达约会地点的时间，以分钟为单位，在平面上建立 xoy 直角坐标系，见图 6.2。

因为甲乙都是在 0 到 60 分钟内等可能到达，所以由等可能性知这是一个几何概率问题。(x, y) 的所有可能取值是边长为 60 的正方形，面积为 $\mu_\Omega = 60^2$，事件 $A = \{$两人能会面$\}$ 相当于 $|x-y| \leqslant 20$，其面积为 $\mu_A = 60^2 - 40^2$，则

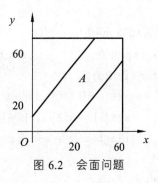

图 6.2 会面问题

$$P(A) = \frac{\mu(A)}{\mu(S)} = \frac{60^2 - 40^2}{60^2} = \frac{5}{9} \approx 0.555\ 6$$

结果表明：按此规则约会，两人能够会面的概率不超过 0.6。

```
n=10^5;m=0;
set.seed(0);            #设定随机数，可重现模拟结果
for(i in 1:n){
    x=runif(2,0,60);
    #注意，if 语句中间不能出现分号
    if(x[1]-x[2]<=20 & x[2]-x[1]<=20) m=m+1
    else m=m+0;
}
m/n
```

一次运行结果为：

[1] 0.55413

3. 将一线段任意分为三段，求能组成三角形的概率

解　设线段总长度为 1，由于是将线段任意分成三段，所以由等可能性知，这是一个几何概率问题，分别用 $x, y, 1-x-y$ 表示三段长度。显然应该有

$$0 < x < 1;\quad 0 < y < 1;\quad 0 < 1-(x+y) < 1$$

所以样本空间 $\Omega = \{(x, y) : 0 < x < 1, 0 < y < 1, 0 < x + y < 1\}$。

又根据构成三角形的条件，三角形种任意两边和大于第三边，所以事件 $A =$ "线段任分三段可以构成三角形"所含样本点必须满足：

$$0 < x < y+1-x-y;\quad 0 < y < x+1-x-y;\quad 0 < 1-x-y < x+y$$

整理可得 $A = \{(x, y) \mid 0.5 < x + y < 1, 0 < x < 0.5, 0 < y < 0.5\}$。

如图 6.3 所示。

$$P(A) = \frac{\mu(A)}{\mu(\Omega)} = \frac{0.5 \times 0.5 \times 0.5}{1 \times 1 \times 0.5} = \frac{0.125}{0.5} = \frac{1}{4}$$

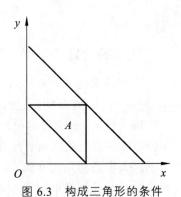

图 6.3　构成三角形的条件

```
n=10^5;m=0;
set.seed(0);              #设定随机数，可重现模拟结果
for(i in 1:n){
    x1=runif(2,0,1);x=sort(x1);
    a=x[1];b=x[2]-x[1];c=1-a-b;
    if(a<b+c & b<a+c & c<a+b) m=m+1;
}
m/n
```

一次运行结果为：

[1] 0.25108

6.3　火炮射击实验

在我方某前沿防守地域，敌人以一个炮排（含两门火炮）为单位对我方进行干扰和破坏。为躲避我方打击，敌方对其阵地进行了伪装并经常变换射击地点。经过长期观察发现，我方指挥所对敌方目标的指示有 50% 是准确的，而我方火力单位，在指示正确时，有 1/3 的射击效果能毁伤敌人一门火炮，有 1/6 的射击效果能全部消灭敌人。现在希望能用某种方式把我方将要对敌人实施的 20 次打击结果显现出来，确定有效射击的比率及毁伤敌方火炮的平均值。

分析：这是一个概率问题，可以通过理论计算得到相应的概率和期望值，但这样只能给出作战行动的最终静态结果，而显示不出作战行动的动态过程。为了能显示我方 20 次射击的过程，现采用模拟的方式。实际上，很多问题是不能通过理论计算解决的，但可以通过随机模拟的方法得到问题的数值解。

1. 问题分析

需要模拟出以下两件事：

（1）观察所对目标的指示正确与否；模拟试验有两种结果，每种结果出现的概率都是 1/2，即生成随机数 $\begin{pmatrix} 0 & 1 \\ 0.5 & 0.5 \end{pmatrix}$。

（2）指示正确时，我方火力单位的射击结果情况，模拟试验有三种结果：毁伤 1 门火炮的可能性为 1/3（即 2/6），毁伤两门的可能性为 1/6，没能毁伤敌火炮的可能性为 1/2，即生成随机数 $\begin{pmatrix} 0 & 1 & 2 \\ 1/2 & 1/3 & 1/6 \end{pmatrix}$。指示错误时，毁伤 0 门火炮。

2. 随机模拟

我们共模拟 $m = 10$ 次，每次给出 $n = 10\,000$ 次打击结果，模拟 R 程序如下：

```
m=10;C=0;D=0;
for(j in 1:m){
    n=10^4;N=0;
    A=sample(c(0,1),n,c(0.5,0.5),replace=TRUE);
    x=c(0,1,2);p=c(1/2,1/3,1/6);
    B=0;
    for(i in 1:n){
        if(A[i]==0) B[i]=0
        else B[i]=sample(x,1,p,replace=TRUE);
        if(B[i]>0) N=N+1;
    }
    C[j]=mean(B);D[j]=N/n;
}
C;jgc=c(mean(C),sd(C));jgc        #C为打击毁伤敌方火炮的m次平均值
D;jgd=c(mean(D),sd(D));jgd        #D为打击毁伤敌方火炮的m次命中率
```

一次模拟结果为

```
[1] 0.3338 0.3444 0.3262 0.3303 0.3304 0.3343 0.3350 0.3321 0.3215 0.3158
[1] 0.330380000 0.007865791
[1] 0.2511 0.2615 0.2443 0.2470 0.2494 0.2503 0.2509 0.2478 0.2410 0.2410
[1] 0.248430000 0.005947931
```

显然 mean(C)=0.330 380 000，std(C)=0.007 865 791，mean(D)=0.248 430 000，std(C)=0.005 947 931，即毁伤敌火炮的平均值为 0.330 380 000，毁伤敌方火炮的命中率为 0.248 430 000。

3. 理论分析

设 $j = \begin{cases} 0, & \text{观察所对目标指示不正确} \\ 1, & \text{观察所对目标指示正确} \end{cases}$，$A_0$：射中敌方火炮的事件；$A_1$：射中敌方 1 门火炮

的事件； A_2 ：射中敌方两门火炮的事件。

则由全概率公式：

$$E = P(A_0) = P(j=0)P(A_0 \mid j=0) + P(j=1)P(A_0 \mid j=1) = \frac{1}{2} \times 0 + \frac{1}{2} \times \frac{1}{2} = 0.25$$

$$P(A_1) = P(j=0)P(A_1 \mid j=0) + P(j=1)P(A_1 \mid j=1) = \frac{1}{2} \times 0 + \frac{1}{2} \times \frac{1}{3} = \frac{1}{6}$$

$$P(A_2) = P(j=0)P(A_2 \mid j=0) + P(j=1)P(A_2 \mid j=1) = \frac{1}{2} \times 0 + \frac{1}{2} \times \frac{1}{6} = \frac{1}{12}$$

$$E_1 = 1 \times \frac{1}{6} + 2 \times \frac{1}{12} \approx 0.333\,3$$

由于 $0.333\,3 \approx 0.330\,380\,000$ ， $0.25 \approx 0.248\,430\,000$ ，且标准差很小，所以随机模拟结果可信、可靠。

故我们令 $m=1$ ， $n=20$ ，变量 A 为打击指示结果，0 表示指示错误，1 表示指示正确，B 为打击毁伤火炮结果，0，1，2 分别表示毁伤 0，1，2 门火炮，模拟结果省略。虽然模拟结果与理论计算不完全一致，但它却能更加真实地表达实际战斗的动态过程。

6.4 几个初等随机系统实验

随机系统是指受到随机干扰、或量测带有随机误差的系统。在实际中，虽然有时可以忽略随机因素，把系统近似地当作确定性的来处理，但为了提高系统精度把动态系统如实地当作随机系统来研究是十分必要的。对随机系统的理论分析往往很困难，但可通过随机模拟方法仿真系统，得到感兴趣的量。本节主要给出一些简单随机系统的计算机仿真供读者参考，希望起到抛砖引玉的作用。

6.4.1 圣彼得堡悖论

18 世纪瑞士数学家尼古拉·贝努里提出了这样一个问题。甲乙两人约定好做游戏，游戏规则为，甲抛硬币，一旦出现正面，甲立即付报酬给乙，并结束游戏。若在第 1 次抛硬币时就出现正面，则甲付给乙 1 元钱；若在第 2 次抛硬币时就出现正面，则甲付给乙 2 元钱；依次类推，若在第 n 次抛硬币时出现正面，则甲付给乙 2^{n-1} 元钱。现在的问题是：乙为了获得参加这个游戏的机会，应事先付给甲多少钱？如果乙把参与这个游戏看作是一次投资机会的话，我们可以来计算这种投资机会的期望回报。易知，期望回报为 $\sum_{n=1}^{\infty} 2^{n-1} \left(\frac{1}{2}\right)^n = \infty$ 。这样，按照最大化期望回报准则，乙为了获得参与这个游戏的机会，他会愿意支付任意多的钱。但实际上，几乎不会有这样的人会为了参与这样的游戏而支付即使是并不太多的钱（1 000 元）。如果决策者参与赌博，要收回 100 元，至少需要掷 7 次骰子才发生正面，发生的概率为 $\sum_{i=7}^{\infty} 2^{-i} = 0.015\,6$ ，这个概率非常小，小概率在一次事件中不可能发生，因此总是掷不了多少次，游戏就结束了，很少出现收回 100 元的情形。虽然参与游戏的期望收益为无穷，但不确定性非常大，因此没有人愿意为参与此游戏付出比较多的钱，比如 100 元。

```
n=10^4;              #游戏次数
A=c();B=c();
for(i in 1:n){
    x=0;             #保证 while 循环第一次会运行
    a=0;             #玩家乙的初始财富
    j=1;
    while(x==0){
            x=rbinom(1,1,0.5);
            if(x==1) {a=2^(j-1);break;}
            else j=j+1;
     }
    A[i]=a;          #第 i 次游戏，玩家乙的财富
    B[i]=j;          #第 i 次游戏抛硬币次数
}
A1=A[1:100];A2=A[1:1000];
par(mfcol=c(1,3));
hist(A1);hist(A2);hist(A)
c(mean(A),sd(A));c(mean(B),sd(B))
```

一次运行结果为：

[1]   7.8842 108.8952

[1] 1.997900 1.438646

生成的直方图如图 6.4 所示。

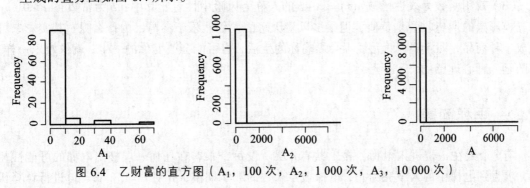

图 6.4　乙财富的直方图（A_1，100 次，A_2，1 000 次，A_3，10 000 次）

显然，通过 10 000 模拟该游戏，乙财富的平均值为 7.884 2，但标准差为 108.895 2。直方图也显示，虽然一般情况下，乙的财富都很少，但波动很大，也可能达到 8 192（max(A)= 8 192）元。每次游戏，平均抛 2 次硬币游戏终止，因为 mean(B) = 1.997 900。这也和理论推导相符合，因为乙的期望回报为无穷大，这意味着期望不存在，即波动太大。注意，乙的财

富波动很大，故模拟结果很不稳定，即程序运行结果变化很大。

对一群学生所进行的调查表明，大部分人只准备付 6~7 元钱。这说明，最大化期望报酬准则并不能通用于非确定性的投资决策情形。贝努里认为，人们关心的是财富的效用（即拥有财富所产生的令人满意程度）而非财富本身的价值。

效用这个概念是贝努里在解释圣彼得堡悖论时提出的，它是指商品满足人的欲望和需要的能力与程度。有关效用理论的两条著名原理是：

（1）**边际效用递减原理**：个人对商品和财富所追求的满足程度，由其主观价值来衡量。财富对理性人而言，多多益善且已有财富越多，单位财富的效用越小，这个原理称为边际效用递减原理。

（2）**最大期望效用原理**：在具有风险和不确定的条件下，个人行为的准则是为了获得最大期望效用值，而不是最大期望金额值。伯努利指出："若一个人在给定行动集中做选择，如果他知道与给定行动有关将来的自然状态且这些状态出现的概率已知或可以估计，则他应选择各种可能后果中偏好期望值最高的行动。"

萨缪尔森提出的**幸福方程式**：

$$幸福 = \frac{效用}{欲望}$$

可见若要增加幸福感，必须增大效用，即获取更多的权、名、利，同时减少欲望，即知足常乐。

大部分理智的人都喜欢稳定，讨厌风险，比如很多女生找工作时，喜欢稳定、正式的工作，但是仍然有很多人例外，他们对微小的收益漠不关心，对高额收益兴致盎然，比如有些男生毕业时，认为男儿志在四方，要去争霸上海滩，可见在有些情况下人们是风险偏好者，实际上还有一些人是风险中性的，即期望收益为零的游戏他都会参与。综上所述可把人分三类：

（1）效用函数为凹的人称为风险厌恶者；

（2）效用函数为凸的人称为风险偏好者，如购买彩票的人；

（3）效用函数为线性函数 $u(x) = ax + b$ 的人称为风险中性者，其中 a, b 为常数且 $a > 0$。

摸彩票的期望收益是负值，但很多风险厌恶的人仍然乐于参与，为什么呢？其实彩票可看成一种商品，即希望，两元钱不会影响你的生活，但可能会改变你的一生，就像娱乐一样，买的是一种心理感受。

6.4.2 电梯问题

有 r 个人在一楼进入电梯，楼上共有 n 层。设每个乘客在任何一层楼出电梯的可能性相同，求直到电梯中的人下完为止，电梯须停次数的数学期望，并对 $r = 15$，$n = 30$ 进行计算机模拟验证。

分析：每个人出与不出是与电梯独立的，且每个乘客在任何一层楼出电梯的可能性相同，即每个人在第 i 层不出电梯的概率为 $1 - \dfrac{1}{n}$，因此，r 个人都不出电梯的概率为 $\left(1 - \dfrac{1}{n}\right)^r$。如果

把电梯作为考虑对象，电梯在每层要么停要么不停，而停与不停是随机的，是可以用一个随机变量序列 ξ_i 表示，其中

$$\xi_i \sim \begin{pmatrix} 0 & 1 \\ \left(1-\dfrac{1}{n}\right)^r & 1-\left(1-\dfrac{1}{n}\right)^r \end{pmatrix}$$

ξ_i 的数学期望为 $E(\xi_i) = 1-\left(1-\dfrac{1}{n}\right)^r$。

记 $\xi = \sum_{i=1}^{n} \xi_i$，表示电梯停的次数，则 ξ 的数学期望为

$$E(\xi) = n\left[1-\left(1-\dfrac{1}{n}\right)^r\right]$$

当 $r=15$，$n=30$ 时，计算可得

$$E(\xi) = 30\left[1-\left(1-\dfrac{1}{30}\right)^{15}\right] = 11.958\,5$$

计算机模拟算法思想：楼上 n 层的序号记为 $1,2,\cdots,n$，人数记为 m，产生 m 个服从 $1 \sim n$ 的离散均匀随机数，如果 m 个随机数中有 x 个不同的数，则 $\xi = x$。n 层楼停的总次数就是一次模拟中得到的 $E(\xi)$。我们可以模拟 N 次，取其平均值作为 $E(\xi)$ 的模拟值。

模拟算法步骤：

（1）从 $1 \sim 30$ 中有放回随机抽取 15 个随机数；（15 个乘客各自下电梯的层数）

（2）若 15 个数中有 x 个不相同的数，则 $\xi = x$；（x 层楼有人下电梯）

（3）将步骤（1）（2）重复 $N = 10\,000$ 次，得到 ξ 的 $10\,000$ 个样本观测值；

（4）求 $10\,000$ 个 ξ 值的平均值，即为 $E(\xi)$ 估计值。

R 程序如下：

```
#电梯问题
N=10000;                        #模拟次数
n=30;                           #电梯层数
r=15;                           #电梯开始进入的人数
ei=n*(1-(1-1/n)^r);             #电梯须停次数的理论计算值
x=0;x1=0;
for(i in 1:N){
    y=numeric(n);               #每次模拟中，各层电梯是否停
    x=sample(1:n,r,rep=TRUE);   #每个人出电梯的楼层
    y[x]=1;
    x1[i]=sum(y);               #第 i 次模拟的期望值
}
```

```
eq=sum(x1)/N;                              #电梯须停次数模拟值
cat("电梯须停次数模拟值 eq=",eq,"理论值 ei=",ei,"\n")
```

一次运行结果为：

梯须停次数模拟值 eq= 11.9494 理论值 ei= 11.95851

也可采用如下代码：

```
n=10^4;                                    #模拟次数
station=seq(1,30);sp=rep(1/30,30);         #对应离散概率分布
x=rep(0,n);
for(i in 1:n){
    xs=sample(station,15,sp,rep=TRUE);
    x[i]=sum(station %in% xs);             #station 中元素在 xs 中出现的个数
}
table(x)/n
mean(x)
```

一次运行结果为：

```
x
     7      8      9     10     11     12     13     14     15
0.0004 0.0040 0.0238 0.0962 0.2254 0.3108 0.2330 0.0934 0.0130
[1] 11.9516
```

显然，模拟值与理论值很接近。

6.4.3 矿工选门问题

一矿工被困在 3 个门的矿井中，第 1 个门通一坑道，沿此坑道 3 小时可达安全区域；第 2 个门通一坑道，沿此坑道 5 小时返回原处；第 3 个门通一坑道，沿此坑道 7 小时返回原处；假设矿工总是等可能地在 3 个门中选择 1 个，试求他平均多长时间才能到达安全区域。

分析：设该矿工需要 X 小时到达安全区域，则 X 的所有可能取值为

$$3, 5+3, 7+3, 5+5+3, \cdots$$

写出 X 的分布列是很困难的，所以无法直接求出 $E(X)$。若记 Y 表示第一次选择的门，由题设可知 $Y \sim \begin{pmatrix} 1 & 2 & 3 \\ \dfrac{1}{3} & \dfrac{1}{3} & \dfrac{1}{3} \end{pmatrix}$，且

$$E(X \mid Y=1)=3, \quad E(X \mid Y=2)=5+E(X), \quad E(X \mid Y=3)=7+E(X)$$

综上所述，

$$E(X) = \frac{1}{3}[3+5+E(X)+7+E(X)] = 5 + \frac{2}{3}E(X)$$

解得 $E(X)=15$，即矿工平均 15 小时才能到达安全区域。

R 程序如下：

```
#矿工选门问题
N=10^5;                        #模拟次数
x=0;
for(i in 1:N){
    a=sample(1:3,1,rep=TRUE);
    time=0;
    if(a==1) time=time+3;
    while(a!=3){
            if(a==2) time=time+5
            else {time=time+7};
            a=sample(1:3,1,rep=TRUE);
            if(a==1) time=time+3;
    }
    x[i]=time;                 #第 i 次模拟值
}
ei=15;                         #理论值
eq=mean(x);
cat("矿工所需时间理论值 ei=",ei,"模拟值 eq=",eq,"\n")
```

某两次的运行结果为：14.979 15，15.048 85，与理论值 15 很接近。

如果想提高估计精度，可以增大样本容量，即增加模拟次数，但模拟时间会增长，因为运算量增大。

6.5 大数定律实验

随机模拟的理论基础就是大数定律，例如，我们经常用事件发生的频率估计事件发生的概率，这本质就是伯努利大数定律。大数定律是自然界普遍存在的、经实践证明的定理，因为任何随机现象出现时都表现出随机性，然而当一种随机现象大量重复出现、或大量随机现象的共同作用时，所产生的平均结果实际上是稳定的、几乎是非随机的。例如，各个家庭、甚至各个村庄的男和女的比例会有差异，这是随机性的表现，然而在较大范围（国家）中，男女的比例是稳定的。

定理 6.5.1 （**Bernoulli 大数定律**）设事件 A 在每次试验中发生的概率为 p ，n 次重复独立试验中事件 A 发生的次数为 v_A，则对于任意 $\varepsilon \geqslant 0$ ，有

$$\lim_{n \to \infty} P\left\{\left|\frac{v_A}{n} - p\right| < \varepsilon\right\} = 1$$

即频率 v_A / n 依概率收敛（稳定）于概率。

人们在长期实践中认识到频率具有稳定性，即当试验次数不断增大时，频率稳定在一个数附近。这一事实显示了可以用一个数来表示事件发生的可能性的大小，也使人们认识到概率是客观存在的，进而由频率的性质和启发和抽象给出了概率的定义。总之，Bernoulli 大数定律提供了用频率来确定概率的理论依据，它说明，随着 n 的增加，事件 A 发生的频率 v_A/n 越来越可能接近其发生的概率 p，这就是频率稳定于概率的含义，或者说频率依概率收敛于概率。在实际应用中，当试验次数很大时，便可以用事件的频率来代替事件的概率。

下面，模拟伯努利大数定律：

（1）给定 n，ε（无穷小），（比如 $n = 10^4 + 1$，$\varepsilon = 10^{-3}$），$m = 0$，$M = 10^3$，$i = 1$。

（2）生成伯努利序列 $\{x_i, i = 1, \cdots, n\}$，其中 $x_i \sim B(1, p)$，接着计算 $v = \frac{1}{n} \sum_{i=1}^{n} x_i$。如果 $|v - p| < \varepsilon$，令 $m = m + 1$。

（3）如果 $i = M$，停止循环，计算 $\dfrac{m}{M}$，否则令 $i = i + 1$，转（2）。

完成上面过程，可得到当 n 固定时的 $P\left\{\left|\dfrac{v_A}{n} - p\right| < \varepsilon\right\}$，不妨记作 p_n。

重复上面过程可得序列 $\{p_n\}$，最后，验证 $\lim\limits_{n \to \infty} p_n = 1$。为简单起见，我们给出 10 个 p_n，n 从 30 001 开始，如果 $|p_n - 1| < \varepsilon$ 都成立，就认为 $\lim\limits_{n \to \infty} p_n = 1$。

```
p=0.5;                              #二项分布参数
n=30001;M=1000;ebxy=1/10^2;
mx=c();pn=c();
n0=9;
#模拟 n0+1 个 p
for(i in n:1:(n+n0)){
    s=0;
    for(m in 1:1:M){
        x=rbinom(n,1,p);
        if(abs(mean(x)-p)<ebxy) s=s+1;
    }
    pn[i-n+1]=s/M;
}
pn
sum(abs(pn-1)<ebxy)                 #与总个数 n0+1 比较，相当收敛
```

一次模拟结果如下：

[1] 1.000 1.000 0.999 0.998 0.999 0.998 1.000 0.997 0.999 0.999

[1] 10

评注：本模拟实验的难点在于给出合适的 n, ε, M，虽然 n 趋于无穷大，但不能太大，因为计算量太大；但也不能太小，否则达不到收敛的效果。ε 太大，感觉不到收敛的意义，太

小，感觉错误，即模拟误差可能会超乎你的想象，但实际上，整个模拟思想并没有错。建议先给出 ε，再调试 n，使其达到模拟效果。

定理 6.5.2 （**Chebyshev 大数定律**） 设 $\{X_n\}$ 为一列两两不相关的随机变量序列，如果存在常数 C，使得 $D(X_i) \leqslant C,\ i=1,2,\cdots$，则 $\{X_n\}$ 服从大数定律。

注意，Chebyshev 大数定律只要求 $\{X_n\}$ 互不相关，并不要求它们是同分布的。假如 $\{X_n\}$ 是独立同分布（i.i.d）的随机变量序列，且方差有限，则 $\{X_n\}$ 服从大数定律。

切比雪夫大数定律也可表示为如下形式：

设 $\xi_1,\cdots,\xi_n,\cdots$ 是一列两两不相关的随机变量，它们的数学期望 $E(\xi_i)$ 和方差 $D(\xi_i)$ 均存在且方差有界，即存在常数 C，使得 $D(\xi_i) \leqslant C,\ i=1,2,\cdots$，则对任意 $\varepsilon>0$ 有

$$\lim_{n\to\infty} P\left\{\left|\frac{1}{n}\sum_{i=1}^{n}\xi_i - \frac{1}{n}\sum_{i=1}^{n}E\xi_i\right|<\varepsilon\right\}=1$$

取服从期望为 3 的泊松分布的随机变量，$\varepsilon=0.05$，观察其算数平均值的随机模拟曲线所在的区域，验证这条曲线是否落在 $3\pm\varepsilon$ 的这个带状区域。

R 程序如下：

```
n=10000;count=1;e=0.05;
x=seq(from=1,to=n,by=5);
for(k in 1:1:length(x)){
    a=rpois(x[k],3);a=sum(a)/x[k];
    y[count]=a;count=count+1;
}
plot(x,y,type="l",col="red");
abline(h=3+e);abline(h=3);abline(h=3-e);
```

运行结果如图 6.5 所示。

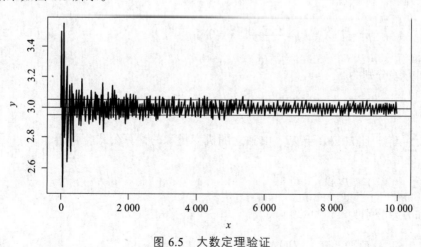

图 6.5 大数定理验证

显然，当 $n \geqslant 2\,000$ 且 $\varepsilon=0.05$ 时，$\frac{1}{n}\sum_{i=1}^{n}\xi_i$ 的随机模拟曲线几乎落在带状区域 3 ± 0.05 内，

且随着随机变量个数 n 的增加，$\frac{1}{n}\sum_{i=1}^{n}\xi_i$ 的取值逐渐密集在其数学期望值 3 的附近，这种统计规律性就是大数定律所反映的。当然，无论 n 多大，随机模拟曲线也可能落入带状区域以外的部分，只不过这是小概率事件，随着 n 的增大会越来越接近于 0。

练习：其他大数定律的模拟同上，请读者给出模拟程序，并对模拟结果进行分析。

6.6 中心极限定理实验

中心极限定理：设 $\{X_i\}$ 是 i.i.d 的随机变量序列，且 $E(X_i)=a$，$D(X_i)=\sigma^2$，$0<\sigma^2<\infty$，$i=1,2,3,\cdots$，则

$$\sum_{i=1}^{n}X_i \sim N(na,\ n\sigma^2)$$

该定理表明，多个随机变量的和渐近服从正态分布，与随机变量服从什么分布无关。其期望是多个随机变量期望的和，方差是多个随机变量方差的和。

6.6.1 中心极限定理演示实验

实验可用二项分布、泊松分布、几何分布、均匀分布、指数分布分别演示，这里给出泊松分布、均匀分布、指数分布和伽马分布的演示实验。

1. 泊松分布随机变量和的实验

设随机变量 $X \sim P(\lambda)$，分布律为

$$p_k = P(X=k) = \frac{\lambda^k e^{-\lambda}}{k!},\ \ k=0,1,\cdots$$

数学期望和方差分别为

$$E(X)=\lambda,\ \ D(X)=\lambda$$

设 $Y=\sum_{i=1}^{n}X_i$，且 X_i i.i.d 于 X。由独立随机变量和的计算公式，可得

$$Y \sim P(n\lambda)$$

数学期望和方差分别为

$$E(Y)=n\lambda,\ \ D(Y)=n\lambda$$

因此，在计算时也可采用泊松分布的密度函数。

分别作出泊松分布 $P(n\lambda)$ 和正态分布 $N(n\lambda,n\lambda)$ 的密度函数进行对比，如图 6.6 所示。

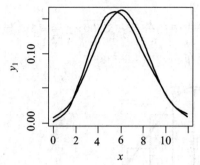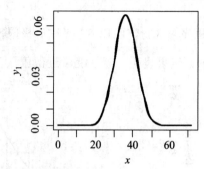

图 6.6　$\lambda=1.2$ 时不同 n 值对比图

（左图，$n=5$；右图，$n=30$）

R 程序如下：

```
n=c(5,30);                      #给出随机变量个数
lam=1.2;                        #给出泊松分布参数值
par(mfcol=c(1,2));
for(i in 1:1:2){
    x=seq(from=0,to=(n[i]*lam*2),by=1);
    nlam=n[i]*lam;
    mu=nlam;sigm=sqrt(nlam);
    y1=dpois(x,nlam);            #对应随机变量和的密度函数
    y2=dnorm(x,mu,sigm);         #对应正态分布的密度函数
    plot(x,y1,type="l",col="red");
    lines(x,y2,type="l",col="black")
}
```

2. 均匀分布的随机变量之和来近似标准正态分布

我们用 300 个均匀分布的随机变量之和来近似标准正态分布。设

$$R_i \sim U\left(-\frac{1}{2},\frac{1}{2}\right),\quad (i=1,2,\cdots,300)$$

其期望为 0，方差为 $\sigma^2=\dfrac{1}{12}$。

```
m=300;n=10000;nbins=100;
R=matrix(runif(m*n,-0.5,0.5),nrow=m,ncol=n);
Q=apply(R,2,sum)/5;             #对矩阵按列求和，并除以 5
w=(max(Q)-min(Q))/nbins;
hist(Q,freq=FALSE);             #参数 FALSE 为频率直方图，TURE 为频数直方图
lines(density(Q),type="l");     #绘制密度估计曲线
t=seq(from=-3.5,to=3.5,by=0.05);
Z=dnorm(t,0,1);                 #标准正态分布密度函数
lines(t,Z,type="l",col="red");
```

上面程序第 3 行 "除以 5" 是中心极限定理公式中的分母：$\sqrt{300} \times \sqrt{\dfrac{1}{12}} = 5$。显示结果如图 6.7 所示，结果表明：累加变量近似服从正态分布。

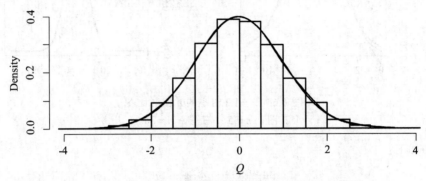

图 6.7　由 300 个均匀分布的随机变量之和模拟正态分布

直方图是模拟数据的频率分布，红线是标准正态分布的密度函数

3. 指数分布随机变量和的实验

设随机变量 $X \sim \text{Exp}(\lambda)$，密度函数为

$$f(x) = \begin{cases} \lambda e^{-\lambda x}, & x \geq 0 \\ 0, & x < 0 \end{cases}$$

其中参数 $\lambda > 0$。数学期望和方差分别为

$$E(X) = \lambda, \quad D(X) = \lambda^2$$

设 $Y = \displaystyle\sum_{i=1}^{n} X_i$，且 X_i i.i.d 于 X。由独立随机变量和的计算公式，可得

$$Y \sim \Gamma(n, \lambda)$$

因此直接采用 $\Gamma(n, \lambda)$ 的密度函数，同时计算出数学期望和方差分别为

$$E(Y) = n\lambda, \quad D(Y) = n\lambda^2$$

因此，在计算时也可采用泊松分布的密度函数。

分别作出 $\Gamma(n, \lambda)$ 和正态分布 $N(n\lambda, n\lambda^2)$ 的密度函数进行对比，如图 6.8 所示。

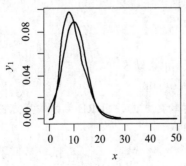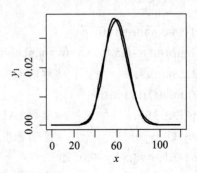

图 6.8　$\lambda = 2$ 时不同 n 值对比图

（左图，$n = 5$；右图，$n = 50$）

R 程序如下：

```
n=c(5,30);lam=2;
m=c(5,2);                              #控制 x 轴
par(mfcol=c(1,2));
for(i in 1:1:2){
    x=seq(from=0,to=(n[i]*lam*m[i]),by=0.1);
    nlam=n[i]*lam;
    mu=nlam;sigm=sqrt(n[i]*lam^2);
    y1=dgamma(x,n[i],1/lam);       #对应随机变量和的密度函数，参数为 1/lam
    y2=dnorm(x,mu,sigm);           #对应正态分布的密度函数
    plot(x,y1,type="l",col="red");
    lines(x,y2,type="l",col="black")
}
```

4. 一般随机变量和的实验

如果 X 是一般随机变量，则随机变量和 Y 的分布一般没有显式解，但我们可利用随机数据集 $\{y\}$ 的频率直方图代替密度函数。

如果 $X \sim \Gamma(3,2)$，则 $Y = \sum_{i=1}^{n} X_i$ 的密度函数未知，采用频率直方图代替密度函数，再与正态分布 $N(E(Y), D(Y))$ 的密度函数进行对比，如图 6.9 所示。

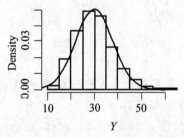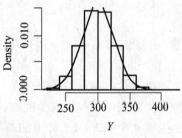

图 6.9 $X \sim \Gamma(3,2)$ 时不同 n 值对比图
（左图，$n=5$；右图，$n=50$）

R 程序如下：

```
n=c(5,50);lam=2;Y=c();
m=c(6,7);                              #控制 x 轴
par(mfcol=c(1,2));
for(i in 1:1:2){
    x=seq(from=0,to=(n[i]*lam*m[i]),by=0.1);
    for(j in 1:1:1000){
        Y[j]=sum(rgamma(n[i],3,1/lam));
    }
```

```
    mu=mean(Y);sig=sd(Y);
    y2=dnorm(x,mu,sig);
    hist(Y,freq=FALSE);
    lines(x,y2,type="l",col="red");
}
```

6.6.2 利用中心极限定理估计概率

例 6.6.1 一颗骰子独立地掷 4 次，出现的点数之和记为 X，请估计概率

$$P(10 < X \leqslant 18)$$

解 令 Y_i 表示第 i 次掷出骰子的点数，$i = 1,2,3,4$，显然

$$Y_i \sim \begin{pmatrix} 1 & 2 & 3 & 4 & 5 & 6 \\ \dfrac{1}{6} & \dfrac{1}{6} & \dfrac{1}{6} & \dfrac{1}{6} & \dfrac{1}{6} & \dfrac{1}{6} \end{pmatrix}, \quad E(Y_i) = \frac{7}{2}, \quad D(Y_i) = \frac{35}{12}$$

而 $X = \sum\limits_{i=1}^{4} Y_i$，所以 $E(X) = 14$，$D(X) = \dfrac{35}{3}$。由中心极限定理可得

$$\frac{X - 14}{\sqrt{35/3}} \approx N(0,1) \text{（近似）}$$

所以

$$P(10 < X \leqslant 18) = P\left(\left| \frac{X - 14}{\sqrt{35/3}} \right| < \frac{4}{\sqrt{35/3}} \right) \approx 2\Phi(1.27) - 1 = 0.796.$$

利用 4 个随机变量的和近似正态分布，会不会变量个数太少？估计的概率值是否接近真实值呢？蒙特卡罗方法可以解决这个问题，模拟的算法步骤：

（1）独立生成 4 个 $\{1,2,3,4,5,6\}$ 上的离散均匀随机数 $y_i, i = 1,2,3,4$，求和得到 x；

（2）将步骤（1）重复 $n = 10\,000$ 次，得到随机变量 X 的 $10\,000$ 个样本观测值；

（3）求出满足条件 $10 < X \leqslant 18$ 的频率，即可得到 $P(10 < X \leqslant 18)$ 的估计值。

R 程序如下：

```
n=10^4;m=0;x=0;
y1=1:6;p1=rep(c(1/6),6);              #离散随机变量概率分布
for(i in 1:n){
    y=sample(y1,4,p=p1,rep=TRUE);x=sum(y);
    if(x>10 & x<=18) m=m+1;

}
m/n
```

一次运行结果为：

[1] 0.7456

从模拟结果可看出，模拟的概率值与由中心极限定理估计的概率 0.796 相差不大，说明此例利用中心极限定理进行估算是适合的。更进一步，我们可利用蒙特卡罗方法估计 X 的确切分布，令 $n = 10^6$，计算出 $P(10 < X \leqslant 18)$ 的更精确估计值为 0.743 622。

6.7 赌博模型

赌博，自古至今一直活跃在人们的生活中，并对社会、经济、政治、文化等方面产生了各种各样的影响，然而实际中的各种赌博胜负都带有极大的偶然性。

引理 6.7.1 若在一次选举中，候选人 A 得到 n 张选票而候选人 B 得到 m 张选票且 $n > m$，假定选票的一切排列次序是等可能的，则在计票过程中，A 的票数始终领先的概率 $P_{n,m} = \dfrac{n-m}{n+m}$。

定理 6.7.1 若赌徒甲开始有 a 元，乙有 b 元，在每次赌局中甲以概率 p 赢得乙一元且各局赌博结果相互独立没有和局，赌博一直进行到有一个人全部输光为止，令 $q = 1 - p$，$c = a + b$，$\beta = \dfrac{q}{p}$，则

（1）甲恰好 $a + 2i$ 局输光的概率是 $\dfrac{a}{a+2i} \mathrm{C}_{a+2i}^i p^i q^{a+i}$；

（2）甲输光的概率 $P_a = \begin{cases} \dfrac{b}{a+b}, & p = q = \dfrac{1}{2} \\[3mm] \dfrac{p^b q^a - q^c}{p^c - q^c} = \dfrac{\beta^a - \beta^c}{1 - \beta^c}, & p \neq q \end{cases}$

（3）乙输光的概率为 $1 - P_a$。

证明 （1）令 $A =$ "恰好赌 $a + 2i$ 局输光"，$B_k =$ "$a + 2i$ 局中赢 k 局"，$k = 0, 1, \cdots$，由全概率公式可得

$$P(A) = \sum_{k=0}^{\infty} P(A \mid B_k) P(B_k) = P(A \mid B_i) P(B_i) = P_{a+i,i} \mathrm{C}_{a+2i}^i p^i q^{a+i} = \frac{a}{a+2i} \mathrm{C}_{a+2i}^i p^i q^{a+i}$$

（2）令 X_n 表示赌了 n 局后甲手中的赌金，则 $\{X_n, n \geqslant 0\}$ 是一个齐次马尔科夫链，状态空间 $E = \{0, 1, \cdots, c\}$，状态 $0, c$ 为吸收态，其一步转移概率为

$$p_{ij} = \begin{cases} p, j = i+1 \\ q, j = i-1, & \forall 0 < i < c, \quad p_{00} = p_{cc} = 1 \\ 0, 其他 \end{cases}$$

设 P_i 表示甲从状态 i 出发到破产的概率，显然有 $P_0 = 1, P_c = 0$，$\forall 1 \leqslant i \leqslant c-1$，由全概率公式可得

$$P_i = pP_{i+1} + qP_{i-1} \Leftrightarrow P_{i+1} - P_i = \beta(P_i - P_{i-1})$$

故有 $P_{i+1} - P_i = \beta^i(P_1 - P_0)$，将上式连加可得

$$P_c - P_i = (P_1 - P_0)\sum_{k=i}^{c-1}\beta^k, \ \forall 0 \leqslant i \leqslant c, \quad P_i = \begin{cases} (c-i)(1-P_1), & p = q = 1/2 \\ \dfrac{\beta^i - \beta^c}{1-\beta}(1-P_1), & p \neq q \end{cases}$$

令 $i = 1$，可得 $P_1 = \begin{cases} 1 - 1/c, & p = q = 1/2 \\ \dfrac{\beta - \beta^c}{1-\beta^c}, & p \neq q \end{cases}$，将 P_1 代入上式得

$$P_i = \begin{cases} (c-i)/c, & p = q \\ \dfrac{\beta^i - \beta^c}{1-\beta^c}, & p \neq q \end{cases} \Rightarrow P_a = \begin{cases} \dfrac{b}{a+b}, & p = q = \dfrac{1}{2} \\ \dfrac{p^b q^a - q^c}{p^c - q^c} = \dfrac{\beta^a - \beta^c}{1-\beta^c}, & p \neq q \end{cases}$$

（3）由（2）显然可得，如果甲乙两人的赌博技能一样，则他们破产的概率与他们各自所拥有的财产成反比，因此同一个富有的对手玩这种游戏是不明智的，由于 $b \to \infty$，则 $P_a \to 0$，所以从长期来看，你最终破产几乎是必然的，更不用说对手是一个赌博经验丰富的巨富。若 $p > q$，$P_a = \beta^a \dfrac{1-\beta^b}{1-\beta^c} < \beta^a$，所以即使乙在赌本上占有明显优势，结果仍会很差，即仍有 $1 - \beta^a$ 的可能破产。

下面对赌博模型进行计算机模拟。假如甲的初始财产为 a 元，乙为 b 元且每一局甲胜的概率为 p，共模拟 50 000 次，R 程序如下：

```
time1=0;time2=0;sum=0;num=50000;#num 为模拟的次数
for(i in 1:num){
    k=0;a=10;b=5; #a,b 分别表示甲、乙的初始财产
    p=0.55;#每一局甲胜的概率
    while(a>0&b>0){
        w=runif(1,0,1);
        if(w<=p) {a=a+1;b=b-1}
        else {b=b+1;a=a-1};
        k=k+1;
    }
    sum=sum+k;
    if(a==0) time1=time1+1;
    if(b==0) time2=time2+1;
}
p1=time1/num;p2=time2/num ;p1;p2;#p1,p2 分别表示甲、乙破产的概率
mean=sum/num;mean                    #赌博的平均次数
```

一次模拟结果如表 6.1 所示。

表 6.1 随机模拟结果

甲的财产 a	乙的财产 b	每局甲胜的概率 p	最终甲破产的概率	赌博次数
10	5	0.55	0.090 06	36.563 3
5	10	0.55	0.338 32	49.917 16
5	100	0.55	0.365 46	616.015 3

由此可见，如果甲在单次博弈中获胜的概率大于乙，即使乙拥有更多的财产，甲也有可能逃脱破产的厄运且概率很大，对于此次博弈来说，甲逃脱破产的概率是为 0.633 7。可见只要长时间参与不利博弈，破产的概率是很大的，时间越长，概率越大，极限为 1。

6.8 山羊与轿车选择实验

假设你在进行一个游戏节目。现给三扇门：一扇门后面是一辆轿车，另两扇门后面分别都是一只山羊。你的目的是想得到比较值钱的轿车，但你不能看到门后面的真实情况。主持人先让你做一次选择，在你选择了一扇门后，知道其余两扇门后面是什么的主持人会打开其中一扇门让你看，当然，那里是一只山羊。现在，主持人告诉你，你还有一次选择机会。请你思考，是坚持第一次的选择不变，还是改变第一次的选择，哪种更有可能得到轿车呢？

《广场杂志》刊登这个题目后，竟然引起了全美大学生的举国讨论，就连许多大学教授也参与进来。据《纽约时报》报道，这个问题也在中央情报局的办公室引起了争论，它还被麻省理工学院的数学家们和新墨西哥州洛斯阿拉莫斯实验室的计算机程序员进行过分析。现在，请你回答这个问题。

设 A_1 表示第一次选到轿车，A_2 表示第一次选到山羊，B 表示最终选到轿车。则由题意可得

$$P(A_1)=\frac{1}{3}, \quad P(A_2)=\frac{2}{3}$$

策略有两种，一种是不改变以前的选择，另一种是改变以前的选择。

（1）当不改变选择时，第一次选择得到轿车时最终也一定得到轿车，故 $P(B\mid A_1)=1$，则

$$p_1 = P_1(B) = P(B\mid A_1)P(A_1) = \frac{1}{3}$$

（2）当不改变选择时，第一次选择山羊，改变主意必然选到轿车，故 $P(B\mid A_2)=1$，则

$$p_2 = P_2(B) = P(B\mid A_2)P(A_2) = \frac{2}{3}$$

显然，$p_1 = \frac{1}{3} < p_2 = \frac{2}{3}$，所以，采用改变选择好。

计算机模拟 R 程序如下：

```
n=10^6;                      #选择次数
car_change=0;                #换，得车次数
car_unchange=0;              #不换，得车次数
u=sample(1:3,n,rep=TRUE);    #离散均匀分布随机数，1 表示选中车
for(i in 1:n){
    if(u[i]==1) {car_unchange=car_unchange+1;car_change=car_change+0}
    else        {car_unchange=car_unchange+0;car_change=car_change+1};
}
cat("如果换，得车概率",car_change/n,"\n")
```

一次模拟结果为：

如果换，得车概率为 0.667034

显然，模拟结果与理论分析非常接近，具有显著参考价值。现在，我们将问题扩展：

假设你在进行一个游戏节目。现给 n 扇门：只有一扇门后面是一辆轿车，其余门后面都是一只山羊。你的目的是想得到比较值钱的轿车，但你不能看到门后面的真实情况。主持人先让你做一次选择，在你选择了一扇门后，知道其余 $n-1$ 扇门后面是什么的主持人会打开其中一扇门让你看，当然，那里是一只山羊。现在，主持人告诉你，你还有一次选择机会。请你思考，是坚持第一次的选择不变，还是改变第一次的选择，哪种更有可能得到轿车呢？

设 A_1 表示第一次选到轿车，A_2 表示第一次选到山羊，B 表示最终选到轿车。则由题意可得

$$P(A_1)=\frac{1}{n}, \quad P(A_2)=\frac{n-1}{n}$$

策略有两种，一种是不改变以前的选择，另一种是改变以前的选择。

（1）当不改变选择时，第一次选择得到轿车时最终也一定得到轿车，故 $P(B\,|\,A_1)=1$，则

$$p_1=P_1(B)=P(B\,|\,A_1)P(A_1)=\frac{1}{n}$$

（2）当不改变选择时，第一次选择山羊，改变主意必然选到轿车，故 $P(B\,|\,A_2)=\frac{1}{n-2}$，则

$$p_2=P_2(B)=P(B\,|\,A_2)P(A_2)=\frac{n-1}{n}\frac{1}{n-2}$$

显然，$p_1=\frac{1}{n}<p_2=\frac{1}{n}\frac{n-1}{n-2}$，所以，采用改变选择好。

6.9 报童策略问题

设某报童每日潜在的卖报数 $X \sim P(120)$，如果每卖出一份报可得报酬 1.5 元，卖不掉而

退回则每份赔 0.6 元。若某日该报童进 n 份报，试求其期望所得，对 $n=100$ 和 $n=140$ 分别作计算机模拟。

分析与解答：当市场需求 $X<n$ 时，将只能卖出 X 份报；当市场需求 $X \geqslant n$ 时，则卖出全部 n 份报，而 $X \sim P(120)$。设随机变量 Y 是实际卖出的报数，则其为截尾泊松分布，即

$$P(Y=k)=\begin{cases}\dfrac{\lambda^k}{k!}\mathrm{e}^{-\lambda}, & k<n \\ \displaystyle\sum_{k=n}^{\infty}\dfrac{\lambda^k}{k!}\mathrm{e}^{-\lambda}, & k=n\end{cases}$$

记收入为随机变量 Z，则

$$Z=\begin{cases}1.5n, & Y=n \\ 1.5Y-0.5(n-Y), & Y<n\end{cases}$$

期望所得为

$$E(Z)=\sum_{k=0}^{n-1}\frac{\lambda^k}{k!}\mathrm{e}^{-\lambda}[1.5k-0.6(n-k)]+\sum_{k=n}^{\infty}\frac{\lambda^k}{k!}\mathrm{e}^{-\lambda}\times 1.5n$$

$$=2.1\sum_{k=0}^{n-1}k\frac{\lambda^k}{k!}\mathrm{e}^{-\lambda}-2.1n\sum_{k=0}^{n-1}\frac{\lambda^k}{k!}\mathrm{e}^{-\lambda}+1.5n$$

R 程序如下：

```
#报童策略问题
n=100;                              #买报数
lam=120;                            #泊松分布参数
s=0;
for(k in 0:n-1){
    s=s+k*dpois(k,lam,log=FALSE);
}
EZ=2.1*s-2.1*n*ppois(n-1,lam,lower.tail =TRUE,log.p=FALSE)+1.5*n;  #理论期望利润
N=10000;                           #模拟次数
x=rpois(N,lam); #产生 N 个服从泊松分布的随机变量，代表市场需求
Z=0;
for(i in 1:N){
    if(x[i]>=n) Z[i]=1.5*n
    else Z[i]=x[i]*1.5-(n-x[i])*0.6;
}
MZ=mean(Z);                        #模拟期望利润
cat("期望利润理论值 EZ=",EZ,"模拟值 MZ=",MZ,"\n")
```

当 $n=100$ 时，某次的运行结果为：

期望利润理论值 EZ= 149.7414　模拟值 MZ= 149.7375

习题 6

1. 口袋中有一个球，不知它的颜色是黑的还是白的，再往口袋中放入一个白球，然后从口袋中任意取出一个，发现取出的是白球，试问口袋中原来那个球是白球的可能性是多少？

2. 请模拟问题：把 m 个球放入 n 个盒子中，求每个盒子中都有球的概率。

3. 从 5 双不同的鞋子中任取 4 只，问这 4 只鞋子中至少有两只配成一双的概率是多少？

4. 把 10 本书任意放在书架上，求其中指定的三本书放在一起的概率。

5. 某考生回答一道四选一的考题，假设他知道正确答案的概率为 1/2，而他不知道正确答案时猜对的概率应该为 1/4。那么，他答对题的概率是多大呢？

6. 请论述并模拟高尔顿板实验。

7. （贝特朗奇论）在半径为 R 的圆内任作一弦 AB，问其长度超过内接等边三角形边长的概率 P 等于多少？

8. 设 5 个元件 $A_1, \cdots, A_5$ 组成桥式系统 S（如图 6.10 所示），每个元件正常工作的概率都为 $p = 0.9$，试求桥式系统正常工作的概率。

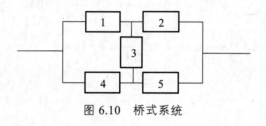

图 6.10 桥式系统

7 随机过程计算与仿真

在客观世界中，许多随机现象都表现为带随机性的变化过程，比如某天气温的变化过程，它不能用一个或几个随机变量来刻画，而要用一族随机变量来刻画，这就是随机过程。随机过程是概率论的继续和发展，被认为是概率论的"动力学"部分，它的研究对象是随时间变化的随机现象。随机过程的理论分析比较复杂，有时候甚至无法进行，但通过计算机仿真可以得到很多实际问题数值解，因此，对随机过程的计算机仿真进行研究是非常必要的，但遗憾的是目前关于这方面的文献比较少。本章重点研究了随机过程的计算与仿真，并给出了相应的 R 程序。

7.1 随机游动与二项过程仿真

初等概率论所研究的随机现象，基本上都可由随机变量或随机向量来描述，随着科学技术的发展，我们必须对一些随机现象的变化过程进行研究，这就要考虑无穷个随机变量的一次具体观测。这时就必须用一族随机变量（随机过程）才能刻画这种随机现象的全部统计规律性。实际上，**随机过程是随机变量的扩展，可以看作多维随机变量的延伸**。

定义 7.1.1 给定参数集 T 和可测空间 $(S,\mathcal{B})$，若对每一个 $t \in T$，都有一个定义在概率空间 $(\Omega,\mathcal{F},P)$ 上的 $\mathcal{B}$ 可测函数 $X(t,\omega)$ 与它对应，就称依赖于参数 t 的 $\mathcal{B}$ 可测函数集合 $X = \{X(t,\omega), t \in T\}$（或简记为 $X = \{X(t), t \in T\}$）为定义在 $(\Omega,\mathcal{F},P)$ 上取值于 $(S,\mathcal{B})$ 的随机过程，简称**随机过程**。

$(S,\mathcal{B})$ 称为随机过程的**状态空间**或**相空间**，S 中的元素称为**状态**。

当 $T = \{0,1,2,\cdots\}$ 时称之为**随机序列**或**时间序列**，常记为 $\{X(n), n = 0,1,2,\cdots\}$。

从数学观点来说，随机过程 $X = \{X(t,\omega), t \in T\}$ 是定义在 $T \times \Omega$ 上的二元函数：

（1）对固定的 t，$X(t,\omega)$ 是概率空间 $(\Omega,\mathcal{F},P)$ 上的一个随机变量，其取值随试验结果而变化，变化有一定的统计规律，称为**概率分布**。

（2）对于固定的样本点 $\omega_0 \in \Omega$，$X(t,\omega_0)$ 就是定义在 T 上的普通函数，记为 $x(t), t \in T$，称为随机过程 X 的一个**样本函数**或一条**样本轨道**，其图像是随机过程的**一条样本曲线（一次实现）**，样本函数的全体称为样本函数空间。

固定样本点的过程就是对随机过程进行抽样，即对随机过程 X 进行一次试验，其结果是 t 的函数，称为样本函数，所有不同的试验结果构成一族样本函数。**随机过程与其样本函数的关系就像数理统计中总体与样本之间的关系**。

其实，随机变量 X 就是最简单的随机过程，时间指标集 $T = \{1\}$，对其仿真就是从总体 X

随机抽样，即生成随机数 $x \sim X$，二维随机变量 (X_1, X_2) 也是非常简单的随机过程，时间指标集为 $T = \{1, 2\}$。

例 7.1.1 （**随机游动**）一个醉汉在路上行走，以概率 p 前进一步，以概率 $1-p$ 后退一步，假设步长相同，以 X_t 表示他在 t 时刻在路上的位置，则 X_t 就是直线上的随机游动。

下面我们对随机游动进行随机模拟，R 程序如下，运行结果如图 7.1 所示。

```
#随机游动，p=0.5
rm(list=ls());              #清除所有变量
n=10^3;p=0.5;              #n 为醉汉行走的步数
x=c(1);                    #醉汉的初始位置为 0
N=rbinom(n,1,p);          #生成 n 个两点分布随机数
for(i in 1:n){
    if (N[i]==1) x[i+1]=x[i]+1 else x[i+1]=x[i]-1;
}
x=x[-1];                   #删除向量 x 的第一个元素
x                          #醉汉的运动轨迹
t=c(1:n);
plot(t,x,type="l",col="black");
```

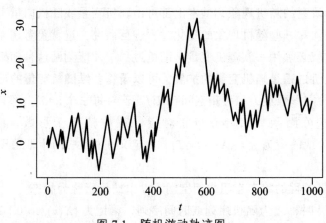

图 7.1　随机游动轨迹图

例 7.1.2 （**伯努利过程与二项过程**）设 $X = \{X_n, n \in \mathbf{N}\}$ 是一离散时间随机过程并且 $X_1, \cdots, X_n, \cdots$ 是相互独立的随机变量序列。如果它们共同的分布服从 0-1 分布，则称 X 为**伯努利过程**。进一步定义，伯努利过程的前 n 项和 $S_n = \sum_{i=1}^{n} X_i$，令 $S_0 = 0$，则称随机变量序列 $S = \{S_n, n \in \mathbf{N}\}$ 为**二项过程**。它们的时间指标集 T 和状态空间 S 都是离散的，因此伯努利过程与二项过程都是离散时间离散状态的随机过程。

R 程序如下，运行部分结果如图 7.2 所示。

```
n=10;T=c(1:1:n);
N=rbinom(n,1,0.5);          #伯努利过程样本轨迹
```

```
S=cumsum(N);              #二项过程样本轨迹
plot(T,S);                #二项过程样本轨迹图
```

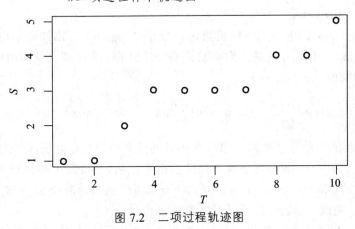

图 7.2   二项过程轨迹图

7.2   泊松过程的计算与仿真

泊松过程在物理学、生物学、金融和可靠性理论等领域都有广泛应用。本节探讨泊松过程的计算与仿真，借助 R 语言展开探讨并给出了模拟程序。

7.2.1   泊松过程

定义 7.2.1   称有限值计数过程 $\{N(t),\, t \geqslant 0\}$ 为**齐次泊松过程（泊松过程）**，如果

（1） $P(N(0) = 0) = 1$；

（2）具有独立增量；

（3） $\forall s, t \geqslant 0, P\{N(t+s) - N(s) = n\} = \mathrm{e}^{-\lambda t} \dfrac{(\lambda t)^k}{k!},\ k = 0, 1, \cdots$

等价定义：

（1） $P(N(0) = 0) = 1$；

（2）具有平稳独立增量；

（3） $\forall t \geqslant 0$，当 $h \to 0+$ 时， $P\{N(t+h) - N(t) = 1\} = \lambda h + o(h), \lambda > 0$；

（4） $\forall t \geqslant 0$，当 $h \to 0+$ 时， $P\{N(t+h) - N(t) \geqslant 2\} = o(h)$。

令 $X_n, (n \geqslant 1)$ 表示 $n-1$ 次事件与第 n 个事件到达时间的间隔， $\{X_n, n \geqslant 1\}$ 称为**到达时间间隔序列**。用 S_n 表示第 n 个事件出现的时刻，即 $S_n = X_1 + \cdots + X_n$，称 S_n 为直到第 n 个事件出现的等待时间，也称**到达时间**。

定理 7.2.1   计数过程 $\{N(t), t \geqslant 0\}$ 是强度为 λ 的泊松过程的充分必要条件是 $\{X_n, n \geqslant 1\}$ 相互独立且参数同为 λ 的指数分布。

定理 7.2.1 提供了对泊松过程进行计算机模拟的方法，只需产生 n 个独立指数分布随机数，将其作为 $X_i, i = 1, 2 \cdots$，即可得泊松过程的一条样本路径。

方法一： 由定理可知强度为 λ 的泊松过程的点间间距 $X_n, n = 1, 2, \cdots$ i.i.d 于 $Exp(\lambda)$ ，基于这一事实，有：

（1）令 $S_0 = 0$ 和 $t_0 = 0$ ；

（2）对于 $n = 1, 2, \cdots$ ，生成均匀随机数 u_i ，令 $t_i = -\log u_i / \lambda$ ，则知 t_i 为 $Exp(\lambda)$ 随机数。令 $S_i = S_{i-1} + t_i$ ，则 $\{S_i, i = 1, 2, \cdots\}$ 就是我们要模拟泊松过程的一个实现，从而由序列 $u_1, \cdots, u_n$ 可实现对 $N(t)$ 过程的模拟，

$$N(t) = \max\{n \mid \sum_{k=1}^{n} t_k \leqslant t\} = \max\{n \mid \sum_{k=1}^{n} \ln u_k \leqslant -\lambda t\} = \max\{n \mid u_1 \cdots u_n \leqslant \exp(-\lambda t)\}$$

因为泊松过程有平稳独立增量，事件在 $[0, t]$ 的任何相同长度的子区间内发生的概率都是相等的，所以在已知 $[0, t]$ 内发生了 n 次事件的前提下，各次事件发生的时刻 $S_1, \cdots, S_n$ （不排序）可看作相互独立的 $U[0, t]$ 。在 $N(t) = n$ 的条件下 n 个事件的到达时间 $S_1, \cdots, S_n$ 的联合密度等于 n 个独立的 $U[0, t]$ 随机变量的顺序统计量的密度函数。

方法二： 由于 n 个点发生的时间 $S_1, \cdots, S_n$ 与 n 个独立同分布 $U(0, T]$ 的次序统计量有相同分布，于是有：

（1）给定 $T > 0$ ，生成 $P(\lambda T)$ 随机数 x ；

（2）假定 $x = n$ ，独立生成 n 个均匀随机数 $u_1, \cdots, u_n$ ，由小到大次序排列得 $0 < u'_1 < \cdots < u'_n \leqslant 1$ ，令 $S_i = Tu'_i, i = 1, \cdots, n$ ，则 $\{S_i, i = 1, 2, \cdots\}$ 就是要模拟泊松过程的一个实现；

根据方法一，泊松过程随机模拟的 R 程序如下：

```
n=1000;            #总共到达的事件数
x1=0;x=0;
N=rexp(n,1);       #事件到达的时间间隔
for(i in 1:n){
    x1[i+1]=x1[i]+N[i];
    x[i]=x1[i+1];              #第 i 次事件到达的时刻
}
#需找 t 时刻，泊松过程到达多少次事件 a
t=95;#小于 x[n]
for(i in 1:n){
    if (x[i]<t) {i=i+1;a=i-1} else break;#跳出循环
}
```

例 7.2.1 某城市火警中心白天 8:00—16:00 接收报警电话可视为泊松过程，假如平均每小时有三起报警电话，试模拟该过程。

R 程序如下，模拟结果如图 7.3 所示。

```
k=100;    #泊松过程记录次数
d=100;    #远大于期望报警次数
t=seq(from=0.01,to=8,length=k);c=0;u=runif(d,0,1);
for(i in 1:k){
```

```
    n=0;b=1;
    for(j in 1:d){
b=b*u[j];
        if (b>=exp(-3*t[i])) n=n+1;
    }
    c[i]=n;
}
plot(t,c);
```

注：由于每小时平均有 3 次报警，共 8 小时，故期望报警总次数为 24 次，因此输入的 d 应远大于 24。

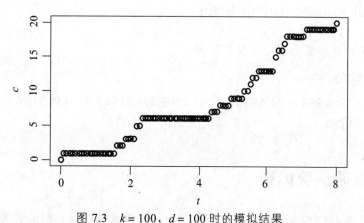

图 7.3　$k = 100$，$d = 100$ 时的模拟结果

从图 7.3 易见，报警次数是递增的，如果在一条直线上，表示此段时间内报警次数为 0，这符合计数过程的特性，最终报警次数为 20。

7.2.2　复合泊松过程

定义 7.2.2　称 $\{X(t), t \geq 0\}$ 为**复合泊松过程**，如果对于 $t \geq 0$，$X(t) = \sum_{k=1}^{N(t)} Y_k$，$t \geq 0$，其中 $\{N(t), t \geq 0\}$ 是强度为 λ 的泊松过程，$\{Y_k, k = 1, 2, \cdots\}$ 是 i.i.d 的随机变量序列且与 $\{N(t), t \geq 0\}$ 独立。

显然，复合泊松过程不一定是计数过程，因为复合泊松过程的取值不一定是自然数，但当 $Y_i \equiv c, i = 1, 2, \cdots, c$ 为常数时，可化为泊松过程。在经典风险模型中，索赔过程经常用一个复合泊松过程来描述的。

设 $\{N(t), t \geq 0\}$ 是强度为 $\lambda = 6$ 的泊松过程，$Y_k, k = 1, 2, \cdots$ 是 i.i.d 于 $Exp(0.1)$，则复合泊松过程 $X(t) = \sum_{k=1}^{N(t)} Y_k$，$t \geq 0$ 的随机模拟为

（1）将时间离散化，即 $t = 1, 2, 3, \cdots, n$。

（2）生成 n 个 $P(6)$ 随机数，记为 $N_1, \cdots, N_n$，N_i 表示时刻 $(i-1, i]$ 内事件发生的次数。

（3）生成 N_i 个 $Exp(0.1)$ 随机数，其和 S_i 作为时刻 $(i-1,i)$ 内 $\{X(t)\}$ 的增量。

（4）$X_i = \sum_{j=1}^{n} S_i$ 表示到时刻 n 复合泊松过程的取值。

R 程序如下：

```
# 模拟复合泊松过程，指数随机数的参数为其期望
n=10;x=0;s=0;N=rpois(n,6);
for(i in 1:n){
    for(j in 1:N[i]){
        y=rexp(N[i],0.1);s[i]=sum(y);
    }
    if (i==1) {x[i]=s[i];}else {x[i]=x[i-1]+s[i];}
}
x        #x[i]表示[0,n]时刻复合泊松过程的取值
```

一次模拟结果如下：

[1] 179.7702 273.6768 293.0691 430.0213 516.2503 551.2564 690.9148 758.6372

[9] 791.9764 841.0390

7.3　随机服务系统仿真

众所周知，某些资源、设备或空间的有限性及社会各部门对它们的需求是存在排队现象的主要因素，而诸如服务机构的管理水平低劣、服务窗素质差，效率不高，或顾客的无计划性以及其他原因也往往使不该有的排队现象出现。面对拥挤现象，人们总是希望尽量设法减少排队，通常的做法是增加服务设施，但是增加的数量越多，人力、物力的支出就越大，甚至会出现空闲浪费。如果服务设施太少，顾客排队等待的时间就会很长，这样对顾客会带来不良影响，也会带来社会效益的损失。顾客排队时间的长短与服务设施规模的大小构成了设计随机服务系统中的一对矛盾。如何做到既保证一定的服务质量指标，又使服务设施费用经济合理，恰当地解决顾客排队时间与服务设施费用大小这对矛盾，就是**随机服务系统理论——排队论**所要研究解决的问题。

在某商店有一个售货员，顾客陆续来到，售货员逐个地接待顾客。当到的顾客较多时，一部分顾客便须排队等待，被接待后的顾客便离开商店。设顾客到来间隔时间服从参数为 0.1 的指数分布，对顾客的服务时间服从 $[4,15]$ 上的均匀分布，排队按先到先服务规则，队长无限制。假定一个工作日为 8 小时，时间以分钟为单位。

（1）模拟一个工作日内完成服务的个数及顾客平均等待时间。

（2）模拟 100 个工作日的每日完成服务的个数及每日顾客的平均等待时间。

假定下述符号说明：

w：总等待时间；　　　　　　c[i]：第 i 个顾客的到达时刻；

b[i]：第 i 个顾客开始服务时刻；　e [i]：第 i 个顾客服务结束时刻；

x[i]：第 i-1 个顾客与第 i 个顾客到达之间的时间间隔；

y[i]：对第 i 个顾客的服务时间。

则有 c[i]=c[i-1]+x[i]，e[i]=b[i]+y[i]，b[i]=max(c[i],e[i-1])。

我们模拟 n 日内完成服务的个数及顾客平均等待时间，R 程序如下：

```
n=100;#模拟的天数
m=0;c=0;b=0;x=0;y=0;e=0;t=0;
for(j in 1:n){
    i=1;w=0;x[i]=rexp(1,1/10);c[i]=x[i];b[i]=x[i];
    while(b[i]<=480){
        y[i]=runif(1,4,15); e[i]=b[i]+y[i]; w=w+b[i]-c[i];
        i=i+1;
        x[i]=rexp(1,1/10); c[i]=c[i-1]+x[i]; b[i]=max(c[i],e[i-1]);
    }
    i=i-1;t[j]=w/i;m[j]=i;
}
t    #t 为 n 个工作日的每日平均等待时间
m    #m 为 n 个工作日的每日完成的顾客数
mean(t);sd(t);mean(m);sd(m);
par(mfcol=c(1,2));
hist(t);hist(m);
```

当 $n=1$ 时，可得一个工作日内完成服务的个数及顾客平均等待时间，一次模拟结果为 $t=41.515\,19$，$m=48$。

当 $n=100$ 时，可得 100 个工作日的每日完成服务的个数及每日顾客的平均等待时间，一次模拟结果如图 7.4 所示。

$$\text{mean}(t)=23.165\,85,\ \text{sd}(t)=17.165\,05,\ \text{mean}(m)=43.31,\ \text{sd}(m)=4.937\,375$$

即 100 个工作日内完成服务的顾客数为 43.31 人，平均等待时间为 23.165 85 分钟。

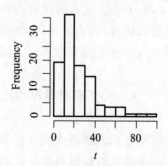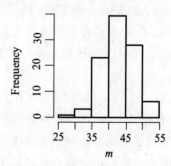

图 7.4　100 个工作日每日顾客平均等待时间（左）与服务个数（右）直方图

请读者注意，由于存在随机性，每次模拟结果可能不一样。

思考：如果此商品的售货员为 2 个，其他条件不变，该如何进行计算机仿真？

7.4　马氏链的计算与仿真

独立性为数学处理带来了很大方便，但独立的条件却与很多实际随机现象不符合。1906年苏联数学家 Markov 开始研究并建立了一种新的随机过程——Markov 过程，它具有**无后效性**，即要确定过程将来状态的概率分布，只需知道现在的状态就足够了，并不需要知道系统过去的状态，如果它的状态空间离散，也常称为 **Markov 链**。由于 Markov 过程在数学上处理比较方便，同时也比较符合实际中随机现象的特性，因此它成为很多随机现象的数学模型，在自然科学、社会科学、工程技术的各个领域中都广应用泛。

7.4.1　马氏链基本理论

定义 7.4.1　定义在 $(\Omega, \mathcal{F}, P)$ 上的随机过程 $X = \{X_n, n \in \mathbf{N}\}$，状态空间为 $S = \{i_0, i_1, \cdots\}$，对于 $\forall$ 正整数 $n, m \in T$，$i_0, i_1, i_2, \cdots i_{n+1} \in S$，成立

$$P\{X_{n+m} = i_{n+1} \mid X_0 = i_0, X_1 = i_1 \cdots, X_n = i_n\} = P\{X_{n+m} = i_{n+1} \mid X_n = i_n\}$$

则称 X 为**马尔可夫链**（MC），简称**马氏链**。

Markov 性是说，如果给定了随机过程的历史和现在信息，去判断系统在将来某个时刻的转移概率，则历史信息无用，起作用的只是现在信息，因此马氏性也简称无记忆性。

MC 的统计特性完全由初始分布 $P(X_0 = i_0)$ 和条件概率 $P\{X_{n+1} = j \mid X_n = i\}$ 决定，如何确定这个条件概率是马氏链理论和应用中的重要问题之一。

定义 7.4.2　称 $p_{ij}^{(k)}(n) = P\{X_{n+k} = j \mid X_n = i\}$ 为 X 在时刻 n 的 k 步转移概率，其中 $i, j \in S$。如果转移概率与 n 无关，则称为**时齐马氏链**，并记 $p_{ij}(n) = p_{ij}$。一步转移概率简称**转移概率**。

下面讨论齐次马氏链，通常将齐次两字省略。由全概率公式和 Markov 性可得：

定理 7.4.1　设 $\{X_n, n \in \mathbf{N}\}$ 为马氏链，则对任意整数 $n \geqslant 0$，$1 \leqslant l < n$ 和 $i, j \in S$，n 步转移概率 $p_{ij}^{(n)}$ 具有下列性质：

（1）$p_{ij}^{(n)} = \sum_{k \in S} p_{ik}^{(l)} p_{kj}^{(n-l)}$；（2）$P^{(n)} = PP^{(n-1)} = P^n$

（2）只是（1）的矩阵表现形式。（1）式简称 C-K 方程，它在马氏链的转移概率计算中起着重要的作用。C-K 方程有以下直观意义：马氏链从状态 i 出发，经过 n 步转移到状态 j，可以从状态 i 出发，经过 l 步转移到中间状态 k，再经 $n-l$ 步转移到状态 j，而中间状态取遍状态空间 S。

称 $p_j = P\{X_0 = j\}$ 和 $p_j(n) = P\{X_n = j\}, (j \in S)$ 为 $\{X_n, n \in \mathbf{N}\}$ 的**初始概率**和**绝对概率**，并分别称 $\{p_j, j \in S\}$ 和 $\{p_j(n), j \in S\}$ 为**初始分布**和**绝对分布**。

初始分布表示了马氏链在开始时刻所处状态的概率，而转移概率则表达了马氏链在状态转移过程的规律，因此初始分布和转移概率决定了马氏链的有限维分布，从而也决定了马氏链的统计规律。

对于用马氏链描述的实际系统，人们非常关心经过长时间转移后，系统处于各个状态的概率是多少以及马氏链是否具有统计上的稳定性。

定义 7.4.3 设马氏链 $\{X_n, n \geqslant 1\}$ 的状态空间为 $S = \{1, \cdots, n, \cdots\}$，如果对任意 $i, j \in S$，则转移概率 $\lim\limits_{n \to \infty} p_{ij}^{(n)} = \pi_j$（不依赖 i），则称此链具有遍历性。

定理 7.4.2 设齐次马氏链 $X = \{X_n, n \in \mathbf{N}\}$ 的状态空间为 S，转移概率矩阵为 P，如果存在某个正整数 m，使得 $P^m = (p_{ij}^{(m)})$ 的每个元素大于 0，则 $X = \{X_n, n \in \mathbf{N}\}$ 是不可约的，且是遍历的。

定理 7.4.2 给出了判断马氏链遍历性的一个充分条件，很有意义。

定义 7.4.4 设 $X = \{X_n, n \in \mathbf{N}\}$ 是齐次马氏链，如果对任意 $i, j \in S$，有 $\lim\limits_{n \to \infty} p_{ij}^{(n)} \triangleq \pi_j$，且 $\sum\limits_{j \in S} \pi_j = 1, \pi_j \geqslant 0$，则概率分布 $\{\pi_j, j \in S\}$ 称为 X 的极限分布。

如果概率分布 $\{\pi_j, j \in S\}$ 满足 $\pi_j = \sum\limits_{i \in S} \pi_i p_{ij}$，称为 X 的平稳分布（不变分布）。

若马氏链的初始分布 $P(X_0 = j) = p_j$ 为平稳分布，则 X_1 的分布将是

$$P(X_1 = j) = \sum_{i \in S} P(X_1 = j \mid X_0 = i) P(X_0 = i) = \sum_{i \in S} p_{ij} p_i = p_j$$

这与 X_0 分布是相同的，依次递推 $X_n, n = 0, 1, 2, \cdots$ 都有相同分布，这也是称为不变分布的原因。不变分布的存在性是有条件的，一般以如下极限定理加以论述。

定理 7.4.3 （极限定理）对于不可约非周期马氏链，若它是遍历的，则 $\pi_j = \lim\limits_{n \to \infty} p_{ij}^{(n)} > 0$，$j \in S$ 是不变分布且是唯一的不变分布。

7.4.2 马氏链仿真

例 7.4.1 设 Markov 链 $\{X_n, n \in \mathbf{N}\}$ 初始分布 $p_j = P\{X_0 = j\} = \dfrac{1}{3}, j = 0, 1, 2$，状态空间 $S = \{0, 1, 2\}$，转移概率矩阵 $P = \begin{pmatrix} 3/4 & 1/4 & 0 \\ 1/4 & 1/2 & 1/4 \\ 0 & 3/4 & 1/4 \end{pmatrix}$，求 $P(X_0 = 0, X_2 = 1)$，$P(X_2 = 1)$。

解 状态转移图为图 7.5。

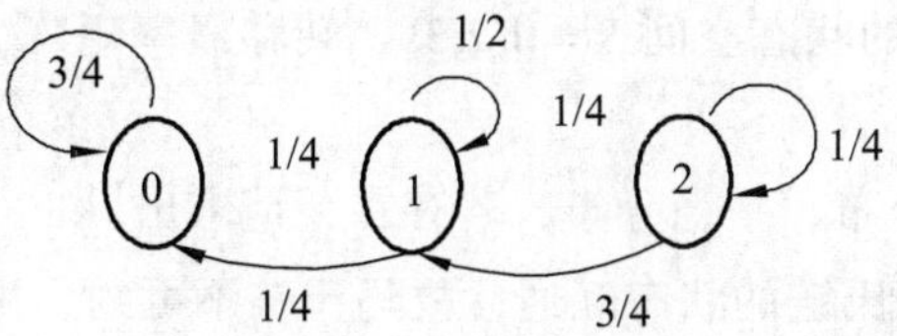

图 7.5　状态转移图

由于 $P^{(2)} = P^2 = \begin{pmatrix} \dfrac{5}{8} & \dfrac{5}{16} & \dfrac{1}{16} \\ \dfrac{5}{16} & \dfrac{1}{2} & \dfrac{3}{16} \\ \dfrac{3}{16} & \dfrac{9}{16} & \dfrac{1}{4} \end{pmatrix}$，因此由乘法公式可得

$$P(X_0 = 0, X_2 = 1) = P(X_0 = 0)P(X_2 = 1 \mid X_0 = 0) = \frac{1}{3} \times \frac{5}{16} = \frac{5}{48}$$

由全概率公式可得

$$P(X_2 = 1) = \sum_{j=0}^{3} p_j p_{j1}^2 = \frac{1}{3} \times \left(\frac{5}{16} + \frac{1}{2} + \frac{9}{16} \right) = \frac{11}{24}$$

我们现在通过计算机对此马尔可夫链进行随机模拟，即生成一个样本函数。

```
#P 为一步转移矩阵
P=matrix(c(3/4,1/4,0,1/4,1/2,1/4,0,3/4,1/4),nrow=3,ncol=3,byrow=TRUE);
m=10000;                        #样本函数的长度
m1=length(P[1,]);               #状态空间的个数
S=3;                            #MC 初始状态
x=c(1,2,3);                     #状态空间，从 1 开始计数
N=rep(0,m1);
for(i in 1:(m-1)){
    for(j in 1:m1){
        if (S[i]==j) {S[i+1]=sample(x,1,p=P[j,],replace=TRUE);N[j]=N[j]+1;}
    }
}
S-1;                            #样本函数
N                               #状态出现的频数
```

查状态出现的频数也可采用如下命令：

```
for(i in 1:m1){
    if (S[m]==i) N[i]=N[i]+1;
}
```

例 7.4.2 设马氏链 X 的状态空间 $S = \{1,2,3\}$，转移概率矩阵 $P = \begin{pmatrix} 1/4 & 1/2 & 1/4 \\ 1/2 & 1/4 & 1/4 \\ 0 & 1/4 & 3/4 \end{pmatrix}$。试分

析马氏链 X 是否存在极限分布、平稳分布，若存在，请求出。

解 从转移概率看，马氏链的状态互通，故马氏链不可约。由第二列元素都大于 0 可知马氏链为遍历的。因此马氏链存在唯一的极限分布和唯一的平稳分布，且极限分布就是平稳分布。

解方程组 $\begin{cases} (\pi_1,\pi_2,\pi_3)P = (\pi_1,\pi_2,\pi_3) \\ \sum_{i=1}^{3} \pi_i = 1 \end{cases}$ 可得 $\pi = (\pi_1,\pi_2,\pi_3) = \left(\frac{1}{5}, \frac{3}{10}, \frac{1}{2} \right)$。则 π 为马氏链的唯一

极限分布和平稳分布。

马氏链的随机模拟及其平稳分布：

```
#P 为一步转移矩阵
P=matrix(c(1/4,1/2,1/4,1/2,1/4,1/4,0,1/4,3/4),nrow=3,ncol=3,byrow=TRUE);
m=10000;                          #样本函数的长度
m1=length(P[1,]);                 #状态空间的个数
S=3;                              #MC 初始状态
x=c(1,2,3);                       #状态空间，从 1 开始计数
N=rep(0,m1);
for(i in 1:(m-1)){
    for(j in 1:m1){
        if (S[i]==j) {S[i+1]=sample(x,1,p=P[j,],replace=TRUE);N[j]=N[j]+1;}
    }
}


S;                               #样本函数
N/m;                             #状态出现的频率
```

一次模拟结果为：

[1] 0.2022 0.3027 0.4950

显然一次模拟结果的各个状态出现的频率很接近其平稳分布。

```
N1=rep(0,m1);
for(i in 101:m){
    for(j in 1:m1){
        if (S[i]==j) N1[j]=N1[j]+1;
    }
}
N1/(m-100)          #MC 自时刻 100 后各个状态出现的频率
P1=P;
for(i in 1:100){
    P1=P1%*%P1;
}
P1          #100 步转移概率矩阵
```

一次运行结果为：

[1] 0.2032323 0.3030303 0.4937374

	[,1]	[,2]	[,3]
[1,]	0.2	0.3	0.5
[2,]	0.2	0.3	0.5
[3,]	0.2	0.3	0.5

由于计算机刚产生的马氏链没达到平稳状态，故从第 101 步开始统计频数，很明显这次频数更接近其平稳分布。马氏链不论从什么状态出现，经过 100 次转移就可达到平稳状态。遗憾的是，判断马氏链从哪个时刻开始进入平稳状态是件很困难的事情，一般的做法是截断刚产生的马氏链，至于多长，凭作者的喜好和经验，太长，效率太低；太短，马氏链还没有收敛到平稳状态，模拟效果不佳，甚至可能发生错误。当然，人们也找到了一些有效办法，对此有兴趣的读者可参考相应的专业文献。值得注意的是，利用 R 软件做矩阵运算不如 MATLAB 方便，建议读者可将两个软件交替使用。

7.5 布朗运动的计算与仿真

1827 年，英国生物学家 Brown 发现悬浮在液体表面的花粉颗粒会无序地向各个方向运动，无法预测，后人把这种运动称为**布朗运动**。作为随机过程，布朗运动的性质最为特殊，作用也更广泛。布朗运动不仅出现在概率论领域，还遍及数学、物理、化学、生物、天文等自然科学领域，也出现在数量经济、金融、保险精算等应用领域，由此可见对布朗运动进行研究意义重大。本节主要给出布朗运动的定义并进行计算机仿真。

设一个粒子在直线上做随机游动，在每单位时间内等可能的向左或向右移动一单位长度，即每隔 Δt 时间等概率的向左或向后移动 Δx 的距离。若 $X(t)$ 表示时刻 t 的位置，X_i，$i = 1, 2, \cdots$ i.i.d 于 $P(X = 1) = P(X = -1) = 0.5$，则

$$X(t) = \Delta x(X_1 + \cdots + X_{[t/\Delta t]})$$

显然 $E(X_i) = 0, \operatorname{var}(X_i) = 1$，所以 $E(X_t) = 0$，$\operatorname{var}(X_t) = (\Delta x)^2 [t/\Delta t]$。

（1）如果取 $\Delta x = \Delta t$，令 $\Delta t \to 0$，则 $\operatorname{var}(X_t) \to 0$，即 $X_t = 0, \text{a.s}$，这样，粒子几乎处处在 0 点，没有讨论的意义；

（2）如果取 $\Delta t = (\Delta x)^3$，令 $\Delta t \to 0$，则 $\operatorname{var}(X_t) \to \infty$，这显然是不合理的，因为在在有限时间内方差达到无穷大，意味着粒子在有限时间内要运行到无穷远处，并要消耗无穷多的能量；

（3）如果 $\Delta x = \sigma \sqrt{\Delta t}$，$\sigma$ 为某常数，则当 $\Delta t \to 0$，$\operatorname{var}(X_t) \to \sigma^2 t$。

由中心极限定理可知：$X_t \sim N(0, \sigma^2 t)$，由于随机游动在不相互重叠的时间区间中的变化是独立的，故 $\{X_t, t \geq 0\}$ 具有独立增量。又因为随机游动在任一时间区间中的位置变化只和时间区间的长度有关，与时间的起点无关，故 $\{X_t, t \geq 0\}$ 具有平稳增量。

综上所述，我们可抽象出：

定义 7.5.1 若随机过程 $\{X_t, t \geq 0\}$ 满足：

（1）$X_0 = 0$；

（2）具有独立平稳增量；

（3）对每一 $t > 0$，$X_t \sim N(0, \sigma^2 t)$，则称 $\{X_t, t \geq 0\}$ 是**布朗运动**。

由于这一定义在应用中不方便，我们不加证明给出下面性质作为布朗运动的等价定义，其证明过程可以在很多著作中找到。

布朗运动是具有下述性质的随机过程 $\{B_t, t \geq 0\}$：

（1）正态增量，即 $\forall t > s$，$B_t - B_s \sim N(0, t - s)$；

（2）独立增量，$B_t - B_s$ 独立于过去的状态 $B_u, 0 \leq u \leq s$；

（3）路径的连续性，$B_t, t \geq 0$ 是 t 的连续函数；

由于没有假定 $B_0 = 0$，因此称为**始于** x **的布朗运动**，所以有时为了强调起始点，也记为 $\{B^x(t), t \geq 0\}$。当 $\sigma = 1$，称为**标准布朗运动**，下面如不特别声明，一律指标准布朗运动。

例 7.5.1 设 $\{B(t), t \geq 0\}$ 是标准布朗运动，求 $P(B(t) \leq 0, t = 0, 1, 2)$。

解 由于 $P(B(0) = 0) = 1$，$B(2) - B(1)$ 与 $B(1)$ 相互独立的随机变量且都服从 $N(0,1)$，所以

$$P(B(t) \leq 0, t = 0, 1, 2) = P(B(t) \leq 0, t = 1, 2) = P(B(1) \leq 0, B(1) + B(2) - B(1) \leq 0)$$

$$= \int_{-\infty}^{0} P\{B(2) - B(1) \leq -x\} f(x) \mathrm{d}x = \int_{-\infty}^{0} [1 - \Phi(x)] \mathrm{d}\Phi(x)$$

$$= \Phi(0) - \int_{-\infty}^{0} \Phi(x) \mathrm{d}\Phi(x) = 0.5 - \int_{0}^{0.5} y \mathrm{d}y = \frac{3}{8}$$

其中 $\Phi(x)$ 为标准正态分布函数，$f(x) = \Phi'(x)$。

下面进行计算机仿真：由布朗运动的性质可知，$B(2) - B(1)$ 与 $B(1)$ 相互独立的随机变量且都服从 $N(0,1)$，故只需生成两个独立标准正态分布随机数 u_1, u_2，则 $u_1 \sim B(1)$，$u_1 + u_2 \sim B(2)$，如果 $u_1 \leq 0, u_1 + u_2 \leq 0$，则认为事件 $\{B(t) \leq 0, t = 1, 2\}$ 发生。由大数定律可知，频率会以概率收敛到概率，故可用事件发生的频率来估计概率。

R 程序如下：

```
k1=100; #模拟次数
k=1000; #每次模拟中再模拟 k 次，以其平均数作为每次模拟结果
p=0;n=0;b=0;
for(j in 1:k1){
    for(i in 1:k){
        m=0;u=rnorm(2,0,1);
        b[1]=u[1];b[2]=u[1]+u[2]; #b[1],b[2]分别为 BM 在时刻 1，2 的取值
        if(b[1]<=0&b[2]<=0) m=m+1;
        n[i]=m;
    }
    p[j]=mean(n);
}
mean(p);sd(p);
hist(p);
```

生成的频数直方图如图 7.6 所示。

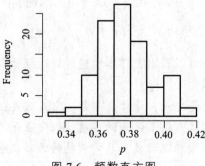

图 7.6 频数直方图

这 100 次模拟的平均值为 0.377 01，标准差为 0.016 385 81，显然期望非常接近真实值 $3/8 = 0.375$，且标准差不大，所以模拟效果很好，值得信赖。

下面介绍对布朗运动样本轨道的随机仿真方法，其仿真的主要依据是布朗运动的定义。通过随机游动模型，使我们直观了解了布朗运动，从而便于理解它的独特特性。布朗运动在数值计算中可以用离散的对称简单随机徘徊近似。现在假设 $S = \{S_n, n \in \mathbf{N}\}$ 是一个随机游动，即对

$\forall n \in \mathbf{N}$，$S_n = \sum_{k=1}^{n} \xi_k, S_0 = 0$，其中 $\{\xi_n\}$ 独立同分布于离散随机变量 ξ，$P(\xi = -1) = P(\xi = 1) = 0.5$。

设 $N \in \mathbf{N}$，定义随机变量 $W_{k\Delta t}^{(N)} = N^{-0.5} S_k$，其中 $\Delta t = 1/N, k \in \mathbf{N}$，对随机变量序列 $W_0^{(N)} = 0, W_{\Delta t}^{(N)} = N^{-0.5} S_1, \cdots, W_{k\Delta t}^{(N)} = N^{-0.5} S_k$，$W_1^{(N)} = N^{-0.5} S_N, \cdots$，进行逐段线性插值得到一连续随机过程 $W^{(N)} = \{W_t^{(N)}, t \geqslant 0\}$，则 $W^{(N)}$ 就是布朗运动。

下面进行随机模拟：令 $\sigma = 1$，$\Delta t = 0.000\ 1$，共模拟 1 000 步，R 程序如下：

```
xt=0;          #xt 为布朗运动的轨迹，初始位置为 0
tc=0.001;      #tc 为模拟的时间间隔
t=seq(from=0,by=tc,to=1); #布朗运动的时间参数集
for(i in 2:1001){
    m=0;u=runif(1,0,1);
    if(u>=0.5) m=-1 else m=1;
    bc=tc^0.5*m;xt[i]=xt[i-1]+bc;
}
plot(t,xt,type="l",col="black");
```

模拟结果如图 7.7 所示。

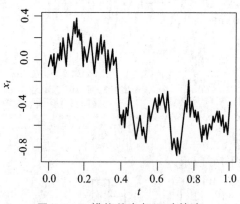

图 7.7　R 模拟的布朗运动轨迹

从布朗运动的运动轨迹上可以看出，样本轨迹处处连续，但起伏不平，甚至可以说曲线上处处是尖点，即处处不可微！

思考：如果一条曲线处处是尖点，请读者想象，它应该是什么形状？是否可测（度量长度）？众多周知，光滑很美，具有很多优良的性质，但尖点是不光滑的，是不可微的，而布朗运动几乎处处是尖点，这让布朗运动成为非常奇特的运动，也吸引了众多科学家对其进行探秘。

设 $\{B(t), t \geq 0\}$ 为标准布朗运动，下面我们仿真布朗运动在时间区间 $[0, T]$ 上的样本规定，其中 $T > 0$ 是任意一个有限的固定时刻。首先对区间 $[0, T]$ 取一个划分，例如取小的时间增量 $\Delta T = T/N$，其中 N 为一个自然数。定义 $t_j = j\Delta T$ 和布朗运动的增量 $\Delta B_k = B_{t_{k+1}} - B_{t_k}$，$j = 0, 1, \cdots, N$，于是 t_{j+1} 时刻布朗运动状态为

$$B_{t_{j+1}} = \sum_{k=0}^{j} \Delta B_k, j \in \mathbf{N}, \quad \Delta B_k \sim N\left(0, \frac{T}{N}\right), \text{对任意} k \in \mathbf{N}。$$

运行下面 R 代码：

```
T=1;N=1000;DT=T/N;DW=rep(0,N);
set.seed(0)        #随机数种子为 0
dW=sqrt(DT)*rnorm(N,0,1);W=cumsum(dW);
t=seq(from=DT,by=DT,to=T);
plot(t,W,type="l",col="black");
```

生成如图 7.8 所示的一条仿真布朗运动轨迹。

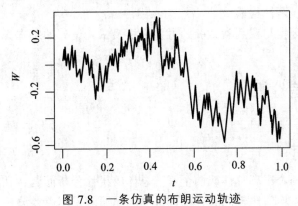

图 7.8　一条仿真的布朗运动轨迹

习题 7

1. 设 $\{X_n, n = 1, 2, \cdots\}$ 为一列 i.i.d 于 $F(x)$ 且非负的随机变量，（为避免平凡的情况，设 $F(0) = P\{X_n = 0\} \neq 1$，$0 < \mu = EX_1 \leq \infty$），$S_0 = 0$，$S_n = \sum_{i=1}^{n} X_i$，$n = 1, 2, \cdots$，$N(t) = \sup\{n, S_n \leq t\}$，$t \geq 0$，则计数过程 $\{N(t), t \geq 0\}$ 为更新过程，X_n 为更新寿命，S_n 为第 n 次更新时刻（再生点）。请读者思考，更新过程如何进行计算机仿真，并给出 R 程序？

2. 设齐次 Markov 链 $\{X_n, n = 0, 1, 2, \cdots\}$ 的状态空间 $S = \{0, 1, 2\}$，初始分布为 $P(X_0 = 0) = \dfrac{1}{4}$，$P(X_0 = 1) = \dfrac{1}{2}$，$P(X_0 = 2) = \dfrac{1}{4}$，转移概率矩阵 $P = \begin{pmatrix} 1/4 & 3/4 & 0 \\ 1/3 & 1/3 & 1/3 \\ 0 & 1/4 & 3/4 \end{pmatrix}$。

（1）计算概率 $P(X_0 = 0, X_1 = 1, X_2 = 2)$；

（2）计算条件概率 $P(X_{n+2} = 1 | X_n = 0)$。

3. 请读者思考，如何随机过程不满足独立增量，该如何进行计算仿真？

8 方差分析与试验设计

在工农业生产和科学试验中，经常要处理试验数据。例如在农业生产中，需要考察种子、土质、肥料、雨水、耕作技术等的不同对农作物产量有无显著影响。我们经常发现，试验条件不一样，得到的试验结果不同，甚至有时在相同的试验条件下，也会得到不同的试验结果。那么，试验结果之间的差异到底由什么原因引起的呢？是试验条件不同引起的呢？还是试验随机误差引起的呢？如果是由试验条件不同引起的，那么对试验指标最有利的试验条件应该如何选取？方差分析与试验设计是处理这类问题的一种数学方法。

方差分析（Analysis of Variance，ANOVA）又称**变异数分析**或 F **检验**，用于两个及两个以上样本均数差异的显著性检验。

本章主要介绍单因素与双因素试验的方差分析及试验设计的基本方法。

8.1 单因素方差分析

8.1.1 问题的提出

前面讨论的都是一个正态总体或两个正态总体的统计分析问题，在实际工作中我们还会经常碰到多个正态总体均值比较问题，处理这类问题通常采用方差分析方法。

例 8.1.1 有 5 种油菜品种，分别在 4 块试验田上种植，所得亩产量如表 8.1 所示。

表 8.1 产量统计（单位：kg）

品种	田块			
	1	2	3	4
A_1	256	220	280	298
A_2	244	300	290	275
A_3	250	277	230	322
A_4	288	280	315	259
A_5	206	212	220	212

试问：不同的油菜品种对平均亩产量影响是否显著。

本例中，比较的是不同油菜品种对平均亩产量影响是否相同。为此，把油菜品种称为**因素（因子）**，记为 A，不同的品种称为因素 A 的 5 个水平，记为 $A_1, \cdots, A_5$，使用品种 A_i 的亩产

量用 $y_{ij}, i=1,\cdots,5, j=1,\cdots,4$ ，目的是比较 5 种油菜品种下平均亩产量是否相等，为此需要做一些基本假定，把研究问题归结为一个统计问题，然后运用方差分析进行分析。

通常把工农业生产和科学试验中的结果，如产品的性能、品牌等统称为**指标**，影响指标的**因素**用 $A,B,C,\cdots$ 表示。因素在试验中所取的不同状态称为**水平**，因素 A 的不同水平用 $A_1, A_2, \cdots$ 表示。

在一项试验中，如果让一个因素的水平变化，其他因素水平保持不变，这样的试验称为**单因素试验**。处理单因素试验的统计推断问题称为**单因素方差分析**或**一元方差分析**。

方差分析的基本思想：首先从数量上将因素对指标的影响和误差对指标的影响加以区分并做出估计，然后将它们进行比较，从而做出因素对指标的影响是否显著或因素个水平之间的差异是否显著的推断。

8.1.2　单因素方差分析的统计模型

设有一单因素试验，因素 A 有 r 个不同水平 $A_1,\cdots,A_r$ ，在水平 A_i 下的试验结果 $y_i \sim N(\mu_i, \sigma^2)$ ，$i=1,\cdots,r$ 且相互独立。每个水平 A_i 重复做了 n_i 次试验，所得试验结果 $y_{ij}, j=1,\cdots,n_i$ ，y_{ij} 表示因素 A 的第 i 水平 A_i 在第 j 次重复试验的**响应值**，则

$$y_{ij} = \mu + \alpha_i + \varepsilon_{ij}, i=1,2,\cdots,r, j=1,\cdots,n_i$$

其中 α_i 表示因素 A 在第 i 水平的**主效应**，μ 表示响应的**总均值**，$\sum\limits_{i=1}^{r} n_i \alpha_i = 0$ ，**随机误差** ε_{ij} i.i.d 于 $N(0,\sigma^2)$ ，则因素 A 水平的改变对响应 y 是否有显著影响的问题就变为检验假设

$$H_0: \alpha_1 = \cdots = \alpha_r = 0 \quad \text{vs} \quad H_1: \alpha_1,\cdots,\alpha_r \text{ 至少有一个不为 } 0$$

是否成立的问题。

由于随机误差的存在，在"相同"条件下做试验，其响应不尽相同，它们的波动大小反映了随机误差的大小。随机误差有时会干扰试验者的视线，甚至会产生误导，一个好的试验设计应该大大降低随机误差的干扰，体现统计试验设计的魅力。

单因素方差分析是建立在一些基本假定的基础下，包括以下几点：

（1）处理效应与环境效应（误差）的可加性：这就要求样本具有独立性。

（2）分布的正态性：随机误差 i.i.d 于正态分布，这是因为 F 检验只有在这一假定上才能正确进行。

（3）方差的一致性：试验处理的误差都是同质的，这是由于方差分析是以各个处理的合并均方值，作为测验处理间显著性共用的误差均方。

为了使所获试验资料满足方差分析的 3 个基本假定，在分析前，可采用以下一些措施：

（1）剔除某些表现"特殊"的观测值、处理水平或重复记录；

（2）将总试验误差的方差分解为几个较为同质的试验误差的方差；

（3）扩大样本，因为平均数比单个观测值更易做成正态分布，故抽取大样本求其平均数，再以这些平均数进行方差分析；

（4）采用适当的数据变换。

1. 参数估计

似然函数为

$$L(\mu,\alpha_1,\cdots,\alpha_r,\sigma^2) = \left(\frac{1}{\sqrt{2\pi}\sigma}\right)^n \exp\left[-\frac{1}{2\sigma^2}\sum_{i=1}^{r}\sum_{j=1}^{n_i}(y_{ij}-\mu-\alpha_i)^2\right]$$

其中 $n = \sum_{i=1}^{r} n_i$ ，取对数得

$$\ln L = -\frac{n}{2}\ln 2\pi - \frac{n}{2}\ln \sigma^2 - \frac{1}{2\sigma^2}\sum_{i=1}^{r}\sum_{j=1}^{n_i}(y_{ij}-\mu-\alpha_i)^2$$

$$\frac{\partial \ln L}{\partial \mu} = \frac{1}{\sigma^2}\sum_{i=1}^{r}\sum_{j=1}^{n_i}(y_{ij}-\mu-\alpha_i) = 0$$

$$\frac{\partial \ln L}{\partial \alpha_i} = \frac{1}{\sigma^2}\sum_{i=1}^{r}\sum_{j=1}^{n_i}(y_{ij}-\mu-\alpha_i) = 0, i = 1,\cdots,r$$

$$\frac{\partial \ln L}{\partial \sigma^2} = -\frac{n}{2\sigma^2} + \frac{1}{2\sigma^4}\sum_{i=1}^{r}\sum_{j=1}^{n_i}(y_{ij}-\mu-\alpha_i)^2 = 0$$

解此方程组并记 $\overline{y}_i = \frac{1}{n_i}\sum_{j=1}^{n_i} y_{ij}, \overline{y} = \frac{1}{n}\sum_{i=1}^{r}\sum_{j=1}^{n_i} y_{ij}$ ，得

$$\hat{\mu} = \overline{y}, \quad \hat{\alpha}_i = \overline{y}_i - \overline{y}, i = 1,\cdots,r, \quad \hat{\sigma}^2 = \frac{1}{n}\sum_{i=1}^{r}\sum_{j=1}^{n_i}(y_{ij}-\overline{y}_i)^2$$

可以证明 $\hat{\mu}, \hat{\alpha}_i$ 分别为 μ, α_i 的无偏估计量。

2. 离差平方和分解

一组数据的素质，大概可以视其方差而定：方差越小，品质越高。方差分析将多组数据内部的总变异分解为组内、组间变异两部分，一般情况下，组内变异反映的是随机变异，组间的变异反映了随机变异和可能起影响作用的研究因素。

$$\begin{aligned}
S_T^2 &= \sum_{i=1}^{r}\sum_{j=1}^{n_i}(y_{ij}-\overline{y})^2 = \sum_{i=1}^{r}\sum_{j=1}^{n_i}(y_{ij}-\overline{y}_i+\overline{y}_i-\overline{y})^2 \\
&= \sum_{i=1}^{r}\sum_{j=1}^{n_i}(y_{ij}-\overline{y}_i)^2 + \sum_{i=1}^{r} n_i(\overline{y}_i-\overline{y})^2 + 2\sum_{i=1}^{r}\sum_{j=1}^{n_i}(y_{ij}-\overline{y}_i)(\overline{y}_i-\overline{y}) \\
&= \sum_{i=1}^{r}\sum_{j=1}^{n_i}(y_{ij}-\overline{y}_i)^2 + \sum_{i=1}^{r} n_i(\overline{y}_i-\overline{y})^2 = S_e^2 + S_A^2
\end{aligned}$$

其中 S_T^2 表示响应值的总波动，称之为**总离差平方和**，S_e^2, S_A^2 分别称为**误差平方和**和**因素 A 的离差平方和**，S_e^2 反映了试验误差引起响应值的波动，而 S_A^2 反映了因素 A 水平改变引起的响应值的波动。

$S_T^2 = S_e^2 + S_A^2$ 称为**离差平方和分解公式**。

3. 显著性检验

由于 $y_{ij} \sim N(\mu_i, \sigma^2)$，$\bar{y}_i \sim N(\mu_i, \frac{\sigma^2}{n_i}), i = 1, \cdots, r$ 及 $\bar{y} \sim N(\mu, \frac{\sigma^2}{n})$，我们可得

$$E(S_e^2) = E[\sum_{i=1}^{r}\sum_{j=1}^{n_i}(y_{ij} - \bar{y}_i)^2] = \sum_{i=1}^{r}(n_i - 1)\sigma^2 = (n - r)\sigma^2$$

$$E(S_A^2) = E[\sum_{i=1}^{r} n_i(\bar{y}_i - \bar{y})^2] = \sum_{i=1}^{r} n_i \alpha_i^2 + (r - 1)\sigma^2$$

当 H_0 成立时，$\frac{1}{\sigma^2}S_e^2 \sim \chi^2(n-r), \frac{1}{\sigma^2}S_A^2 \sim \chi^2(r-1)$ 且相互独立，故

$$F_A = \frac{S_A^2/(r-1)}{S_e^2/(n-r)} \sim F(r-1, n-r)$$

给定显著水平 α，拒绝域 $W = \{F_A \geq F_{1-\alpha}(r-1, n-r)\}$。

将以上分析过程列为方差分析表 8.2。

表 8.2　方差分析表

方差来源	离差平方和	自由度	平均离差平方和	F 值	显著性
因素	S_A^2	$r-1$	$S_A^2/(r-1)$	$F_A = \dfrac{S_A^2/(r-1)}{S_e^2/(n-r)}$	
误差	S_e^2	$n-r$	$S_e^2/(n-r)$		
总合	S_T^2	$n-1$			

在显著性一栏，对 $\alpha = 0.05$，检验结果若是因素 A 显著，则标以记号"*"，对 $\alpha = 0.01$，若 A 显著，则标以记号"**"。

若 F 检验显著，只表明整个说来因素各水平之间存在显著差异，但并未指明哪些水平间存在显著性差异，因而还必须进一步做对水平的比较，即所谓的多重比较。在 r（$r > 2$）个水平均值中同时比较任意两个水平均值间有无显著差异的问题称为**多重比较**。多重比较就是要以显著水平 α 同时检验如下 $\frac{r(r-1)}{2}$ 个假设：

$$H_0^{ij} : \mu_i = \mu_j, \ 1 \leq i < j \leq r$$

直观上看当 H_0^{ij} 成立时，$|\bar{y}_i - \bar{y}_j|$ 不应过大，因此拒绝域具有如下形式：

$$W = \bigcup_{1 \leq i < j \leq r} \{|\bar{y}_i - \bar{y}_j| \geq c_{ij}\}，且满足 P(W) = \alpha$$

在一项试验中，如果指标值大好，通常选取平均指标高的所对应的水平作为较好的方法，指标值小的情况类似。当这个水平之间存在显著差异时，这样做会取得良好的效果，但当两个水平之间的差异不显著时，从中选择容易操作的水平作为较好的方法，会更经济划算。

多重比较常采用 S 检验法。令 $\bar{y}_{(i)}$ 表示指标平均值按从大到小的第 i 个，给定检验水平 α，计算

$$D_{ij}(\alpha) = \sqrt{(\frac{1}{n_i + n_j})\frac{S_e^2}{(n-r)}(r-1)F_{1-\alpha}(r-1, n-r)}$$

当 $|\bar{y}_{(i)} - \bar{y}_{(j)}| \leq D_{ij}(\alpha)$，则认为在水平 α 下，A_i, A_j 的差异不显著，否则，则认为 A_i, A_j 的差异显著。

8.1.3 利用 R 统计软件进行实例分析

1. 方差分析

R 软件中一般用 aov 命令进行方差分析。其调用格式为：

aov(formula, data=NULL, projections=FALSE, qr=TRUE, contrasts=NULL, ...)

其中的参数 formula 表示方差分析的公式，在单因素方差分析中即为 $x \sim A$；data 表示做方差分析的数据框；projections 为逻辑值，表示是否返回预测结果；qr 同样是逻辑值，表示是否返回 QR 分解结果，默认为 TRUE；contrasts 是公式中的一些因子的对比列表。通过函数 summary() 可列出方差分析表的详细结果。

例 8.1.2 为比较五种品牌合成木板的耐久性，对每个品牌取四个样品做摩擦试验，测量磨损掉的板材量，磨损量小的品牌质量是较好的。木板磨损数据见表 8.3。

试用方差分析方法分析五种品牌的平均磨损量是否有显著差异（ $\alpha = 0.10$ ）。

表 8.3　五种不同品牌的合成木板磨损数据

品牌 1	品牌 2	品牌 3	品牌 4	品牌 5
2.2	2.2	2.2	2.4	2.3
2.1	2.3	2.0	2.7	2.5
2.4	2.4	1.9	2.6	2.3
2.5	2.6	2.1	2.7	2.4

解　首先对数据进行处理：

```
> brand1=c(2.2,2.1,2.4,2.5)
> brand2=c(2.2,2.3,2.4,2.6)
> brand3=c(2.2,2.0,1.9,2.1)
> brand4=c(2.4,2.7,2.6,2.7)
> brand5=c(2.3,2.5,2.3,2.4)
> brand5=c(2.3,2.5,2.3,2.4)
> x<-c(brand1,brand2,brand3,brand4,brand5)
> example8.1<-data.frame(x, A=factor(rep(1:5,each=4))) #数据以数据框形式存储，注意 A 应为
因子
```

```
> head(example8.1) #查看数据前 6 条
    x   A
1  2.2   1
2  2.1   1
3  2.4   1
4  2.5   1
5  2.2   2
6  2.3   2
```

　　然后进行条件检验，由于数据获取一般都满足独立性条件，故直接检验正态性和方差的一致性。正态性检验可使用 shapiro.test()命令；方差的一致性检验可使用 bartlett.test()命令。

　　（1）Shapiro-Wilk 正态检验方法（W 检验）通常用于样本容量 $n \leqslant 50$ 时，检验样本是否符合正态分布。R 中，函数 shapiro.test()提供了 W 统计量和相应 p 值，所以可以直接使用 p 值作为判断标准，其调用格式为 shapiro.test(x)，参数 x 即所要检验的数据集，它是长度在 35 000 之间的向量。正态性检验过程如下：

```
> shapiro.test(brand1)
      Shapiro-Wilk normality test
data:   brand1
W = 0.94971, p-value = 0.7143


> shapiro.test(brand2)
      Shapiro-Wilk normality test
data:   brand2
W = 0.97137, p-value = 0.85


> shapiro.test(brand3)
      Shapiro-Wilk normality test
data:   brand3
W = 0.99291, p-value = 0.9719


> shapiro.test(brand4)
      Shapiro-Wilk normality test
data:   brand4
W = 0.82743, p-value = 0.1612


> shapiro.test(brand5)
      Shapiro-Wilk normality test
data:   brand5
W = 0.86337, p-value = 0.2725
```

这里每个结果中直接观察 p 值，5 个检验的 p 值分别为 0.714 3，0.85，0.971 9，0.162 1，0.272 5，P 值均大于显著性水平 $a = 0.05$，因此不能拒绝原假设，说明数据在因子的五个水平下都是来自正态分布的。

（2）对于方差一致性检验，R 中最常用的是 Bartlett 检验，bartlett.test()调用格式为 bartlett.test(x, g···)，其中，参数 x 是数据向量或列表（list），g 是因子向量，如果 x 是列表则忽略 g。当使用数据集时，也通过 formula 调用函数：

bartlett.test(formala, data, subset，na.action···)

formula 是形如 lhs-rhs 的方差分析公式；data 指明数据集；subset 是可选项，可以用来指定观测值的一个子集用于分析；na.action 表示遇到缺失值时应当采取的行为。

```
> bartlett.test(x~A,data=example8.1)

    Bartlett test of homogeneity of variances

data:   x by A
Bartlett's K-squared = 1.2562, df = 4, p-value = 0.8688
```

由于 p 值远远大于显著性水平 $a = 0.05$，因此不能拒绝原假设，我们认为不同水平下的数据是等方差的。

（3）上面已经对数据的正态性和方差一致性做了检验，接下来就可以进行方差分析。

```
> e8.1.aov=aov(x~A,data=example8.1)
> summary(e8.1.aov)
            Df  Sum Sq  Mean Sq   F value   Pr(>F)
A           4   0.623   0.15575   7.188     0.00193 **
Residuals   15  0.325   0.02167

---
Signif. codes:  0 '***' 0.001 '**' 0.01 '*' 0.05 '.' 0.1 ' ' 1
```

p 值为 0.00193，介于 0.001 和 0.01 之间，小于 0.05，因此拒绝原假设，即不同水平下，因子是显著的。

```
> plot(example8.1$x~example8.1$A)
```

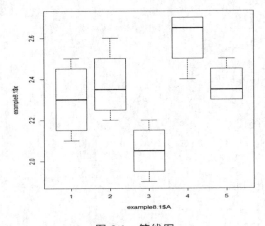

图 8.1　箱线图

由 5 个水平的箱线图也可以看出，品牌 3 的磨损情况和其他几个品牌的磨损情况差异较大。

对于单因素方差分析，R 语言还提供了 Levene 检验，它既可以用于正态分布的数据，也可用于非正态分布的数据或分布不明的数据，具有比较稳健的特点，检验效果也比较理想。R 的程序包 car 中提供了 Levene 检验的函数 levene.test()。

2. 多重比较

上述的检验结果表明品牌对平均磨损量是有显著影响的，但是这一检验并未告诉我们究竟哪些品种之间的平均磨损量有显著差异，为进一步分析这种差异到底出现在哪些品牌之间，还需要进行多重比较，即配对检验两个水平之间的均值差异。若试验设计之初，便明确要比较某几个组均数间是否有差异，称为事前比较。常用的事前比较方法有 LSD、Bonferroni 和 Dunnett 法。若研究目的是方差分析有统计学差异后，想知道哪些组间的均数有差异，便是事后比较。事后比较的常用方法有 Holm、Turkey、Scheffe 和 Bonferroni 法。

下面给出**例 8.1.2** 的多重比较的 R 程序和结果。

```
> pairwise.t.test(example8.1$x,example8.1$A)
    Pairwise comparisons using t tests with pooled SD
data:   example8.1$x and example8.1$A
   1        2       3        4
2 1.00000 -       -        -
3 0.17828 0.06290 -        -
4 0.07977 0.23606 0.00092 -
5 1.00000 1.00000 0.06290 0.23606
P value adjustment method: holm
```

此处使用了命令：

pairwise.t.test(x, g, p.adjust.method = p.adjust.methods...)

中的 p.adjust.method 是用于指定 p 值的调整方法的，可以选择"holm"，"hochberg"，"hommel"，"bonferroni"等，具体见 pairwise.t.test 的帮助。通过观察 p 值可知，品牌 3 和品牌 4 的磨损情况之间有显著差异。

8.2 两因素等重复试验的方差分析

在单因素方差分析中，讨论了影响指标 Y 的因素只有一个时的统计推断问题，但在实践中，影响指标的因素往往是多个，这些因素之间又有相互联系（交互作用）。随着因素的增加，问题将变得更加复杂，归结起来有两个方面问题：一方面是如何设计试验方案，使得试验次数少而得到的信息多；另一方面是如何分析处理数据。考虑交互作用是否存在是两因素试验方差分析与单因素方差分析的一个很大区别，它有助于在进行两因素试验分析时做出更为精确的结论。

8.2.1 两因素方差分析的模型

所谓交互作用就是因素各水平之间的一种联合搭配作用。一般在两因素试验中，如果一个因素 A 对指标的影响与另一因素 B 取什么水平有关，那么就称这两个因素 A,B 有**交互作用**。这种关系越密切，交互作用就越大，我们用 $A \times B$ 表示 A,B 的交互作用。

对于两因素情况，采用最简单的设计——**全面试验**，即两个因素的所有可能水平都搭配做试验。设有两个因素 A,B，因素 A 有 r 个水平 $A_1, \cdots, A_r$，因素 B 有 s 个水平 $B_1, \cdots, B_s$，在 A,B 的每一种组合水平 (A_i, B_j) 下做 l 次试验，试验结果为 $y_{ij}, i = 1, \cdots, r, j = 1, \cdots, s$ 且相互独立，这样共得到 rs 个试验结果（见表 8.4）。试问，A,B，$A \times B$ 对响应 y 是否有显著影响？对于显著的因素，显著差异存在哪些水平对？交互作用显著时，因素的哪些水平搭配较好？

表 8.4　全面试验搭配表

A	B			
	B_1	B_2	$\cdots$	B_s
A_1	$y_{111}, y_{112}, \cdots, y_{11l}$	$y_{121}, y_{122}, \cdots, y_{12l}$	$\cdots$	$y_{1s1}, y_{1s2}, \cdots, y_{1sl}$
A_2	$y_{211}, y_{212}, \cdots, y_{21l}$	$y_{221}, y_{222}, \cdots, y_{22l}$	$\cdots$	$y_{2s1}, y_{2s2}, \cdots, y_{2sl}$
$\vdots$	$\vdots$	$\vdots$		$\vdots$
A_r	$y_{r11}, y_{r12}, \cdots, y_{r1l}$	$y_{r21}, y_{r22}, \cdots, y_{r2l}$	$\cdots$	$y_{rs1}, y_{rs2}, \cdots, y_{rsl}$

记 $\bar{y}_{ij \cdot} = \dfrac{1}{l} \sum\limits_{k=1}^{l} y_{ijk}$，$\bar{y}_{i \cdot \cdot} = \dfrac{1}{sl} \sum\limits_{j=1}^{s} \sum\limits_{k=1}^{l} y_{ijk}$，$\bar{y}_{\cdot j \cdot} = \dfrac{1}{rl} \sum\limits_{i=1}^{r} \sum\limits_{k=1}^{l} y_{ijk}$，$\bar{y} = \dfrac{1}{rsl} \sum\limits_{i=1}^{r} \sum\limits_{j=1}^{s} \sum\limits_{k=1}^{l} y_{ijk}$ 则两因素等重复试验方差分析的数学模型为

$$y_{ijk} = \mu + \alpha_i + \beta_j + \delta_{ij} + \varepsilon_{ijk}, \quad i = 1, \cdots, r, j = 1, \cdots, s, k = 1, \cdots, t$$

$$\varepsilon_{ijk} \text{ i.i.d 于正态分布 } N(0, \sigma^2)$$

其中 α_i 表示因素 A 第 i 水平 A_i 的主效应，β_j 表示因素 B 第 j 水平的主效应，δ_{ij} 表示 $A_i B_j$ 搭配交互作用 $A \times B$ 的效应，满足 $\sum\limits_{i=1}^{r} \alpha_i = 0, \sum\limits_{j=1}^{s} \beta_j = 0, \sum\limits_{i=1}^{r} \sum\limits_{j=1}^{s} \delta_{ij} = 0$。

因此 $A, B, A \times B$ 影响是否显著的问题就转化为检验假设

$$H_{01} : \alpha_1 = \alpha_2 = \cdots = \alpha_r = 0 \quad \text{vs } H_{11} : \alpha_1, \alpha_2, \cdots, \alpha_r \text{ 至少一个不为 } 0,$$

$$H_{02} : \beta_1 = \beta_2 = \cdots = \beta_r = 0 \quad \text{vs } H_{12} : \beta_1, \beta_2, \cdots, \beta_r \text{ 至少一个不为 } 0,$$

$$H_{03} : \delta_{11} = \delta_{12} = \cdots = \delta_{rs} = 0 \quad \text{vs } H_{13} : \delta_{11}, \delta_{12}, \cdots, \delta_{rs} \text{ 至少一个不为 } 0,$$

是否成立的问题。

与单因素方差分析类似，首先做离差平方和的分解，即

$$S_T^2 = S_e^2 + S_A^2 + S_B^2 + S_{A \times B}^2$$

这就是**平方和分解公式**，其中

$$S_T^2 = \sum_{i=1}^{r}\sum_{j=1}^{s}\sum_{k=1}^{l}(y_{ijk} - \overline{y})^2 \ , \quad S_A^2 = sl\sum_{i=1}^{r}(\overline{y}_{i\cdot\cdot} - \overline{y})^2 \ , \quad S_B^2 = rl\sum_{j=1}^{s}(\overline{y}_{\cdot j\cdot} - \overline{y})^2 \ ,$$

$$S_{A\times B}^2 = l\sum_{i=1}^{r}\sum_{j=1}^{s}(\overline{y}_{ij\cdot} - \overline{y}_{i\cdot\cdot} - \overline{y}_{\cdot j\cdot} + \overline{y})^2 \ , \quad S_e^2 = \sum_{i=1}^{r}\sum_{j=1}^{s}\sum_{k=1}^{l}(y_{ijk} - \overline{y}_{ij\cdot})^2$$

记 $f_T = rsl-1$ ，$f_A = r-1$ ，$f_B = s-1$ ，$f_{A\times B} = (r-1)(s-1)$ ，$f_e = rs(l-1)$ ，可以证明，在 H_{01}, H_{02}, H_{03} 成立的条件下，

$$F_A = \frac{S_A^2 / f_A}{S_e^2 / f_e} \sim F(f_A, f_e) \ , \quad F_B = \frac{S_B^2 / f_B}{S_e^2 / f_e} \sim F(f_B, f_e) \ ,$$

$$F_{A\times B} = \frac{S_{A\times B}^2 / f_{A\times B}}{S_e^2 / f_e} \sim F(f_{A\times B}, f_e) \ .$$

对给定显著水平 α ，若 $F_A \geqslant F_{1-\alpha}(f_A, f_e)$ ，则因素 A 影响显著；

若 $F_B \geqslant F_{1-\alpha}(f_B, f_e)$ ，则因素 B 影响显著；若 $F_{A\times B} \geqslant F_{1-\alpha}(f_{A\times B}, f_e)$ ，则交互作用 $A\times B$ 影响显著。

当 $l=1$ 时，两因素等重复试验方差分析也称为**两因素不重复试验方差分析**，此时 $S_{A\times B}^2 = 0$ ，不存在交互作用。

8.2.2　利用统计软件进行实例分析

例 8.2.1　某企业准备上市一种新型香水，需要进行市场调研。除香水气味外，经验表明香水包装与广告策略对销售量的增长也有很大影响。现用三种不同的包装 A 和三个不同的广告策略 B 对这种香水进行测试，每种组合采用两个不同的市场调查。调查结束后，不同的包装形式和广告策略的数据见表 8.5。

表 8.5　各种促销手段下的销售量增长速度

	$B1$	$B2$	$B3$
$A1$	2.8	2.04	1.58
	2.73	1.33	1.26
$A2$	3.29	1.5	1
	2.68	1.4	1.82
$A3$	2.54	3.15	1.92
	2.59	2.88	1.33

下面用 R 语言进行有交互作用的双因素方差分析：

```
>   Y=c(2.8,2.73,2.04,1.33,1.58,1.26,
+ 3.29,2.68,1.5,1.4,1,1.82,
+ 2.54,2.59,3.15,2.88,1.92,1.33)
```

```
>     A=c(rep(1,6),rep(2,6),rep(3,6))
>     B=c(1,1,2,2,3,3, 1,1,2,2,3,3, 1,1,2,2,3,3)
>     A=factor(A); B=factor(B)
> aov(Y ~ A + B + A*B)
Call:
    aov(formula = Y ~ A + B + A * B)
```

Terms:

	A	B	A:B	Residuals
Sum of Squares	0.816044	5.028211	2.272489	1.054750
Deg. of Freedom	2	2	4	9

Residual standard error: 0.3423367

Estimated effects may be unbalanced

```
> ad.aov <- aov(Y ~ A + B + A*B)
> summary(ad.aov)
```

	Df	Sum Sq	Mean Sq	F value	Pr(>F)
A	2	0.816	0.4080	3.482	0.075867
B	2	5.028	2.5141	21.452	0.000376 ***
A:B	4	2.272	0.5681	4.848	0.023161 *
Residuals	9	1.055	0.1172		

Signif. codes: 0 '***' 0.001 '**' 0.01 '*' 0.05 '.' 0.1 ' ' 1

结论：由于 $p_A < 0.05$ ， $p_B < 0.05$ ， $p_{AB} < 0.05$ ，所以 A、B 之间的交互作用效果显著，故可以认为 A 与 B 间存在交互作用，且 A、B 因子的效果均显著。因此香水的香味和包装都对销售有影响，且存在交互作用。

例 8.2.2 在某化学工程中，为了提高原料利用率，选定辅料的供给速度（A）和浓度（B）两个因子进行实验。各因子的水平如下：

A：$A1$（5kg/h）$A2$（15kg/h）$A3$（25kg/h）

B：$B1$（5%）$B2$（10%）$B3$（15%）$B4$（20%）

实验数据见表 8.6。

表 8.6　实验数据（千克/批）

	$B1$	$B2$	$B3$	$B4$
$A1$	60.7	61.5	61.6	61.7
	61.1	61.3	62.0	61.1
$A2$	61.5	61.7	62.2	62.1
	60.8	61.2	62.8	61.7
$A3$	60.6	60.6	61.4	60.7
	60.3	61.0	61.5	60.9

用 R 语言进行有交互作用的双因素方差分析：

>Y=c(60.7,61.1,61.5,61.3,61.6,62.0,61.7,61.1,61.5,60.8,61.7,61.2,62.2,62.8,62.1,61.7,60.6,60.3,60.6,61.0,61.4,61.5,60.7,60.9)

> A=c(rep(1,8),rep(2,8),rep(3,8))

> B=c(1,1,2,2,3,3,4,4, 1,1,2,2,3,3,4,4, 1,1,2,2,3,3,4,4)

> A=factor(A); B=factor(B)

> rate.aov <- aov(Y ~ A+B+A*B)

> rate.aov

Call:

　　aov(formula = Y ~ A + B + A * B)

Terms:

	A	B	A:B	Residuals
Sum of Squares	3.083333	3.630000	0.300000	1.140000
Deg. of Freedom	2	3	6	12

Residual standard error: 0.3082207

Estimated effects may be unbalanced

> summary(rate.aov)

	Df	Sum Sq	Mean Sq	F value	Pr(>F)	
A	2	3.083	1.542	16.228	0.000387	***
B	3	3.630	1.210	12.737	0.000487	***
A:B	6	0.300	0.050	0.526	0.778290	
Residuals	12	1.140	0.095			

Signif. codes:　0 '***' 0.001 '**' 0.01 '*' 0.05 '.' 0.1 ' ' 1

结论：由于 $p_A < 0.05$ ， $p_B < 0.05$ ， $p_{AB} > 0.05$ ，所以 A 、 B 之间的交互作用效果不显著，故可以认为 A 与 B 间不存在交互作用，且 A 、 B 因子的效果均高度显著。

这里方差分析的试验方法实际上一种全面试验法，随着因素的增加和因素水平的增加，水平组合的数目将急剧增长，要全部进行试验是不可能的，只能挑选一部分水平组合进行试验，忽略一些高阶的交互作用效应。正交试验设计是进行部分实施最方便的一种方法。

习题 8

1. 以下是三个地区家庭人口数的抽样调查数据：

甲地：2，6，4，13，5，8，4，6；

乙地：6，4，4，1，8，2，12，1，5，2；

丙地：2，1，3，3，1，7，1，4，2。

试用方差分析方法分析三个地区的家庭平均人口数是否有显著差异（ $\alpha = 0.10$ ）。

2. 消费者与产品生产者、销售者或服务的提供者之间经常发生纠纷。当发生纠纷后，消费者常常会向消费者协会投诉。为了对几个行业的服务质量进行评价，消费者协会在零售业、旅游业、航空公司、家电制造业分别抽取了不同的企业作为样本。每个行业各抽取 5 家企业，所抽取的这些企业在服务对象、服务内容、企业规模等方面基本上是相同的。然后统计出最近一年中消费者对总共 20 家企业投诉的次数，结果如表 8.7 所示。通常受到投诉的次数越多，说明服务的质量越差。试分析这几个行业之间的服务质量是否有显著差异。

表 8.7   消费者对四个行业的投诉次数

零售业	旅游业	航空公司	家电制造业
57	68	31	44
66	39	49	51
49	29	21	65
40	45	34	77
44	56	40	58

3. 为了提高一种橡胶的定强，考虑三种不同的促进剂（因素 A）、四种不同分量的氧化锌（因素 B）对定强的影响，对配方的每种组合重复试验两次，总共试验了 24 次，得到表 8.8 的结果。

表 8.8   橡胶配方试验数据

A：促进剂	B：氧化锌			
	1	2	3	4
1	31，33	34，36	35，36	39，38
2	33，34	36，37	37，39	38，41
3	35，37	37，38	39，40	42，44

请对数据进行方差分析，回答以下问题（显著性水平 $\alpha = 0.05$ ）

（1）不同促进剂对定强有无显著影响？

（2）氧化锌的不同分量对定强有无显著影响？

4. 考虑合成纤维收缩率（因素 A）和总拉伸倍数（因素 B）对纤维弹性 y 的影响。因素 A 取 4 个水平：$A_1=0$，$A_2=4$，$A_3=8$，$A_4=12$；因素 B 也取 4 个水平：$B_1=460$，$B_2=520$，$B_3=580$，$B_4=640$。在每个组合 A_iB_j 重复做二次试验，弹性数据 y_{ijt} 如表 8.9 所示。

表 8.9   合成纤维收缩率和总拉伸倍数对纤维弹性的影响

A：收缩率	B：拉伸倍数			
	460	520	580	640
0	71，73	72，73	75，73	77，75
4	73，75	76，74	78，77	74，74
8	76，73	79，77	74，75	74，73
12	75，73	73，72	70，71	69，69

请对数据进行方差分析，回答以下问题（显著性水平 $\alpha = 0.05$）：

（1）收缩率（因素 A）、拉伸倍数（因素 B）对弹性 y 有无显著性影响？

（2）因素 A 和因素 B 是否有交互作用？

（3）使纤维弹性达到最大的生产是什么？

9 回归分析

回归分析是确定两种或两种以上变量间相互依赖的定量关系的一种统计分析方法，它基于观测数据建立变量间适当的依赖关系，以分析数据内在规律，并可用于预报、控制等问题，是统计学中一个非常重要的分支，在自然科学、管理科学和社会、经济领域有着非常广泛的应用。

本章扼要介绍变量间的统计关系，然后介绍了回归分析并结合实例介绍 R 软件的实施过程。

9.1 变量间的统计关系

世间万事万物皆有联系，社会经济和自然科学等现象之间的相互联系和制约是一个普遍规律，例如蝴蝶效应。由于可以用变量来衡量这些现象，因此现象之间的联系就可利用变量之间的关系进行衡量。

我们熟悉的是变量之间的函数关系 $y = f(x)$，即这两个变量之间存在**因果关系**，可以认为解释变量 x 决定了被解释变量 y 的取值。例如，一个保险公司承保汽车 5 万辆，每辆保费收入 1 000 元，则该保险公司承保该项业务总收入为 5 000 万元。如果把承保总收入记为 y，承保汽车辆数为 x，则 $y = 1\,000x$，x, y 两个变量间完全表现为一种**确定性的关系**，即**函数关系**。然而，在现实世界中，还有不少情况是两个事物之间有着密切的联系，但它们密切的关联程度并没有到一个可以完全确定另一个，比如：

（1）父亲与儿子身高之间的关系。一般来说，父子身高是同向变化的，但儿子身高受多种因素影响，比如母亲的身高、后天营养和锻炼等，所以很难用父亲的身高准确预测儿子的身高。只能说，在一般情况下，父亲身高越高，儿子身高也越高。

（2）在某固定年份居民收入 x 和消费额 y 之间的关系。一般来说，居民收入越高，其消费额也越高，但影响消费的因素很多，比如消费习惯、心理因素、物价水平等。这样变量 y 与变量 x 就是一种非确定的关系。

以上变量间关系的一个共同特点就是它们之间具有密切关系，但不是一种确定关系。由于问题的复杂性，使得另外一个或一些变量具有一定的随机性，因此当一个或一些变量取定值后，不能以确定值与之对应。在统计推断中，把上述具有密切关系，但又不能由某一个或某一些变量唯一确定另外一个变量的关系，称为变量之间的**统计关系**或**相关关系**。这种统计关系规律性的研究是统计学中研究的主要对象。现代统计学关于统计关系的研究已形成两个重要分支：**相关分析**和**回归分析**，它们相互结合和渗透，但研究的侧重点和应用面不同，主要区别是：

（1）在回归分析中，变量 y 是因变量，处在被解释的特殊地位，但在相关分析中，变量 x, y 处于平等的地位，即研究变量 y 与变量 x 的密切程度与研究变量 x 与变量 y 的密切程度是一回事。

（2）在回归分析中，因变量 y 是随机变量，自变量 x 是确定变量，但在相关分析中，因变量 y 是随机变量，自变量 x 可以是随机变量，也可以是确定变量。

（3）相关分析研究是为了刻画两类变量间线性相关的密切程度，而回归分析不仅可以揭示变量 x 对变量 y 的影响大小，还可以由回归方程进行预测和控制。比如，根据自己身高与对象身高，利用回归方程就可预测下一代身高；如果想控制下一代身高，那么我们在找对象时就需要将对象的身高达到指定的水平。

相关分析的目的就是为了揭示变量之间的相关关系，回归分析则是明确变量之间相关性的基础上，侧重变量之间的因果关系，以模型构建的方式对因变量进行预测或估计。因此，对于实际数据有必要先进行初步的相关分析。在进行相关关系分析中，首先需要绘制散点图来判断变量之间的关系形态，如果是线性关系，则可以利用相关系数来测度两个变量之间的关系强度，然后对相关系数进行显著性检验，以判断样本所反映的关系是否代表两个总体上的关系。

1. 散点图

通常，研究相关问题首先要收集与它有关的 n 组样本数据 $(x_i, y_i), i = 1, \cdots, n$，用直观方式把这些数据展示出来可以对数据获得清晰的整体印象。定性分析是利用图表方法对变量之间的关系进行解释的方法，在两个变量关系的研究中，最常用的是散点图。

对于两个变量 x, y，通过观察或试验可得到若干组数据，记为 $(x_i, y_i), i = 1, \cdots, n$。用坐标横轴代表变量 x，纵轴代表变量 y，每组数据 (x_i, y_i) 在坐标系中用一个点表示，n 组数据在坐标系中形成 n 个点，称为**散点**，由坐标及其散点形成的二维数据图称为**散点图**。在绘制散点图时应注意以下几点：

（1）要注意对数据进行正确的分层，否则可能作出错误的判断。

（2）观察是否有异常点或离群点的出现，对于异常点，就查明发生的原因，慎重处理。

（3）当收集到的数据较多时，易出现重复数据，在制图过程中，可用双重圈、多重圈或在点的右上方注明重复次数。

（4）相关分析所得的结论应注意数据的取值范围。

散点分析的局限性在于，受相关程度高低的影响，相关度较低，则预测效度则较差，而且由于缺乏客观的统一判定标准，可靠性较低，散点分析还只能说是一种定性判断的方法。

2. 相关系数

通过散点图可以判断两个变量之间有无相关关系，并对变量的关系形态作出大致描述，但散点图不能反映变量之间的关系强度，因此，为准确度量两个变量之间的关系强度，需要计算相关系数。

观测数据 $(x_i, y_i), i = 1, 2, \cdots, n$ 的样本相关系数

$$r = \frac{\sum_{i=1}^{n}(x_i - \overline{x})(y_i - \overline{y})}{\sqrt{\sum_{i=1}^{n}(x_i - \overline{x})^2}\sqrt{\sum_{i=1}^{n}(y_i - \overline{y})^2}} = \frac{\sum_{i=1}^{n}x_i y_i - n\overline{x}.\overline{y}}{\sqrt{\left(\sum_{i=1}^{n}x_i^2 - n\overline{x}^2\right)}\sqrt{\left(\sum_{i=1}^{n}y_i^2 - n\overline{y}^2\right)}}$$

其中 $\overline{x} = \frac{1}{n}\sum_{i=1}^{n}x_i$。按上述公式计算的相关系数也称为**线性相关系数**，或称为 **Pearson 相关系数**，它可以定量描述两个变量 X, Y 之间线性关系的密切程度。

如果读者对相关分析感兴趣，可进一步查阅相关专业文献。

9.2 多元线性回归分析

线性统计模型是现代统计学中应用最为广泛的模型之一，因为：许多变量之间具有线性或近似线性关系；虽然有些变量之间是非线性的，但是经过适当变换后的新变量之间具有近似线性关系。另外，由于社会经济的复杂性，一个经济变量可能会同多个经济变量联系。例如，消费者对某种商品的需求量不仅受收入水平的影响，还取决于商品的价格和消费习惯等。因此，有必要研究多元线性回归分析。本节讨论的重点主要放在多元回归的计算机输出结果及其应用上。

9.2.1 多元线性回归模型

考虑多元线性回归模型

$$y = \boldsymbol{X}\beta + \varepsilon,\ E(\varepsilon) = 0, \mathrm{cov}(\varepsilon) = \sigma^2 I_n$$

参数 β, σ^2 的估计问题，其中

$$y = \begin{pmatrix} y_1 \\ y_2 \\ \vdots \\ y_n \end{pmatrix},\quad \boldsymbol{X} = \begin{pmatrix} 1 & x_{11} & x_{12} & \cdots & x_{1p} \\ 1 & x_{21} & x_{22} & \cdots & x_{2p} \\ \vdots & \vdots & \vdots & & \vdots \\ 1 & x_{n1} & x_{n2} & \cdots & x_{np} \end{pmatrix},\quad \beta = \begin{pmatrix} \beta_0 \\ \beta_1 \\ \vdots \\ \beta_p \end{pmatrix},\quad \varepsilon = \begin{pmatrix} \varepsilon_1 \\ \varepsilon_2 \\ \vdots \\ \varepsilon_n \end{pmatrix}$$

随机变量 y 称为**观测向量**，矩阵 $\boldsymbol{X}$ 为 $n \times (p+1)$ 的，称为**回归设计矩阵**或**资料矩阵**，在实际中，$\boldsymbol{X}$ 的元素是预先设定并可以控制的，人的主观因素可作用于其中，因此称为设计矩阵。β 为**未知参数向量**，ε 为**随机误差向量**。

求参数向量 β 的估计的一个重要方法是最小二乘法，即寻找 β 的估计使 $\varepsilon = y - \boldsymbol{X}\beta$ 的长度平方达到最小。

$$Q(\beta) = \|y - \boldsymbol{X}\beta\|^2 = (y - \boldsymbol{X}\beta)'(y - \boldsymbol{X}\beta) = y'y - 2y'\boldsymbol{X}\beta + \beta'\boldsymbol{X}'\boldsymbol{X}\beta$$

求导可得

$$\frac{\partial Q(\beta)}{\partial \beta} = -2X'y + 2X'X\beta = 0$$

即 $X'X\beta = X'y$，称为**正规方程**。此方程有唯一解的充要条件是 $X'X$ 的秩为 $p+1$，即 $rk(X) = p+1$。唯一解 $\hat{\beta} = (X'X)^{-1}X'y$ 称为 β 的**最小二乘估计（LSE）**。

对总离差平方和分解得 $\sum_{i=1}^{n}(y_i - \overline{y})^2 = \sum_{i=1}^{n}(\hat{y}_i - \overline{y})^2 + \sum_{i=1}^{n}(y_i - \hat{y})^2$，简记为 SST=SSR+SSE。

定理 9.2.1 对于多元线性模型，假设误差向量 $\varepsilon \sim N(0, \sigma^2 I_n)$，则

$$\hat{\beta} \sim N(\beta, \sigma^2(X'X)^{-1}), \quad \frac{\text{SSE}}{\sigma^2} \sim \chi^2_{n-p-1},$$

$$\frac{(\text{SST-SSE})}{\sigma^2} \sim \chi^2_p, \quad \frac{(\text{SST-SSE})/m}{\text{SSE}/(n-p-1)} \sim F_{m,n-p-1}$$

回归方程的显著性检验就是检验原假设 $H_0 : \beta_1 = \cdots = \beta_p = 0$，由定理 9.2.1 构造检验统计量 $F = \frac{(\text{SST-SSE})/p}{\text{SSE}/(n-p-1)}$，当 H_0 成立时 $F \sim F(p, n-p-1)$，对给定显著水平 α，当 $F > F_{1-\alpha}(p, n-p-1)$ 时拒绝 H_0，表明随机变量 y 与 $x_1, \cdots, x_p$ 有线性关系，否则接受 H_0。

在多元线性回归中，回归方程的显著性并不意味着每个自变量对 y 的影响都显著，因此我们总想从回归方程中剔除不重要的变量，重新建立更为简单的回归方程，所以就要对每个自变量进行显著性检验。

假设 $H_0 : \beta_j = 0, j = 1, \cdots, p$，显然 $\hat{\beta} \sim N(\beta, \sigma^2(X'X)^{-1})$，记 $(X'X)^{-1} = (c_{ij})$，$i, j = 0, 1, \cdots, p$，于是有

$$E(\hat{\beta}_j) = \beta_j, \quad \text{var}(\hat{\beta}_j) = c_{jj}\sigma^2, \quad 即 \hat{\beta}_j \sim N(\beta_j, c_{jj}\sigma^2)$$

据此可以构造统计量 $t_j = \beta_j / (\sqrt{c_{jj}}\hat{\sigma})$，其中 $\hat{\sigma} = \sqrt{\sum_{i=1}^{n}(y_i - \hat{y}_i)^2 / (n-p-1)}$。

当 H_0 成立时，$t_j \sim t(n-p-1)$。设显著性水平为 α，当 $|t_j| \geqslant t_{1-\alpha/2}$ 时拒绝 H_0，认为 β_j 显著不为 0，即 x_j 对 y 的线性效果显著，反之则否。

由 $P(|(\hat{\beta}_j - \beta_j)/\sqrt{c_{jj}}\hat{\sigma}| < t_{1-\alpha/2}) = 1-\alpha$ 可得 β_j 的 $1-\alpha$ 的置信区间为

$$(\hat{\beta}_j - t_{1-\alpha/2}\sqrt{c_{jj}}\hat{\sigma}, \hat{\beta}_j + t_{1-\alpha/2}\sqrt{c_{jj}}\hat{\sigma})$$

拟合优度用于检验回归方程对样本观测值的拟合程度，在多元线性回归中，样本决定系数 $R^2 = \frac{\text{SSR}}{\text{SST}}$ 的取值在 $[0,1]$ 区间，越接近 1，表明回归拟合效果越好。与 F 检验相比，R^2 可以更直观地反映回归拟合的效果，但是并不能作为严格的显著性检验。在实际应用中，决定系数 R^2 多大，才能通过拟合优度检验？这要视具体情况来定，但要注意的是拟合优度并不是检验模型优劣的唯一标准，有时为了使模型在结构上有较合理的经济解释，$R^2 = 0.7$ 左右，我们也对模型以肯定的态度。R^2 与回归方程中自变量的数目以及样本容量 n 有关，当样本容量

n 与自变量个数接近时，R^2 易接近 1，其中隐含了一些虚假成分，因此我们在由 R^2 决定模型优劣时，一定要慎重。

复相关系数 R 的大小与方程中自变量个数 p 和样本容量（观测数据个数）n 有关，如果增加自变量个数，R 的值也会随之增大，但增加的变量无统计学意义。为了消除变量个数与样本容量的变量而引起的 R 变化，定义复相关系数

$$R_p^* = \sqrt{\frac{\text{SSR}/p}{\text{SST}/(n-1)}}$$

为了使模型参数估计更有效，样本容量 n 应大于解释变量个数 p，这告诉我们在收集数据时应尽可能多收集一些样本数据。

建立回归模型的目的是为了应用，而预测是回归模型最重要的应用。当回归方程通过检验后，就可用来做估计和预测。

9.2.2   基于 R 的实例分析

例 9.2.1   某地区所产原棉的纤维强力 Y（单位：cN/根，正常范围为 3.43 ~ 4.41，在一定线密度范围内，单纤维强力高、成纱强力高）与纤维公制支数［单位质量（g）的纤维所具有的长度（m）］$X1$，纤维的成熟度（正常范围为 1.5 ~ 2.1，成熟正常的纤维，强力高、染色均匀、除杂效果好）$X2$ 有关，数据见表 9.1。试建立 Y 关于 $X1$，$X2$ 的多元线性回归方程。

表 9.1   相关数据

编号 N	Y	X1	X2
1	4.03	5 415.00	1.58
2	4.01	5 700.00	1.38
3	4.00	5 674.00	1.57
4	4.09	5 968.00	1.55
5	3.73	6 165.00	1.52
6	4.09	5 929.00	1.60
7	2.95	7 505.00	1.14
8	3.90	5 920.00	1.50
9	2.89	7 646.00	1.18
10	3.48	6 556.00	1.27
11	3.60	6 475.00	1.50
12	3.77	5 907.00	1.50
13	3.94	5 697.00	1.54
14	3.66	6 618.00	1.20

输入 R 程序如下：

```
library(foreign);                    #读入多种格式数据集
x1=read.spss("F:\\R 软件数据\\data.exam9.2.1.sav",to.data.frame=TRUE);
x=x1[,2:4];
pairs(x);                            #画出每个变量之间的散点图
cor(x);                              #求相关系数矩阵
lm.1=lm(Y~X1+X2,data=x);             #因变量 Y 对自变量 X1,X2 作线性回归，数据框 x
summary(lm.1);                       #提取模型资料
anova(lm.1);                         #计算方差分析表
```

函数 lm() 返回值是一个具有类属性值 lm 的列表，返回模型拟合结果非常简单。为了获取更多信息，可以使用对 lm() 类对象有操作作用的函数，主要有：

（1）anova()：提取方差分析表；

（2）coefficients()：提取模型系数；

（3）deviance()：计算参数平方和；

（4）plot()：绘制模型诊断图；

（5）predict()：作预测；

（6）residuals()：计算残差；

（7）step()：作逐步回归分析；

（8）summary()：提取模型资料；

（9）formula()：提取模型公式。

这些函数的详细使用格式参见 R 帮助。

输出部分结果见图 9.1。

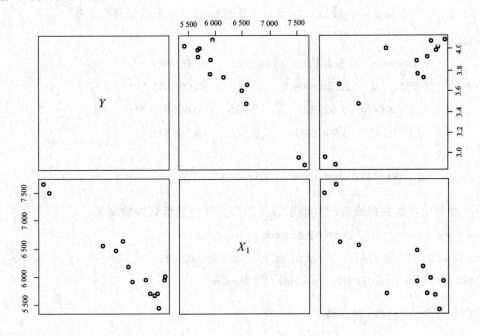

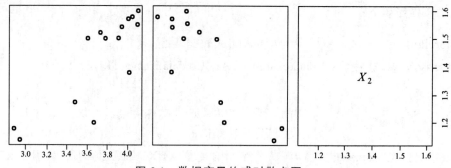

图 9.1 数据变量的成对散点图

第一部分，相关系数矩阵

	Y	X1	X2
Y	1.0000000	-0.9560681	0.8379929
X1	-0.9560681	1.0000000	-0.8502737
X2	0.8379929	-0.8502737	1.0000000

由成对散点图与相关系数矩阵可知，自变量 $X1, X2$ 呈显著负相关，可能存在共线性。

第二部分，残差的统计信息，依次是最小值，下四分位数，中位数，上四分位数及最大值。

Residuals:

Min	1Q	Median	3Q	Max
-0.14092	-0.05819	-0.03905	0.02181	0.20788

第三部分是回归系数及回归系数的显著性检验结果。各列依次是系数的估计值、标准误、检验统计量 t 只和检验 p 值。最后一行显示显著性标记与相应的显著性水平。

Coefficients:

	Estimate	Std. Error	t value	Pr(>|t|)	
(Intercept)	6.595e+00	1.120e+00	5.889	0.000105	***
X1	-5.106e-04	9.623e-05	-5.306	0.000250	***
X2	2.155e-01	3.946e-01	0.546	0.595816	

Signif. codes: 0 '***' 0.001 '**' 0.01 '*' 0.05 '.' 0.1 ' ' 1

第三部分给出残差标准差、决定系数及回归方程的显著性检验结果。

Residual standard error: 0.1225 on 11 degrees of freedom

Multiple R-squared: 0.9163,   Adjusted R-squared: 0.9011

F-statistic: 60.24 on 2 and 11 DF,   p-value: 1.186e-06

第四部分为方差分析表，略。

显然，截距与自变量 $X1$ 的回归系数在 0.05 的显著水平下是显著的，自变量 $X2$ 的回归系数在 0.05 的显著水平下是不显著的，需要剔除。

```
b=step(lm.1);              #逐步回归，默认向后逐步回归
summary(b);                #提取模型资料
anova(b);                  #计算方差分析表
```

输出结果为：

Residuals:

Min	1Q	Median	3Q	Max
-0.14502	-0.06380	-0.02990	0.01149	0.22203

Coefficients:

	Estimate	Std. Error	t value	Pr(>|t|)
(Intercept)	7.182e+00	3.077e-01	23.34	2.28e-11 ***
X1	-5.552e-04	4.915e-05	-11.30	9.44e-08 ***

Signif. codes: 0 '***' 0.001 '**' 0.01 '*' 0.05 '.' 0.1 ' ' 1

Residual standard error: 0.1189 on 12 degrees of freedom

Multiple R-squared: 0.9141,   Adjusted R-squared: 0.9069

F-statistic: 127.6 on 1 and 12 DF,   p-value: 9.439e-08

Analysis of Variance Table

Response: Y

	Df	Sum Sq	Mean Sq	F value	Pr(>F)
X1	1	1.80340	1.80340	127.64	9.439e-08 ***
Residuals	12	0.16954	0.01413		

Signif. codes: 0 '***' 0.001 '**' 0.01 '*' 0.05 '.' 0.1 ' ' 1

显然，截距与自变量 $X1$ 的回归系数在 0.05 的显著水平下都是显著的。因为 p-value: 9.439e-08，所以回归方程是显著的，回归方程为

$$y = 7.182 \times 10^2 - 5.552 \times 10^{-4} x_1$$

由回归方程看出，变量系数的大小差别太大，建议先将数据标准化后再线性回归。

```
library(foreign);
x1=read.spss("F:\\R 软件数据\\data.exam9.2.1.sav",to.data.frame=TRUE);
x=x1[,2:4];x=as.matrix(x);
stdx=scale(x,center=TRUE,scale=TRUE);
stdx=as.data.frame(stdx);
```

```
lm.2=lm(Y~X1+X2,data=stdx);
b2=step(lm.2);summary(b2);anova(b2);
```

部分输出结果为：

Start: AIC=-29.77

Y ~ X1 + X2

	Df	Sum of Sq	RSS	AIC
- X2	1	0.0295	1.1171	-31.396
<none>			1.0876	-29.771
- X1	1	2.7833	3.8710	-13.998

Step: AIC=-31.4

Y ~ X1

	Df	Sum of Sq	RSS	AIC
<none>			1.1171	-31.3960
- X1	1	11.883	13.0000	0.9625

Residuals:

Min	1Q	Median	3Q	Max
-0.37226	-0.16377	-0.07676	0.02950	0.56993

Coefficients:

	Estimate	Std. Error	t value	Pr(>|t|)
(Intercept)	-2.771e-16	8.155e-02	0.0	1
X1	-9.561e-01	8.462e-02	-11.3	9.44e-08 ***

Signif. codes: 0 '***' 0.001 '**' 0.01 '*' 0.05 '.' 0.1 ' ' 1

Residual standard error: 0.3051 on 12 degrees of freedom

Multiple R-squared: 0.9141,   Adjusted R-squared: 0.9069

G-statistic: 127.6 on 1 and 12 DF,   p-value: 9.439e-08

输入 R 程序如下：

```
attach(stdx);                  #保存统计建模数据，将数据框中变量链接到内存
plot(stdx[,1]~stdx[,2]);abline(lm(stdx[,1]~stdx[,2]));
resid=residuals(b2);           #计算残差
stdresid=rstandard(b2);        #计算标准化残差
y.pre=predict(b2);             #计算预测值
par(mfcol=c(1,3));
plot(y.pre,resid);             #画残差图
plot(y.pre,stdresid);          #画标准化残差图
plot(b2,2);                    #画残差 QQ 图
```

输出结果见图 9.2 和图 9.3。

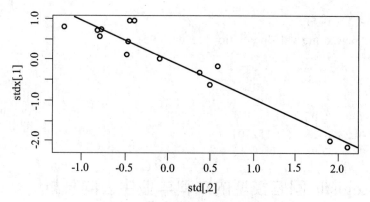

图 9.2　标准化后数据的散点图

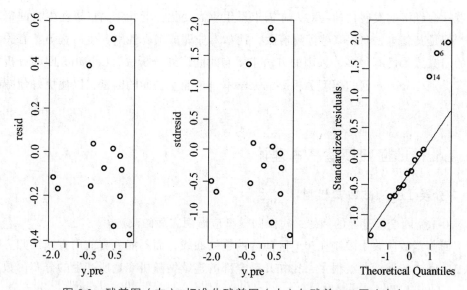

图 9.3　残差图（左），标准化残差图（中）与残差 QQ 图（右）

　　进行残差分析时经常要用到残差图，它是以残差 $e_i = y_i - \hat{y}_i$ 为纵坐标，其他指定的量（如 x_i、观测时间、序号、拟合值 $\hat{y}_i$）为横坐标的散点图。一般地，残差 $e_1, \cdots, e_n$ 之间是相关的，且它们方差不等，直接用 e_i 做比较不方便，人们引进标准化残差

$$r_i = \frac{e_i}{\hat{\sigma}\sqrt{1-h_{ii}}}, \quad (i=1,\cdots,n)$$

也称为内学生化残差，以改变普通残差的性质，其中 h_{ii} 是矩阵 $H = X(X'X)^{-1}X'$ 的第 i 行第 j 列元素。当模型假定成立时，这些残差图中的点不呈现任何规律。残差对拟合值的残差图可以判断模型的线性假定是否为真，若点的分布呈现水平带状形式，也就是没有规律，可认为线性假定成立。如果出现其他规律形状，如线性增加或线性减小或抛物线形状时，可怀疑回归函数为线性的假设不真。此时，应改变回归函数的形式，如包含变量的高次项或交叉乘积项。

　　显然图 9.3 残差图中的点基本无规律，初步判定模型的线性假定为真。

当 $X1=-0.48$ 时，求预测值的 R 程序为：

new.x=data.frame(X1=-0.48);
new.y=predict(b2,new.x,interval="prediction",level=0.95);
new.y;

输出结果为：

	fit	lwr	upr
1	0.4589127	-0.2348759	1.152701

9.3 基于 Logistic 回归模型的本科毕业生去向分析

随着社会经济的发展，社会对人才需求发生重大变化，近几年高校毕业生去向也越来越多样化，但是其基本去向跟某些因素有关，比如专业课成绩、性别、生活费等。有关学者对这方面的研究成果已有很多，采用的方法主要有时间序列分析法、Logistic 回归分析等。本节采用多类别 Logistic 回归模型分析影响大学本科毕业生去向的因素，以便更好地指导学生就业。

9.3.1 Logistic 回归模型基本理论

1. 二分类 Logistic 回归模型

针对 0-1 型因变量存在的问题，对回归模型应做两方面的改进。

（1）回归函数应改用限制在 $[0,1]$ 区间内的连续曲线，而不能一直使用直线回归方程。限制在 $[0,1]$ 区间内的连续曲线很多，比如几乎全部的连续型随机变量所产生的分布函数都符合要求，常用的是 Logistic 函数和正态分布函数。Logistic 函数的形式为 $f(x) = \dfrac{e^x}{1+e^x} = \dfrac{1}{1+e^{-x}}$。Logistic 函数其中文名称为逻辑斯谛函数，简称逻辑函数。

（2）因变量 y_i 本身只取两个离散值，所以如果直接将其作为回归模型中的因变量则不太恰当。由于回归函数 $E(y_i) = \pi_i = \beta_0 + \beta_1 x_i$ 表示在自变量为 x_i 下因变量 y_i 的平均值，而 y_i 又是 0-1 型的随机变量，所以 $E(y_i) = \pi_i$ 就是在其自变量为 x_i 的条件下 y_i 等于 1 的比例。这提示我们可以用 y_i 等于 1 的比例代替 y_i 本身作为因变量，于是 Logistic 回归方程为 $p_i = \dfrac{e^{f(x_i)}}{1+e^{f(x_i)}}$。如果 $f(x_i)$ 为多元线性函数，则上述模型可写成 $p_i = \dfrac{\exp(\alpha + \beta x_i)}{1+\exp(\alpha + \beta x_i)}$，将其线性化可得

$$\ln\left(\frac{p_i}{1-p_i}\right) = \alpha + \beta x_i$$

其中 $x_i = (x_{i1}, \cdots, x_{ip})$。易知，样本 $y_1, y_2, \ldots, y_n$ 的似然函数为

$$p(y_1, y_2, \cdots, y_n \mid \alpha, \beta) = \prod_{i=1}^{n} p_i^{y_i} (1 - p_i)^{1-y_i}$$

$$= \prod_{i=1}^{n} \left[\frac{\exp(\alpha + \beta x_i)}{1 + \exp(\alpha + \beta x_i)} \right]^{y_i} \left[\frac{1}{1 + \exp(\alpha + \beta x_i)} \right]^{1-y_i}$$

$$= \prod_{i=1}^{n} \frac{\exp(\alpha y_i + \beta x_i y_i)}{1 + \exp(\alpha + \beta x_i)}$$

Logistic 回归模型的参数估计一般采用极大似然估计，但经常无法利用封闭形式找到此估计，于是，对于得到的似然方程 $X^{\mathrm{T}}(y - p)\big|_{\theta=\hat{\theta}} = 0$ 可采用高斯-牛顿法进行迭代计算。利用统计软件 SPSS 或 R 可直接获得参数 α, β 的极大似然估计。

2. 多类别 Logistic 回归

当定性因变量 y 取 k 个类别时，记为 $1, 2, \cdots, k$，这里 $1, 2, \cdots, k$，只是名义代号，并没有实际数字顺序的含义。而 y 取值于每个类别的概率与 $x_1, x_2, \cdots, x_p$ 相关，对于样本数据 $(x_{i1}, x_{i2}, \cdots, x_{ip}; y_i)(i = 1, 2, \cdots, n)$，多类别 Logistic 回归模型第 i 组数据的 y_i 取第 j 个种类的概率为

$$\pi_{ij} = \frac{\exp(\beta_{0j} + \beta_{1j}x_{i1} + \cdots + \beta_{pj}x_{ip})}{\exp(\beta_{01} + \beta_{11}x_{i1} + \cdots + \beta_{p1}x_{ip}) + \cdots + \exp(\beta_{0k} + \beta_{1k}x_{i1} + \cdots + \beta_{pk}x_{ip})},$$
$$(i = 1, 2, \cdots, n, \quad j = 1, 2, \cdots k)$$

上式中各回归系数不是唯一确定的，每个回归系数同时加上或减去一个常数后，π_{ij} 的数值保持不变。为此，把上式中分母的 $\exp(\beta_{01} + \beta_{11}x_{i1} + \cdots + \beta_{p1}x_{ip})$ 中的系数统一设定为 0，得到回归方程的表达式为

$$\pi_{ij} = \frac{\exp(\beta_{0j} + \beta_{1j}x_{i1} + \cdots + \beta_{pj}x_{ip})}{1 + \exp(\beta_{02} + \beta_{12}x_{i1} + \cdots + \beta_{p2}x_{ip}) + \cdots + \exp(\beta_{0k} + \beta_{1k}x_{i1} + \cdots + \beta_{pk}x_{ip})},$$
$$(i = 1, 2, \cdots, n, \quad j = 1, 2, \cdots k)$$

这个表达式中的回归系数是唯一确定的，第一个种类的回归系数都取 0，则其他类别的回归系数的数值大小都是以第一个类别为参照。

R 语言实现：

（1）普通二分类 logistic 回归用系统的 glm；

（2）因变量多分类 logistic 回归：

有序分类因变量：用 MASS 包里的 polr；

无序分类因变量：用 nnet 包里的 multinom；

（3）条件 logistic 回归用 survival 包里的 clogit。

9.3.2　本科毕业生去向分析

某高校对本科毕业生的去向做了一个调查，分析影响本科毕业生去向的相关因素："专业课""英语""性别""月生活费"，结果见表 9.2，其中毕业去向"1"=工作，"2"=读研，"3"=出国留学；性别"1"=男生，"0"=女生。

表 9.2　本科毕业学生去向调查表

序号	专业课 $x1$	英语 $x2$	性别 $x3$	月生活费 $x4$	毕业去向 y	序号	专业课 $x1$	英语 $x2$	性别 $x3$	月生活费 $x4$	毕业去向 y
1	95	65	1	600	2	21	93	63	0	1 300	2
2	63	62	0	850	1	22	73	72	0	850	1
3	82	53	0	700	2	23	86	60	1	950	2
4	60	88	0	850	3	24	76	63	0	1 100	2
5	72	65	1	750	1	25	96	86	0	750	2
6	85	85	0	1 000	3	26	71	75	1	1 000	1
7	95	95	0	1 200	2	27	63	72	1	850	2
8	92	92	1	950	2	28	60	88	0	650	1
9	63	63	0	850	1	29	67	95	1	500	1
10	78	75	1	900	1	30	86	93	0	550	1
11	90	78	0	500	1	31	63	76	1	650	1
12	82	83	1	750	2	32	86	86	0	750	2
13	80	65	1	850	3	33	76	85	1	650	1
14	83	75	0	600	2	34	82	92	1	950	3
15	60	90	0	650	3	35	73	60	0	800	1
16	75	90	1	800	2	36	82	85	1	750	2
17	63	83	1	700	1	37	75	75	0	750	1
18	85	75	0	750	2	38	72	63	1	650	1
19	73	86	0	950	2	39	81	88	0	850	3
20	86	66	1	1 500	3	40	92	96	1	950	2

显然，可用多类别 Logistic 回归分析影响毕业去向的因素。R 程序如下：

```
library(foreign);
x1=read.spss("F:\\R 软件数据\\data.exam9.3.1.sav",to.data.frame=TRUE);
x=x1[,2:6];
library(nnet);
log.lm=multinom(y~x1+x2+x3+x4,data=x)
bb=step(log.lm)
summary(bb);            #提取模型资料
```

部分输出结果为：

Call:

multinom(formula = y ~ x1 + x2 + x4, data = x)

Coefficients:

	(Intercept)	x1	x2	x4
2	-19.13107	0.16711776	0.03775858	0.003897061
3	-18.02499	-0.01141578	0.12205853	0.010086359

Std. Errors:

	(Intercept)	x1	x2	x4
2	0.0003000582	0.03733777	0.03320348	0.002379768
3	0.0002244710	0.06022549	0.03742735	0.003333900

Residual Deviance: 56.85965

AIC: 72.85965

输入 R 命令：

```
y.pre=predict(bb,x);
y=x[,5];tt=y.pre==y;
table(tt[y==1]);table(tt[y==2]);table(tt[y==3]);
```

输出结果为：

FALSE	TRUE
5	12

FALSE	TRUE
5	11

FALSE	TRUE
4	3

与参加工作的同学相比，有

对 $y=2$（读研），

$$\pi_2 = \frac{\exp(-19.131+0.167x_1+0.038x_2+0.004x_4)}{1+\exp(-19.131+0.167x_1+0.038x_2+0.004x_4)+\exp(-18.025-0.011x_1+0.122x_2+0.010x_4)}$$ 对

$y=3$（出国留学），

$$\pi_3 = \frac{\exp(-18.025-0.011x_1+0.122x_2+0.010x_4)}{1+\exp(-19.131+0.167x_1+0.038x_2+0.004x_4)+\exp(-18.025-0.011x_1+0.122x_2+0.010x_4)}$$

在"1"等于工作类别的 17 个观测值中，12 个预测值正确，正确率是 70.6%；在"2"等于读研类别的 16 个观测值中，11 个预测值正确，正确率为 68.8%；在"3"等于出国留学类别的 7 个观测值中，3 个预测正确，正确率为 42.9%。通过对整个结论的观察得到：在全部的 40 个观测值中，有 26 个预测值正确，总正确率是 65%。

R 语言与统计计算

假设现在没有任何调查资料，则对每个类别的预测概率应该都在三分之一左右，预测总正确率应该在 33.3%左右。如果对调查资料只做频数分析，则第一个类别的"1"（工作）出现的频率最高，频率为 42.5%，若对每个学生都预测为第一个类别"1"（工作），预测的正确率为 42.5%。而现在通过 Logistic 回归分析，预测的总正确率为 65%，分别增加了 31.7%和22.5%。在三个类别的预测中，第三个类别"读研"的预测效果相对较差，正确率为 42.9%，说明现有的自变量并不能完全准确的解释这类就业去向，若想准确的分析，则应该对这一类别的学生做进一步研究，寻找出跟这些因素有关的其他变量。整体而言，在处理因变量是定性变量的回归分析中，多类别 Logistic 回归模型还是具有很好的准确性与实用性的。

习题 9

1. 有关法律规定，香烟上必须印上"吸烟有害健康"的警示语。吸烟是否一定会引起健康问题？你认为"健康问题不一定是由吸烟引起的，所以可以吸烟"的说法对吗？

2. 某地区的环境条件适合天鹅栖息繁衍，有人经统计发现了一个有趣的现象，如果村庄附近栖息的天鹅多，那么这个村庄的婴儿出生率也高，天鹅少的地方婴儿出生率也低。于是，他得出一个结论：天鹅能够带来孩子。你认为这样得到的结论可靠吗？如何证明这个结论的可靠性？

3. 已知 20 个家庭父母和女儿的身高数据如表 9.3 所示，试根据数据建立多元回归模型。

表 9.3　20 个家庭父母和女儿身高数据（单位：cm）

编号	父亲身高	母亲身高	女孩身高	编号	父亲身高	母亲身高	女孩身高
1	165	155	162	11	178	165	171
2	178	175	176	12	178	165	171
3	167	161	164	13	164	156	160
4	176	153	164	14	169	170	170
5	181	178	179	15	173	156	164
6	171	165	168	16	178	152	164
7	170	168	169	17	171	165	168
8	171	150	168	18	181	178	179
9	179	169	174	19	170	166	168
10	181	153	166	20	168	150	158

- 216 -

10 Bootstrap 方法

利用少量实验数据的样本信息及计算机仿真去模拟未知分布并获得所需感兴趣的未知分布的某一特征是数据分析中常用的方法。Bootstrap 方法正是处理此类问题的非参数统计方法，它是 Efron 在 20 世纪 70 年代后期建立的。这种方法不需要对对未知分布做任何假设，只需利用计算机对已知数据进行再抽样来模拟未知分布，进而估计所求未知变量，大大节约了成本。

本章主要研究了 Bootstrap 方法及其改进，并利用 Bootstrap 方法进行回归分析。

10.1 非参数 Bootstrap 方法简介

设总体的分布 F 未知，但已经有一个容量为 n 来自分布 F 的数据样本，自这一样本按放回抽样的方法抽取一个容量为 n 的样本，这种样本称为 **Bootstrap 样本**或称为**自助样本**。相继地、独立地从原始样本中取得多个 Bootstrap 样本，利用这些样本对总体 F 进行统计推断，这种方法称为非参数 **Bootstrap 方法**，又称为**自助法**。这一方法适用于当人们对总体知之甚少的情况，是近代统计中数据处理的重要实用方法，且随着计算机的发展而流行与发展。

10.1.1 估计量标准误差的 Bootstrap 估计

在估计总体未知参数 θ 时，人们不仅要给出估计 $\hat{\theta}$，还需支出这一估计的精度。通常，用估计量 $\hat{\theta}$ 的标准差 $\sqrt{D(\hat{\theta})}$ 来度量估计的精度。

$\sigma_{\hat{\theta}} = \sqrt{D(\hat{\theta})}$ 也称为估计量 $\hat{\theta}$ 的**标准误差**。

在实际应用中，估计量 $\hat{\theta}$ 是样本 $X_1, \cdots, X_n$ 的函数，抽样分布通常很难处理，这样，$\sqrt{D(\hat{\theta})}$ 一般没有简单的表达式，不过，可通过随机模拟的方法给出它的估计。为此，需要从总体 F 中产生很多个样本容量为 n 的样本，对每一样本，计算 $\hat{\theta}$ 的值，不妨记为 $\hat{\theta}_1, \hat{\theta}_2, \cdots, \hat{\theta}_B$，则 $\sigma_{\hat{\theta}}$ 可以用

$$\hat{\sigma}_{\hat{\theta}} = \sqrt{\frac{1}{B-1} \sum_{i=1}^{B} (\hat{\theta}_i - \overline{\theta})^2}, \quad \text{其中} \ \overline{\theta} = \frac{1}{B} \sum_{i=1}^{B} \hat{\theta}_i \tag{10.1.1}$$

来估计。然而，F 常常是未知的，这样就无法得到模拟样本，也就不得到上式的结果。

现在，假设总体 F 未知，$x_1, \cdots, x_n$ 是来自总体的样本值，F_n 是其对应的经验分布函数。

当 n 很大时，F_n 会收敛于 F，这样，可用 F_n 代替 F，在 F_n 中抽样，即从 $x_1, \cdots, x_n$ 中又放回的随机抽样，得到一个样本容量为 n 的样本，记作 $x_1^*, \cdots, x_n^*$，这就是 Bootstrap 样本。用 Bootstrap 样本带入式 10.1.1 中计算估计量 $\hat{\theta}$ 的值 $\hat{\theta}^* = \hat{\theta}(x_1^*, \cdots, x_n^*)$，估计 $\hat{\theta}^*$ 称为 θ 的 **Bootstrap 估计**。

更进一步，可得 $\sigma_{\hat{\theta}} = \sqrt{D(\hat{\theta})}$ 的 Bootstrap 估计，步骤如下：

（1）自原始数据 $x_1, \cdots, x_n$ 按放回抽样的方法，抽得容量为 n 的 Bootstrap 样本 $x_1^*, \cdots, x_n^*$；

（2）相继地，独立地抽得 B 个 Bootstrap 样本，分别求得相应的 Bootstrap 估计为 $\hat{\theta}_i^*, i = 1, 2, \cdots, B$；

（3）计算

$$\hat{\sigma}_{\hat{\theta}} = \sqrt{\frac{1}{B-1}\sum_{i=1}^{B}(\hat{\theta}_i^* - \overline{\theta}^*)^2}, \text{ 其中 } \overline{\theta}^* = \frac{1}{B}\sum_{i=1}^{B}\hat{\theta}_i^* \tag{10.1.2}$$

这就是 $\sigma_{\hat{\theta}} = \sqrt{D(\hat{\theta})}$ 的 Bootstrap 估计。

例 10.1.1 某种基金的年回报率是分布函数为 F 的连续型随机变量，F 未知，F 的中位数 θ 是未知参数，现有以下数据（百分率）：

$$18.2 \quad 9.5 \quad 12.0 \quad 21.1 \quad 10.2$$

以样本中位数作为总体中位数 θ 的估计。试求中位数估计的标准误差的 Bootstrap 估计。

解 理论同上，我们只给出软件实现，$B = 1\ 000$。

```
X=c(18.2,9.5,12.0,21.1,10.2);B=1000;n1=length(X); A=0;
for(i in 1:B){
    S=sample(1:n1,n1,rep=TRUE);A[i]=median(X[S]);
}
mean(A);sd(A);
```

一次运行结果如下：

[1] 13.7347

[1] 3.810497

故总体中位数 θ 的估计为 13.734 7，中位数估计的标准误差的 Bootstrap 估计为 3.810 497。

10.1.2 估计量均方误差与偏差的 Bootstrap 估计

设 $\mathcal{X} = \{X_1, X_2, \cdots, X_n\}$ 为来自总体 $X \sim F$ 的样本，F 未知，$T(\mathcal{X})$ 是感兴趣的随机变量，它依赖样本 $\mathcal{X} = \{X_1, X_2, \cdots, X_n\}$，假如希望估计 $T(\mathcal{X})$ 的分布的某些特征，比如均值、均方误差等。它们的 Bootstrap 估计步骤同 $\sqrt{D(\hat{\theta})}$ 的 Bootstrap 估计步骤一样，只不过第（2）步中计算 $T_i^*(x_1^*, \cdots, x_n^*)$ 代替计算 θ_i^*，且在第（3）步中计算感兴趣的 $T(\mathcal{X})$ 的特征。

例 10.1.2 设金属元素铂的升华热是具有分布函数 F 的连续型随机变量，F 的中位数 θ 是未知参数，现测得以下的数据（以 kcal/mol 计）：

136.3 136.6 135.8 135.4 134.7 135.0 134.1 143.3 147.8 148.8 134.8

135.2 134.9 149.5 141.2 135.4 134.8 135.8 135.0 133.7 134.4 134.9

134.8 134.5 134.3 135.2

以样本中位数 $M = M(X_1, \cdots, X_n)$ 作为总体中位数 θ 的估计，

（1）试求均方误差 $MSE = E[(M - \theta)^2]$ 的 Bootstrap 估计。

（2）试求偏差 $b = E(M - \theta)$ 的 Bootstrap 估计。

解 将原始样本自小到大排序，左起第 13,14 个分别为 135.0,135.2，所以样本中位数

$$\hat{\theta} = \frac{135.0 + 135.2}{2} = 135.1$$

相继地，独立地抽得 10 000 个 Bootstrap 样本，分别求得相应的 Bootstrap 估计为 $\hat{\theta}_i^*, i = 1, 2, \cdots, 1\,000$，即 Bootstrap 样本中位数 M_i^*。

（1）均方误差 Bootstrap 估计 $MSE^* = \dfrac{1}{B} \sum_{i=1}^{B} (M_i^* - \theta)^2 = 0.066\,578\,75$。

（2）偏差 Bootstrap 估计 $b = \dfrac{1}{B} \sum_{i=1}^{B} (M_i^* - \theta) = 0.041\,605$。

R 程序为：

```
#X 为数据集，B 为 bootstrap 抽样次数，m1 为 X 的中位数
X=c(136.3,136.6,135.8,135.4,134.7,135.0,134.1,143.3,147.8,148.8,134.8,135.2,134.9,149.5,141.2,
135.4,134.8,135.8,135.0,133.7,134.4,134.9,134.8,134.5,134.3,135.2);
B=10000;C=0;D=0;n1=length(X);m1=median(X);A=0;
for(i in 1:B){
    S=sample(1:n1,n1,rep=TRUE);A[i]=median(X[S]);
    C[i]=(A[i]-m1)^2;D[i]=A[i]-m1;
}
mean(C);mean(D);
```

一次运行结果为：

[1] 0.06657875

[1] 0.041605

10.1.3 Bootstrap 置信区间

1. 利用分位数法求 Bootstrap 置信区间

基本思想是：相继地、独立地从原样本中抽出 B 个样本容量为 n 的 Bootstrap 样本，对每个 Bootstrap 样本求出 θ 的 Bootstrap 估计：$\hat{\theta}_1^*, \cdots, \hat{\theta}_B^*$，将它们由小到大排序，可得 $\hat{\theta}_{(1)}^* \leqslant \hat{\theta}_{(2)}^* \leqslant \cdots \leqslant \hat{\theta}_{(B)}^*$。用对应的 $R(\mathcal{X}^*, \hat{F}) = \hat{\theta}^*$ 的分布作为 $R(\mathcal{X}, F) = \hat{\theta}$ 的分布的近似，求出 $R(\mathcal{X}^*, \hat{F}) = \hat{\theta}^*$ 的近似分位数 $\hat{\theta}_{\alpha/2}^*, \hat{\theta}_{1-\alpha/2}^*$ 使得

$$P(\hat{\theta}_{\alpha/2}^{*} < \hat{\theta}^{*} < \hat{\theta}_{1-\alpha/2}^{*}) = 1 - \alpha \qquad (10.1.3)$$

于是近似有 $P(\hat{\theta}_{\alpha/2}^{*} < \theta < \hat{\theta}_{1-\alpha/2}^{*}) = 1 - \alpha$。记 $k_1 = \left[B \times \dfrac{\alpha}{2}\right]$，$k_2 = \left[B \times \left(1 - \dfrac{\alpha}{2}\right)\right]$，则近似有 $P(\hat{\theta}_{(k_1)}^{*} < \theta < \hat{\theta}_{(k_2)}^{*}) = 1 - \alpha$，即 θ 的置信水平为 $1 - \alpha$ 的 Bootstrap 置信区间为

$$(\hat{\theta}_{(k_1)}^{*}, \hat{\theta}_{(k_2)}^{*}) \qquad (10.1.4)$$

2. 利用 Bootstrap-t 法求 Bootstrap 置信区间

设 $\mathcal{X} = \{X_1, X_2, \cdots, X_n\}$ 为来自总体 $X \sim F$ 的样本，样本观测值为 $\{x_1, x_2, \cdots, x_n\}$，均值 μ 和方差 σ^2 都是未知参数，我们利用样本均值 $\{x_1, x_2, \cdots, x_n\}$ 来估计 μ。

考虑统计量 $t = \dfrac{\bar{X} - \mu}{S/\sqrt{n}}$，如果 F 为正态分布，则 $t \sim t(n-1)$，这样利用枢轴量 t 就能求得 μ 的置信区间。现在，总体不具有正态分布，但可证明它仍为枢轴量，我们可用 Bootstrap 方法求得 μ 的近似置信区间。

以样本均值 $\bar{x} = \dfrac{1}{n}\sum_{i=1}^{n} x_i$ 作为 μ 的估计，考虑与 t 对应的枢轴量

$$W^{*} = \frac{\bar{X}^{*} - \mu}{S^{*}/\sqrt{n}} \qquad (10.1.5)$$

其中 $\bar{X}^{*}, S^{*}$ 分别为相应 Bootstrap 样本均值和样本标准差。我们用 W^{*} 的分布近似 t 的分布，于是近似有 $P\left(w_{\alpha/2}^{*} \leqslant \dfrac{\bar{X} - \mu}{S/\sqrt{n}} \leqslant w_{1-\alpha/2}^{*}\right) = 1 - \alpha$，即

$$P\left(\bar{X} - w_{1-\alpha/2}^{*}\frac{S}{\sqrt{n}} \leqslant \mu \leqslant \bar{X} - w_{\alpha/2}^{*}\frac{S}{\sqrt{n}}\right) = 1 - \alpha \qquad (10.1.6)$$

令 $w_{(k_1)}^{*}$，$w_{(k_2)}^{*}$ 分别作为 $w_{\alpha/2}^{*}, w_{1-\alpha/2}^{*}$ 的估计，其中 $k_1 = \left[B \times \dfrac{\alpha}{2}\right]$，$k_2 = \left[B \times \left(1 - \dfrac{\alpha}{2}\right)\right]$，由式 10.1.6 近似得到

$$P\left(\bar{X} - w_{(k_2)}^{*}\frac{S}{\sqrt{n}} \leqslant \mu \leqslant \bar{X} - w_{(k_1)}^{*}\frac{S}{\sqrt{n}}\right) = 1 - \alpha \qquad (10.1.7)$$

由式（10.1.7）可得 μ 的置信水平为 $1 - \alpha$ 的 Bootstrap 置信区间

$$\left(\bar{X} - w_{(k_2)}^{*}\frac{S}{\sqrt{n}}, \bar{X} - w_{(k_1)}^{*}\frac{S}{\sqrt{n}}\right) \qquad (10.1.8)$$

这一方法称为 **Bootstrap-t 法**。

以上介绍的 Bootstrap 法，没有假设总体分布 F 的形式，Bootstrap 样本来自已知数据（原始样本），所以称为**非参数 Bootstrap 法**。用非参数 Bootstrap 法求近似区间的优点是，不需要对总体的分布类型做任何假设，而且可以适合小样本，且能用于各种统计量的（不限于样本均值）。

例 10.1.3　有 30 窝仔猪出生时各窝猪的存活只数为

9 8 10 12 11 12 7 9 11 8 9 7 7 8 9 7 9 9 10 9 9 9 12 10 10 9 13 11 13 9

分别以分位数法和 Bootstrap-t 法求均值 μ 置信水平为 0.90 的 Bootstrap 置信区间。

解　令 $B = 10\,000$，分位数法与 Bootstrap-t 法理论及步骤同上，这里只给出 R 程序供读者参考：

```
X=c(9,8,10,12,11,12,7,9,11,8,9,7,7,8,9,7,9,9,10,9,9,9,12,10,10,9,13,11,13,9);
B=10000;n=length(X); a=mean(X);s=sd(X);A=0;W=0;
for(i in 1:B){
    S=sample(1:n,n,rep=TRUE);A[i]=mean(X[S]);
    W[i]=(A[i]-a)/sd(X[S])*n^0.5;
}
c(quantile(A,0.05),quantile(A,0.95))
c(a-quantile(W,0.95)*s/(n^0.5),a-quantile(W,0.05)*s/(n^0.5))
par(mfcol=c(1,2));hist(A);hist(W);
```

一次运行结果为：

```
      5%        95%
 9.033333 10.033333
      95%        5%
 9.018913 10.100158
```

生成的估计直方图如图 10.1 所示。

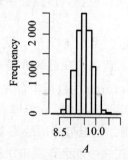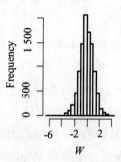

图 10.1　均值 μ 的 Bootstrap 估计直方图（左），枢轴量 W^* 的 Bootstrap 估计直方图（右）

所以，均值 μ 置信水平为 0.90 的 Bootstrap 置信区间为：

（1）分位数法：[9.033 333, 10.033 333]。

（2）Bootstrap-t 法：[9.018 913, 10.100 158]。

10.2　Bootstrap 方法与 Bays Bootstrap 方法的比较

本节比较研究 Bootstrap 与 Bays Bootstrap 方法的理论基础及其改进，给出二者的区别与联系，讨论它们的优缺点，最后结合实例验证前面的结论。特别得出：Bays Bootstrap 方法模拟稳定，但小偏差超过一定界限时，实际效果不好。

10.2.1 Bootstrap 方法及其改进

假定随机变量 X 对应的分布函数(cdf)、密度函数(pdf)分别为 F 和 f，$\mathcal{X}=\{X_1,X_2,\cdots,X_n\}$ 表示所有数据集合，如果 $\hat{F}$ 是观测数据的经验 cdf，也常记为 $\hat{F}_n$，函数 $\theta=T(F)$ 是我们感兴趣的关于 F 的数字特征，比如 θ 是一元总体 X 的均值，则估计

$$\hat{\theta}=T(\hat{F})=\int z\mathrm{d}\hat{F}(z)=\frac{1}{n}\sum_{i=1}^{n}X_i=\bar{X}$$

往往需要根据 $T(\hat{F})$ 和 $R(\mathcal{X},F)$ 解决统计推断问题，但由于 $R(\mathcal{X},F)$ 依赖数据集 $\mathcal{X}$ 和未知分布 F，这就导致 $R(\mathcal{X},F)$ 的分布往往很难处理或未知，而 Bootstrap 方法是由观测数据的经验分布函数 $\hat{F}$ 给出了 $R(\mathcal{X},F)$ 的一种近似，不需要进行参数假设，因此可为那些不太可能得到解析方案的问题得到数值解，并且得到的结果比传统参数理论更加精确。

令 $\mathcal{X}^*=\{X_1^*,X_2^*,\cdots,X_n^*\}$ 表示伪数据 Bootstrap 样本，则 $\mathcal{X}^*$ 的元素 i.i.d 于经验分布函数 $\hat{F}$，Bootstrap 方法就是在 R 中使用 $\mathcal{X}^*$ 所得到的分布，即视 $R(\mathcal{X}^*,\hat{F})$ 和 $R(\mathcal{X},F)$ 是等价的。在某些特殊情况下，我们可估计 $R(\mathcal{X}^*,\hat{F})$ 或解析推导，但通常需要使用随机模拟方法。通常，对于样本容量为 n 的实际问题，潜在的伪数据集十分多，将所对应的概率一一列举是不现实的，作为替代，可从观测数据的经验 cdf 中随机抽取 N 个独立的伪数据集 $\mathcal{X}_i^*=\{X_{i1}^*,X_{i2}^*,\cdots,X_{in}^*\},i=1,\cdots,N$，利用 $R(\mathcal{X}_i^*,\hat{F})$ 的经验 cdf 近似 $R(\mathcal{X},F)$ 的分布，进而进行统计推断。这样可避免完全列举伪数据集，但会产生误差，不过可以通过增大 N 使得误差降到任意小，通常根据具体情况在 1 000 ~ 10 000 选择再抽样样本 N。

对于 Bootstrap 方法，再抽样方案没有固定方法，应在具体模型中采用相应的抽样方法，一般可归为两类：

（1）**含参分布抽样法**：如果已知总体的分布类型为 $F(x;\theta)$，其中 θ 是未知参数，即 $X_1,\cdots,X_n$ i.i.d 于 $F(x;\theta)$，可采用 F 的另一种估计。假如可从已知数据集中得 θ 的估计 $\hat{\theta}$，则可抽取 $X_1^*,\cdots,X_n^*$ i.i.d 于 $F(x;\hat{\theta})$ 以获得参数化的 Bootstrap 伪数据集合 $\mathcal{X}^*$。当模型类型已知或确信可很好刻画真实模型时，参数化的 Bootstrap 将非常有用，它能够对难以处理的问题给出统计推断，并且其置信区间经常比经典方法要精确，但也可能比经典方法差。如果模型不能很好拟合数据的生成机制，参数化 Bootstrap 方法往往可能会得到错误的统计推断。

（2）**非参数抽样法**：如果对总分的分布类型未知，直接由经验分布进行抽样。下面给出两种非参数抽样方法。

方法 1（a）：利用计算机在 1 到 n 之间产生 n 个随机数，记为 $i_1,\cdots,i_n$，n 为观测子样的个数。在观测样本中找到下标为 $i_1,\cdots,i_n$ 的样本 $x_{i_1},\cdots,x_{i_n}$ 作为再抽样样本。

方法 1（b）：① 利用计算机生成 0 到 M 之间的随机数 m，应保证 m 在 $[0,M]$ 上满足独立性、均匀性和满周期性，且 M 远大于 n；② 令 $i=\mathrm{mod}(m,n)$，即 m 除以 n 所得余数，由于线性同余法可生成给定范围内满足独立性、均匀性和满周期性，故 i 也满足相应性质。③ 在观测样本中找到下标为 i 的样本 x_i 作为再抽样样本；④ 重复①②③n 次，即得到一组再抽样样本。

目前计算机软件生成随机数非常成熟，即计算机软件产生的随机数基本上都可以满足独

立性、均匀性和满周期性，故方法 1（a）和方法 1（b）基本上无区别，可认为两种抽样方法等价。

在对观测数据的经验分布函数进行抽样时，自助样本很可能与原样本相似，尤其样本容量 n 很小时，这一缺陷更加突出，这样将导致概率分布集中在少数点上，而这对于连续型随机变量而言是不希望出现的，最终可能会导致模拟结果背离真实分布，导致误判。因此，我们有必要对重新抽样方法进行改进，减少上述问题。

方法 2（改进 Bootstrap 方法）：首先将观测样本 $x_1,\cdots,x_n$ 从小到大排序，不妨仍记为 $x_1,\cdots,x_n$，对每个观测值 x_i 取如下邻域。

$$U_1 = \left[x_1 - \frac{x_2 - x_1}{m}, x_1 + \frac{x_2 - x_1}{m} \right],$$

$$U_i = \left[x_i - \frac{x_i - x_{i-1}}{m}, x_i + \frac{x_i - x_{i-1}}{m} \right], \ i = 2,\cdots,n-1,$$

$$U_n = \left[x_n - \frac{x_n - x_{n-1}}{m}, x_n + \frac{x_n - x_{n-1}}{m} \right], \quad m \geqslant 2$$

通常取 $m=2$，但当样本容量很小时，m 通常取大点。然后再按照如下规则抽样。

① 确定领域指标 L，$P(L=i) = \frac{1}{n}, i=1,2,\cdots,n$，抽取容量为 n 的样本 $(l_1,\cdots,l_n)$。

② 抽取样本 $x_i^* \sim U(U_{l_i}), i=1,\cdots,n$，其中 $U([a,b])$ 表示 $[a,b]$ 上均匀分布。

由此获得自助样本 $(x_1^*,\cdots,x_n^*)$，其余过程与普通自助法一样，不再重复。

方法 2 改进了 Bootstrap 方法，可以改进估计精度，关于此问题理论解答很困难，至今仍为开放性难题。在此，简单探讨下方法 2 的优势。

如果样本容量 n 很小，原自助样本仅限于原样本，势必出现很多重复样本点，多次抽样后，抽样分布肯定会偏离真实分布 F，进而估计精度不是很高。而方法 2 扩宽了自助样本的生成范围，使得在很小偏离真实分布的情况下产生几乎完全不同原样本的自助样本，基本上避免了概率分布向少数点集中的问题。Bootstrap 方法的初衷是通过自助抽样增加样本观测值，但实际并没有增加新的观测值，这样可能导致自助法失去意义。而方法 2 除了获得原观测值之外，还获得了观测之外的信息。虽然它不能获得精确的观测值外的信息，但可在尽可能少地偏离 F 的前提下，对 F 进行了有效的自助探索。

方法 3（反向 Bootstrap 方法）：如果一元数据集 $x_1,\cdots,x_n$ 按大小排序后，得次序统计量，不妨记为 $x_{(1)},\cdots,x_{(n)}$，即 $x_{(i)}$ 表示第 i 小数值。令 $A(i)=n-i+1$ 为次序统计量反方向排序算子，则对 Bootstrap 数据集 $\mathcal{X}^* = \{x_{(1)}^*,\cdots,x_{(n)}^*\}$，将 $x_{(i)}$ 替换为 $x_{(A(i))}$，进而获得新的 Bootstrap 数据集 $\mathcal{X}^{**} = \{x_{(1)}^{**},\cdots,x_{(n)}^{**}\}$。这样，如果 $\mathcal{X}^* = \{x_{(1)}^*,\cdots,x_{(n)}^*\}$ 中较小数据占据主要地位，则在 $\mathcal{X}^{**} = \{x_{(1)}^{**},\cdots,x_{(n)}^{**}\}$ 中较大数据占据主要地位。用这样方法，每个 Bootstrap 抽样，可得到两个估计：$R(\mathcal{X}^*,\hat{F})$ 和 $R(\mathcal{X}^{**},\hat{F})$，通常情况下，这两个估计是负相关的。例如，如果在样本均值中，R 是单调统计量，则 $R(\mathcal{X}^*,\hat{F})$ 和 $R(\mathcal{X}^{**},\hat{F})$ 可能是负相关的。

令 $R_a(\mathcal{X}^*,\hat{F}) = \frac{1}{2}(R(\mathcal{X}^*,\hat{F}) + R(\mathcal{X}^{**},\hat{F}))$，如果 $R(\mathcal{X}^*,\hat{F})$ 和 $R(\mathcal{X}^{**},\hat{F})$ 是负相关的，则

$$\text{var}(R_a(\mathcal{X}^*, \hat{F})) = \frac{1}{4}(\text{var}(R(\mathcal{X}^*, \hat{F})) + \text{var}(R(\mathcal{X}^{**}, \hat{F})) + 2\text{cov}(R(\mathcal{X}^*, \hat{F}), R(\mathcal{X}^{**}, \hat{F})))$$
$$\leqslant \text{var}(R(\mathcal{X}^*, \hat{F}))$$

这样就缩小了蒙特卡洛的误差。

一个常用的检验统计量为

$$R(\mathcal{X}, F) = T(\hat{F}_n) - T(F) \triangleq T_n$$

表示估计误差，它是随机变量，是 $\mathcal{X}$ 和 F 的函数，这个量代表是 $T(\hat{F}_n) = \hat{\theta}$ 的偏差，其均值等于 $E[\hat{\theta}] - \theta$，令 $\overline{\theta}^* = \frac{1}{N}\sum_{i=1}^{N}\hat{\theta}_i^*$，则这个偏差的 Bootstrap 估计是

$$E^*[\hat{\theta}^*] - \hat{\theta} = \overline{\theta}^* - \hat{\theta}$$

令 $\hat{F}^*(x) = \frac{1}{N}\sum_{i=1}^{N}\hat{F}_i^*(x)$，其中 E^* 表示以原始数据为条件抽取 $\mathcal{X}^*$ 的 Bootstrap 抽样中 θ^* 的期望，则 $\overline{\theta}^* - T(\overline{F}^*)$ 就是一个更好的偏差估计。

一元参数 θ 的最简单 Bootstrap 推断方法是使用分位点方法构造一个置信区间，同时，最简单的 Bootstrap 假设检验方法就是基于 Bootstrap 置信区间的 p 值。用 Bootstrap 置信区间进行假设检验很可能会损失统计势，若 Bootstrap 方法模拟一个与原假设相合的抽样分布，则有可能得到一个更高的势。由于假设检验的基本原则是在原假设下使用检验统计量，而 Bootstrap 抽样方法需要在原假设下添加更强的限制，这就导致不同抽样方法会得到不同结果的假设检验。尽管 Bootstrap 分位点方法简单，但是容易得到有偏的不精确覆盖率，故为了确保 Bootstrap 方法的效果，Bootstrap 统计量应该近似是枢轴的，即它的分布不依赖待估参数 θ 的真值。

记 $R^*(\mathcal{X}^*, F_n) = T(F_n^*) - T(\hat{F}_n) \triangleq R_n$，$R_n$ 称为 T_n 的 Bootstrap 统计量。$R(\mathcal{X}, F)$ 的均值和方差是 $T(F)$ 估计误差的均值和误差，可以借助计算机统计计算，对已知样本进行再抽样，进而获得 N 个 Bootstrap 统计量，记为 $R^*(1), \cdots, R^*(N)$，可用 $R^*(i)$ 的频率曲线估计 Bootstrap 统计量的分布，从而得出 R_n 的概率分布，进而得到 T_n 的概率分布。

10.2.2 Bayes Bootstrap 方法

假定 n 随机向量 $(v_1, \cdots, v_n)$ 服从 Dirichlet 分布 $D(1, \cdots, 1)$，满足关系式 $\sum_{i=1}^{n}v_i = 1$。考虑统计量 $\sum_{i=1}^{n}v_iX_i - T(\hat{F}_n) \triangleq D_n$，用 D_n 的分布去模拟 T_n 的分布。由于将随机权 $(v_1, \cdots, v_n)$ 加到观测数据 $(x_1, \cdots, x_n)$ 上获得加权平均值 $\sum_{i=1}^{n}v_ix_i$，因此 Bayes Bootstrap 方法也称为**随机加权法**。目前，已经证明 Bayes Bootstrap 方法中的随机变量 $\sqrt{n}D_n$ 是弱收敛的，与 $\sqrt{n}T_n$ 的极限一样，可见，在渐进意义下，$\sqrt{n}D_n$ 是可用的。下面只考虑连续总体 X，为此先给出两个引理。

引理 1　如果 $F(x)$ 为连续随机变量 X 的 cdf，则 $Y = F(X) \sim U(0,1)$。

引理 2　设 $u_{(1)}, \cdots, u_{(n-1)}$ 使独立同分布样本 $u_1, \cdots, u_{n-1}$ 的次序统计量，其中 $u_i \sim U(0,1)$，令 $u_{(0)} = 0$，$u_{(n)} = 1$，则 $v_{(i)} = u_{(i)} - u_{(i-1)}, i = 1, \cdots, n$ 的联合分布为 $D(1, \cdots, 1)$。

根据引理 1 和引理 2，对观测样本进行随机加权可得平均加权值，此平均加权值不同于 Bootstrap 方法产生的相应抽样值。于是再抽样步骤为

（1）产生 $n-1$ 个随机数 $u_i \sim U(0,1)$，$i = 1, 2, \cdots, n-1$。

（2）对生成值进行 u_i 进行排序，记为 $u_{(1)}, \cdots, u_{(n-1)}$，令 $u_{(0)} = 0$，$u_{(n)} = 1$，计算 $v_i = u_{(i)} - u_{(i-1)}$，$i = 1, \cdots, n$。

（3）计算加权平均值 $\sum_{i=1}^{n} v_i x_i$。

当总体分布中均值 μ 未知，则经典估计为 $\hat{\mu} = \bar{x} = \frac{1}{n} \sum_{i=1}^{n} x_i$，置信区间为

$$\left(\bar{x} - \frac{\hat{\sigma}}{\sqrt{n}} t_{1-\alpha/2}(n-1), \bar{x} + \frac{\hat{\sigma}}{\sqrt{n}} t_{1-\alpha/2}(n-1) \right)$$

Bootstrap 方法的估计结果是：

（1）根据 Bootstrap 抽样方案，得到 N 组抽样数据。

（2）计算 $R_{\alpha/2}^L, R_{\alpha/2}^U, \bar{R}_\alpha$，使得 $\bar{R}_\alpha = \frac{1}{N} \sum_{i=1}^{N} R_\alpha^i$，$P(R_{\alpha/2}^L < R_n < R_{\alpha/2}^U) = \alpha$。

（3）用 R_n 近似 T_n，可得 Bootstrap 估计值为 $\hat{\mu} = \bar{x} + \bar{R}_n$，置信区间为

$$(\bar{x} + R_{\alpha/2}^L, \bar{x} + R_{\alpha/2}^U)$$

Bays Bootstrap 方法的估计结果是：

（1）根据 Bays Bootstrap 抽样方案，得到 N 组抽样数据。

（2）计算 $D_{\alpha/2}^L, D_{\alpha/2}^U, \bar{D}_\alpha$，使得 $\bar{D}_\alpha = \frac{1}{N} \sum_{i=1}^{N} D_\alpha^i$，$P(D_{\alpha/2}^L < D_n < D_{\alpha/2}^U) = \alpha$。

（3）用 R_n 近似 T_n，可得 Bays Bootstrap 估计值为 $\hat{\mu} = \bar{x} + \bar{D}_n$，置信区间为

$$(\bar{x} + D_{\alpha/2}^L, \bar{x} + D_{\alpha/2}^U)$$

对总体均值 μ 的估计中，观测数据的样本均值与总体真实均值间会存在小偏差，如果此小偏差超过一定的界限，则自助法估计效果会很差。

10.2.3　实例分析

下面通过实例进一步研究 Bootstrap 方法和 Bays Bootstrap 方法。

对标准正态分布 $N(0,1)$ 进行随机抽样，样本容量 $n = 10$，$\alpha = 5\%$。采用上述方法对抽样样本进行相应处理，从而得到不同方法的统计推断，并对此进行分析。10 个标准正态随机生成样本为

0.389 9　　0.088 0　　-0.635 5　　-0.559 6　　0.443 7　　-0.949 9　　0.781 2　　0.569 0　　-0.821 7　　-0.265 6

R 语言与统计计算

注：10 个标准正态随机数的均值为 – 0.096 0，即观测数据的样本均值与总体真实均值间的小偏差为 – 0.096 0。

分析结果见表 10.1 和图 10.2、图 10.3。

表 10.1　均值的估计值与置信区间

方法	估计值	置信区间	估计标准差
经典统计法	– 0.096 0	[– 0.546 2，0.354 1]	0.6292
方法 1（$N=1\,000$）	– 0.091 1	[– 0.582 5，0.193 2]	0.1965
方法 1（$N=10\,000$）	– 0.094 0	[– 0.561 6，0.178 4]	0.1906
方法 2（$N=1\,000$，$m=5$）	– 0.090 4	[– 0.547 4，0.193 9]	0.1888
方法 3（$N=500$ 对）	– 0.091 9	[– 0.536 4，0.183 2]	0.1886

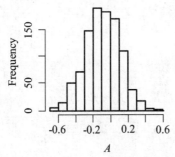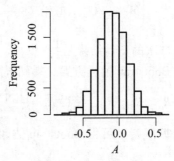

图 10.2　方法 1 均值估计直方图，左（$N=1\,000$），右（$N=10\,000$）

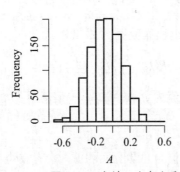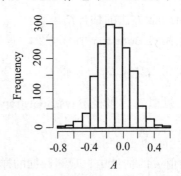

图 10.3　方法 2（左）和方法 3（右）均值估计直方图

R 程序为：

```
X1=rnorm(100,0,1);X=X1[91:100]          #生成 100 个标准正态分布随机数，取后 10 个
mean(X);sd(X)                           #X 的均值与标准差
n=length(X);
#利用正态分布的区间估计理论求得
c(mean(X)-sd(X)/(n^0.5)*qt(0.975,9),mean(X)+sd(X)/(n^0.5)*qt(0.975,9))
#方法 1 的程序，假定生成的标准正态随机数如下
```

```
X=c(0.3899,0.0880,-0.6355,-0.5596,0.4437,-0.9499,0.7812,0.5690,-0.8217,-0.2656);
N=1000;n=length(X);A=0;
for(i in 1:1:N){
    S=sample(1:n,n,rep=TRUE);A[i]=mean(X[S]);
}
c(mean(A),sd(A))              #方法 1 的均值和标准差
fws=quantile(A,c(0.025,0.975));
fws=as.vector(fws);           #将列表 fws 转化为向量 fws
L1=mean(A)+fws[1];U1=mean(A)+fws[2];
c(L1,U1)                      #利用分位数法求得区间估计
mean(X)-mean(A)               #偏差
par(mfcol=c(1,2));hist(A);
#方法 2 的程序
X1=c(0.3899,0.0880,-0.6355,-0.5596,0.4437,-0.9499,0.7812,0.5690,-0.8217,-0.2656);
X=sort(X1);n=length(X); U=matrix(0,nrow=n,ncol=2,byrow=TRUE);
m=5;A=0;X2=0;
for(i in 1:1:n){
    if (i==1) {U[1,1]=X[1]-(X[2]-X[1])/m;U[1,2]=X[1]+(X[2]-X[1])/m;}
    else {U[i,1]=X[i]-(X[i]-X[i-1])/m;U[i,2]=X[i]+(X[i]-X[i-1])/m;}
}
N=1000;
for(i in 1:1:N){
    for(j in 1:1:n){
        S=sample(1:n,n,rep=TRUE);X2[j]=runif(1,U[S,1],U[S,2]);
    }
    A[i]=mean(X2);
}
c(mean(A),sd(A))
fws=quantile(A,c(0.025,0.975));
fws=as.vector(fws);           #将列表 fws 转化为向量 fws
L1=mean(A)+fws[1];U1=mean(A)+fws[2];
c(L1,U1)                      #利用分位数法求得区间估计
mean(X)-mean(A)               #偏差
par(mfcol=c(1,2));hist(A);
#方法 3 的程序,采用变量名同方法 2 只是为了便于写程序代码，缺点是会覆盖以前结果
B=0;
for(i in 1:1:(N/2)){
    S=sample(1:n,n,rep=TRUE);A[i]=mean(X[S]);B[i]=mean(X[11-S]);
}
```

```
A=c(A,B);
c(mean(A),sd(A))
fws=quantile(A,c(0.025,0.975));
fws=as.vector(fws);              #将列表 fws 转化为向量 fws
L1=mean(A)+fws[1];U1=mean(A)+fws[2];
c(L1,U1)                         #利用分位数法求得区间估计
hist(A);
```

采用的评价标准如下：

（1）估计值与真值的偏差越小，估计精度越高；

（2）置信区间长度越短，估计精度越高；

（3）利用估计量 $\hat{\theta}$ 的标准差 $\sqrt{D(\hat{\theta})}$ 来度量估计精度。

从表 10.1 可以看出，在本次模拟中，Bootstrap 方法 1 比经典估计法好，估计值更接近真实值，置信区间更短，且随着 N 的增大，均值估计值越来越可能接近真实值 0，估计量的标准差越来越小。方法 2 和方法 3 的模拟结果都比经典方法好，特别有方法 2 的模拟结果比方法 1 好。但应注意到，方法 3 的模拟结果不一定比方法 2 好，只有当 $R(\mathcal{X}^{*},\hat{F})$ 和 $R(\mathcal{X}^{**},\hat{F})$ 是负相关时，它的模拟方差才比方法 2 小，而这不一定成立，甚至还可能导致 $R(\mathcal{X}^{*},\hat{F})$ 和 $R(\mathcal{X}^{**},\hat{F})$ 正相关，进而增加模拟标准差。整体而言，模拟结果与理论分析是一致的，当然，由于每次抽样样本是不同的，这可能导致模拟结果有细微的差别。

下面分别假定总体为 $N(\mu,1)$ 和 $U(-2,\theta)$，然后比较参数化 Bootstrap 方法。注意，当总体为 $U(-2,\theta)$ 时，均值为 $E(X)=\dfrac{\theta-2}{2}$，从而 $\theta=2E(X)+2$。分析结果见表 10.2 和图 10.4。

表 10.2　参数化 Bootstrap 方法的均值估计值与置信区间

方法	估计值	置信区间	估计标准差
$N(\mu,1)$ 总体（ $N=1\,000$ ）	− 0.087 2	[− 0.769 2，0.452 4]	0.314 1
$U(-2,\theta)$ 总体（ $N=1\,000$ ）	0.406 7	[0.302 4，1.309 4]	0.452 4

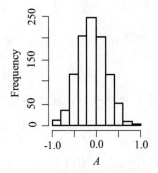
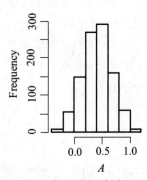

图 10.4　$N(\mu,1)$ 总体（左）和 $U(-2,\theta)$ 总体（右）均值估计直方图

R 程序为：

```
X=c(0.3899,0.0880,-0.6355,-0.5596,0.4437,-0.9499,0.7812,0.5690,-0.8217,-0.2656);
N=1000;n=length(X);
A=0;
for(i in 1:1:N){
    a1=mean(X);
    X1=rnorm(n,a1,1);A[i]=mean(X1);
}
c(mean(A),sd(A))
fws=quantile(A,c(0.025,0.975));fws=as.vector(fws);
L1=mean(A)+fws[1];U1=mean(A)+fws[2];c(L1,U1)
par(mfcol=c(1,2));hist(A);
for(i in 1:N){
    a1=mean(X);a2=2*a1+2;
    X1=runif(n,-1,a2);A[i]=mean(X1);
}
c(mean(A),sd(A))
fws=quantile(A,c(0.025,0.975));fws=as.vector(fws);
L1=mean(A)+fws[1];U1=mean(A)+fws[2];c(L1,U1)
hist(A);
```

因为真实模型为 $N(0,1)$，所以总体 $N(\mu,1)$ 可很好地刻画真实模型，而总体 $U(-2,\theta)$ 错误刻画了真实模型。从表 10.2 看出，即使假定总体很好刻画真实模型，模拟结果也不一定好，特别是标准差变大，区间长度变大。虽然均值估计值更接近真实值，但这只是偶然导致的，多模拟几次，会发现有时候均值估计值偏离真实值更远，这主要是标准差变大，模拟结果变得不稳定。当总体为 $U(-2,\theta)$ 时，模拟结果更差，均值真值已经不在置信区间了，且偏差特别大。

结论：即使假定总体可很好刻画真实模型，但模拟结果也可能比一般 Bootstrap 方法差。

Bays Bootstrap 方法的均值估计值与置信区间见表 10.3 和图 10.5。

表 10.3　Bays Bootstrap 方法的均值估计值与置信区间

方法	估计值	置信区间	估计标准差
$N = 1\,000$	$-0.098\,3$	$[-0.302\,8,\ -0.085\,4]$	$0.058\,4$
$N = 10\,000$	$-0.095\,5$	$[-0.302\,3,\ -0.081\,3]$	$0.056\,8$

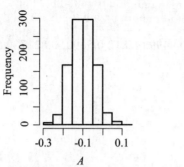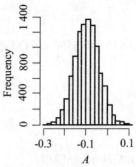

图 10.5　Bays Bootstrap 方法的均值估计值直方图，左（ $N=1\,000$ ），右（ $N=10\,000$ ）

R 程序为：

```
X=c(0.3899,0.0880,-0.6355,-0.5596,0.4437,-0.9499,0.7812,0.5690,-0.8217,-0.2656);
N=1000;n=length(X);
A=0;X1=0;
for(i in 1:N){
    for(j in 1:n){
        V1=runif(n-1,0,1);V2=sort(V1);V3=c(0,V2,1);V=diff(V3);
        X1[j]=sum(X*V);     #对应元素乘积再求和
    }
    A[i]=mean(X1);
}
c(mean(A),sd(A))
fws=quantile(A,c(0.025,0.975));fws=as.vector(fws);
L1=mean(A)+fws[1];U1=mean(A)+fws[2];c(L1,U1)
par(mfcol=c(1,2));hist(A);
```

从表 10.3 可以看出，Bays Bootstrap 方法在 $N=1\,000$ 与 $N=10\,000$ 时的标准差很接近，且都远小于 Bootstrap 方法，可见，Bays Bootstrap 方法的最大优点是估计标准差比较小，置信区间短，但估计值并不一定好，甚至可能比 Bootstrap 方法及经典估计差。

读者可能觉得本文部分模拟结果与理论分析不一致，其实各种方法都有自己的优点，但它们的适用范围不一样，尤其统计问题，很多结论只是以大概率成立。实际上，Bootstrap 方法和 Bays Bootstrap 方法受数据集影响比较大，而本例数据集相对偏小，小偏差为 – 0.096 0，Bays Bootstrap 方法估计结果最稳定，这就可能导致置信区间偏短，进而可能不包含真值，这也恰恰说明了：当小偏差超过一定界限，Bays Bootstrap 方法是无效的；Bays Bootstrap 方法估计结果稳定。

10.3　基于 Bootstrap 方法的回归分析的比较

考虑一般回归分析模型

$$Y_i = x_i^{\mathrm{T}} \beta + \varepsilon_i, \quad i = 1, 2, \cdots, n$$

其中 ε_i 是均值为零且方差为常数的 i.i.d 随机变量，x_i, β 分别为 p 维自变量和参数。在回归分析中，关于参数估计方法很多，主要有最小二乘方法和最大似然估计，但如果只有一批数据，特别是数据十分有限时，很难获得满意效果，比如讨论估计量的方差。Bootstrap 方法利用数据重抽样可以有效地解决此类问题，不同的重抽样方法构成了不同了 Bootstrap 方法。基于此，本文系统研究了基于 Bootstrap 方法的回归分析，给出了 Bootstrap 残差法与成对 Bootstrap 法的适用范围及区别，比较研究了参数区间估计的分位点法与加速偏差修正分位点方法 (BC_α)，BC_α 可使 Bootstrap 统计量近似枢轴化，保证 Bootstrap 效果，并且利用实例验证了理论分析，模拟结果显示，成对 Bootstrap 法比 Bootstrap 残差法稳定，置信区间短。

10.3.1 Bootstrap 残差法与成对 Bootstrap 法的比较研究

一个简单但错误的 Bootstrap 抽样技术是，从响应集合中重抽样构成一个新的伪响应，即对每一个观测值 x_i 有 Y_i^*，从而得到一个新的回归数据集，然后利用新的数据集估计参数 β，这样做错误的原因是 $Y_i \mid x_i$ 不是 i.i.d 的，即它们的边际分布不一样，而 Bootstrap 的核心是被重抽样的数据本身是 i.i.d 的样本，因此，利用这种方法得到的 Bootstrap 回归数据集是错误的。

为了得到正确的 Bootstrap 方法，必须找到 i.i.d 的随机变量，常用的方法主要有 Bootstrap 残差法与成对 Bootstrap 法。

1. Bootstrap 残差法

首先利用观测数据拟合回归模型，得到拟合响应 $\hat{y}_i$ 和残差 $\hat{\varepsilon}_i$，接着，从拟合的残差集合 $\{\hat{\varepsilon}_i\}$ 中，有放回的随机抽取 Bootstrap 残差集 $\{\hat{\varepsilon}_i^*\}$。值得注意的是，实际上，$\{\hat{\varepsilon}_i^*\}$ 不是独立的，但可看作是近似独立的。最后，令

$$Y_i^* = \hat{y}_i + \hat{\varepsilon}_i^*, \quad (i = 1, \cdots, n)$$

生成一个伪响应 Bootstrap 集合，对观测数据 x 回归 Y^*，从而获得 Bootstrap 参数估计 $\hat{\beta}^*$。重复多次上述过程可得 $\hat{\beta}$ 的经验分布函数，然后便可进行统计推断。这种情形的 Bootstrap 法称为 **Bootstrap 残差法**。

Bootstrap 残差法特别适合设计好的试验或者 x_i 值预先固定的数据。对于其他模型，例如，AR(1) 模型，非参数回归分析等，它们 Bootstrap 法的核心都是基于 Bootstrap 残差法的。

Bootstrap 残差法依赖所选模型是否恰当地拟合给定的观测数据以及残差具有常数方差的假设，如果对这些条件没有足够的信心，建议采用其他 Bootstrap 法。

2. 成对 Bootstrap 法

如果观测数据的响应变量和自变量是从某群体中随机观测出来的，这时，可将数据 $z_i = (x_i, y_i)$ 看作一个整体，视为从响应变量和自变量的联合分布得到随机变量 $Z_i = (X_i, Y_i)$ 的观测值。可从数据集 $\{z_i = (x_i, y_i)\}$ 随机有放回的得到 Bootstrap 集合 $\{z_i^*\}$，接着拟合回归模型以得到 Bootstrap 参数估计 $\hat{\beta}^*$。多次重复该过程，然后同 Bootstrap 残差法一样进行统计推断。

这种情形的 Bootstrap 法称为**成对 Bootstrap 法**。

成对 Bootstrap 法比 Bootstrap 残差法稳定，原因如下：

（1）成对 Bootstrap 法不依赖回归模型的适当性，残差方差的稳定性以及其他回归假设。

（2）在自变量不是固定的情况下，成对 Bootstrap 法更加直接地匹配了原始数据的生成机制。

例 10.3.1 表 10.4 是某合金混合过程中 13 个腐蚀损失测量值 y_i，每个对应一个含铁量 x_i。我们感兴趣的是相对不含铁时，随着含铁量的增加，混合过程中腐蚀损失的变化情况，即考虑简单线性回归模型中参数 $\theta = \beta_1 / \beta_0$ 的估计。

表 10.4　腐蚀数据

x_i	0.01	0.48	0.71	0.95	1.19	0.01	0.48	1.44	0.71	1.96	0.01	1.44	1.96
y_i	127.6	124	110.8	103.9	101.5	130.1	122	92.3	113.1	83.7	128	91.4	86.2

首先利用原始数据进行回归分析，可得估计值 $\hat{\theta} = -0.185\,072\,215\,306\,193$。下面，分别用 Bootstrap 残差法与成对 Bootstrap 法模拟 10 000 次，所得结果如表 10.5 和图 10.6 所示。

表 10.5　Bootstrap 残差法与成对 Bootstrap 法 10 000 次模拟结果

方法	期望	方差	与 $\hat{\theta}$ 的差
Bootstrap 残差法	$-0.184\,573\,284\,426\,096$	$3.851\,619\,856\,544\,691\mathrm{e}-004$	$4.989\,308\,800\,966\,430\mathrm{e}-004$
成对 Bootstrap 法	$-0.186\,307\,843\,838\,128$	$6.786\,277\,230\,136\,698\mathrm{e}-005$	$-0.001\,235\,628\,531\,935$

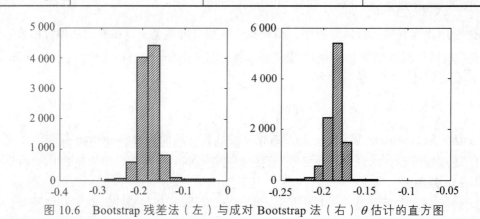

图 10.6　Bootstrap 残差法（左）与成对 Bootstrap 法（右）θ 估计的直方图

由表 10.5 可知，因为

$$6.786\,277\,230\,136\,698\mathrm{e}-005 < 3.851\,619\,856\,544\,691\mathrm{e}-004$$
$$|-0.001\,235\,628\,531\,935| > |4.989\,308\,800\,966\,430\mathrm{e}-004|$$

所以成对 Bootstrap 法比 Bootstrap 残差法的方差小，且对 θ 估计修正显著，即成对 Bootstrap 法更稳定，效果更好。

一个常用的检验统计量为 $R(\mathcal{X}, F) = T(\hat{F}_n) - T(F) \triangleq T_n$，表示估计误差，其均值等于 $E[\hat{\theta}] - \theta$，令 $\overline{\theta}^* = \dfrac{1}{N}\sum_{i=1}^{N}\hat{\theta}_i^*$，则这个偏差的 Bootstrap 估计是

$$E^*[\hat{\theta}^*] - \hat{\theta} = \bar{\theta}^* - \hat{\theta}$$

令 $\hat{F}^*(x) = \dfrac{1}{N}\sum_{i=1}^{N}\hat{F}_i^*(x)$ ，其中 E^* 表示以原始数据为条件抽取 $\mathcal{X}^*$ 的 Bootstrap 抽样中 θ^* 的期望，则 $\bar{\theta}^* - T(\bar{F}^*)$ 就是一个更好的偏差估计。

Bootstrap 残差法所得偏差估计 $\hat{\theta}_1^* - \hat{\theta} = 4.989\,308\,800\,966\,430e - 004$ ，是一个非常小的正偏差，而成对 Bootstrap 法所得 $\hat{\theta}_2^* - \hat{\theta} = -0.001\,235\,628\,531\,935$ ，是一个比较小的负偏差。可见，两种方法所得偏差估计还是有很大区别的，因此经过 Bootstrap 残差法与成对 Bootstrap 法偏差修正后的 θ 的 Bootstrap 估计为 $-0.184\,573\,284\,426\,096$， $-0.186\,307\,843\,838\,128$。

10.3.2　分位点方法与加速偏差修正分位点方法的比较研究

参数 θ 的最简单 Bootstrap 推断方法是使用分位点方法构造一个置信区间，同时，最简单的 Bootstrap 假设检验方法就是基于 Bootstrap 置信区间的 p 值。

利用**分位点方法**求得 θ 的 Bootstrap 置信区间，基本思想是相继地、独立地从原样本中抽出 N 个样本容量为 n 的 Bootstrap 样本，对每个 Bootstrap 样本求出 θ 的 Bootstrap 估计：$\hat{\theta}_1^*, \cdots, \hat{\theta}_N^*$ ，将它们由小到大排序，可得 $\hat{\theta}_{(1)}^* \leqslant \hat{\theta}_{(2)}^* \leqslant \cdots \leqslant \hat{\theta}_{(N)}^*$ 。令 $R(\mathcal{X}, F) = \hat{\theta}$ ，用对应的 $R(\mathcal{X}^*, \hat{F}) = \hat{\theta}^*$ 的分布作为 $\hat{\theta}$ 分布的近似，求出 $R(\mathcal{X}^*, \hat{F}) = \hat{\theta}^*$ 的近似分位数 $\hat{\theta}_{\alpha/2}^*, \hat{\theta}_{1-\alpha/2}^*$ 使得 $P(\hat{\theta}_{\alpha/2}^* < \hat{\theta}^* < \hat{\theta}_{1-\alpha/2}^*) = 1-\alpha$ ，于是近似有

$$P(\hat{\theta}_{\alpha/2}^* < \theta < \hat{\theta}_{1-\alpha/2}^*) = 1-\alpha$$

记 $k_1 = \left[N \times \dfrac{\alpha}{2}\right]$ ， $k_2 = \left[N \times \left(1 - \dfrac{\alpha}{2}\right)\right]$ ，则近似有 $P(\hat{\theta}_{(k_1)}^* < \theta < \hat{\theta}_{(k_2)}^*) = 1-\alpha$ ，即 θ 的置信水平为 $1-\alpha$ 的 Bootstrap 置信区间为 $(\hat{\theta}_{(k_1)}^*, \hat{\theta}_{(k_2)}^*)$ 。

用 Bootstrap 置信区间进行假设检验很可能会损失统计势，若 Bootstrap 方法模拟一个与原假设相合的抽样分布，则有可能得到一个更高的势。由于假设检验的基本原则是在原假设下使用检验统计量，而 Bootstrap 抽样方法需要在原假设下添加更强的限制，这就导致不同抽样方法会得到不同结果的假设检验。尽管 Bootstrap 分位点方法简单，但是容易得到有偏的不精确覆盖率，故为了确保 Bootstrap 方法的效果，Bootstrap 统计量应该近似是枢轴的，即它的分布不依赖待估参数 θ 的真值。因为方差稳定变化 g 自然使得 $g(\hat{\theta})$ 与 θ 独立，所以，它提供了良好的枢轴性。

下面我们通过一个连续严格单增的变换 ϕ 和连续对称的分布函数 H 来验证分位点法的合理性。显然， ϕ, H 满足如下性质：

$$H(-z) = 1 - H(z) ， \quad P(h_{\alpha/2} \leqslant \phi(\hat{\theta}) - \phi(\theta) \leqslant h_{1-\alpha/2}) = 1-\alpha$$

其中， h_α 是 H 的 α 分位数。已经证明：分位点变换是变换保持的，即 θ 的单调变换的置信区间与 θ 本身的区间变换是一致的。

如果 ϕ 是一个标准化且方差稳定的变换，则 $H \sim N(0,1)$ 。当 F 连续时，我们原则上可利

用单调变换 $G^{-1}(F(x))$ 将任意随机变量 $X \sim F$ 变成想要的分布 G，所以标准化没有任何特别之处。事实上，分位点法的显著优点是不需要显式确定 ϕ, H。对于 Bootstrap 原则，有

$$P^*(h_{\alpha/2} \leq \phi(\hat{\theta}^*) - \phi(\hat{\theta}) \leq h_{1-\alpha/2}) = P^*(h_{\alpha/2} + \phi(\hat{\theta}) \leq \phi(\hat{\theta}^*) \leq h_{1-\alpha/2} + \phi(\hat{\theta}))$$
$$= P^*(\phi^{-1}(h_{\alpha/2} + \phi(\hat{\theta})) \leq \hat{\theta}^* \leq \phi^{-1}(h_{1-\alpha/2} + \phi(\hat{\theta}))) \approx 1 - \alpha$$

由于 Bootstrap 分布 $\hat{\theta}^*$ 是可以观测到的，其分位点数是已知的分位点数，令 A_α 表示 $\hat{\theta}^*$ 的经验分布函数的 α 分位数，则

$$\phi^{-1}(h_{\alpha/2} + \phi(\hat{\theta})) \approx A_{\alpha/2}, \quad \phi^{-1}(h_{1-\alpha/2} + \phi(\hat{\theta})) = A_{1-\alpha/2}$$

接下来，重新表示用于构建置信区间的原始概率等式与 θ 无关，利用对称性 $h_{1-\alpha/2} = -h_{\alpha/2}$ 可得

$$P(\phi^{-1}(h_{\alpha/2} + \phi(\hat{\theta})) \leq \theta \leq \phi^{-1}(h_{1-\alpha/2} + \phi(\hat{\theta}))) = 1 - \alpha$$

上式中置信区间的边界好与 Bootstrap 原则中的置信区间边界刚好吻合，而且已经得到了估计值 $A_{\alpha/2}, A_{1-\alpha/2}$，因此可以简单地从 Bootstrap 分布中读取 $\hat{\theta}^*$ 的分位数，并把它作为 θ 的置信区间边界。

如果想增强简单分位点法的效果，就必须要求变换后的估计 $\phi(\hat{\theta})$ 是无偏的，且其方差不依赖 θ。加速偏差修正分位点方法，简称 BC_α，利用两个参数使得 ϕ 更好地满足这些条件，保证了近似枢轴性。

假设存在单调递增函数 ϕ 和常数 a, b 使得 $U = \dfrac{\phi(\hat{\theta}) - \phi(\theta)}{1 + a\phi(\theta)} + b \sim N(0,1)$，其中 $1 + a\phi(\theta) > 0$。

显然，当 $a = b = 0$ 时，BC_α 就是简单的分位点法。使用 Bootstrap 原则，$U^* = \dfrac{\phi(\hat{\theta}^*) - \phi(\theta)}{1 + a\phi(\theta)} + b$ 近似服从 $N(0,1)$。令 u_α 为 $N(0,1)$ 的 α 分位数，则

$$P^*(U^* \leq u_\alpha) = P^*(\hat{\theta}^* \leq \phi^{-1}(\phi(\hat{\theta}) + (u_\alpha - b)[1 + a\phi(\hat{\theta})])) \approx \alpha$$

然而，$\hat{\theta}^*$ 的分位数可从 Bootstrap 分布中求出，不妨令 A_α 表示 $\hat{\theta}^*$ 的 α 分位数，则有

$$\phi^{-1}(\phi(\hat{\theta}) + (u_\alpha - b)[1 + a\phi(\hat{\theta})]) \approx A_\alpha$$

为了使用上式，令 $u(a, b, \alpha) = \dfrac{b - u_\alpha}{1 - a(b - u_\alpha)}$，则有

$$P(U > u_\alpha) = P(\theta \leq \phi^{-1}(\phi(\hat{\theta}) + u(a, b, \alpha)[1 + a\phi(\hat{\theta})]))$$

如果能找到 β 使得 $u(a, b, \alpha) = u_\beta - b$，那么使用 Bootstrap 原则可认为 A_β 近似是 $1 - \alpha$ 置信区间的上界。令 Φ 表示 $N(0,1)$ 的分布函数，使用这个条件的逆函数可得

$$\beta = \Phi(b + u(a, b, \alpha)) = \Phi\left(b + \frac{b + u_{1-\alpha}}{1 - a(b + u_{1-\alpha})}\right)$$

如果有合适的 a, b，则为了得到 $1 - \alpha$ 置信区间上界，便可先计算 β，然后运用 Bootstrap 伪数据集找到 A_β。

关于 a,b 的选择，最简单的是非参数选择，令 $\omega_i = \hat{\theta}_{(\cdot)} - \hat{\theta}_{(-i)}$ ，$\hat{\theta}_{(-i)}$ 表示删除第 i 个观测值计算得到的 θ 的估计量，且 $\hat{\theta}_{(\cdot)} = \dfrac{1}{n}\sum\limits_{i=1}^{n}\hat{\theta}_{(-i)}$ ，则

$$a = \frac{\dfrac{1}{6}\sum\limits_{i=1}^{n}\omega_i^3}{\left(\sum\limits_{i=1}^{n}\omega_i^2\right)^{3/2}} , \quad b = \Phi^{-1}(\hat{F}^*(\hat{\theta}))$$

对于双边的 $1-\alpha$ 置信区间，使用该方法可得 $P(A_{\beta_1} \leqslant \theta \leqslant A_{\beta_2}) \approx 1-\alpha$ ，其中

$$\beta_1 = \Phi\left(b + \frac{b+u_{\alpha/2}}{1-a(b+u_{\alpha/2})}\right) , \quad \beta_2 = \Phi\left(b + \frac{b+u_{1-\alpha/2}}{1-a(b+u_{1-\alpha/2})}\right)$$

综上所述，加速偏差修正分位点法的优势是它不需要变换 ϕ 的显式表达式，且仅仅修正了 Bootstrap 分布中的分位点水平，从而保证了它具有简单分位点法的变换保持性质。

例 10.3.1 续 （1）利用简单分位点法，Bootstrap 残差法与成对 Bootstrap 法所得 θ 的置信水平为 $1-\alpha$ 的 Bootstrap 置信区间分别为

$$(-0.222\ 261\ 340\ 006\ 452,\ -0.144\ 228\ 212\ 907\ 562) ,$$

$$(-0.205\ 999\ 152\ 260\ 782,\ -0.173\ 578\ 380\ 560\ 899)$$

置信区间长度分别为

$$0.078\ 033\ 127\ 098\ 889,\ 0.032\ 420\ 771\ 699\ 883$$

可见，成对 Bootstrap 法所得置信区间长度更短，即从估计精度的角度看，成对 Bootstrap 法效果更好。

（2）利用 BC_α ，这里，Bootstrap 残差法的

$$a = 0.048\ 593\ 248\ 396\ 712 ,\quad b = -0.009\ 274\ 657\ 580\ 970 ,$$

$$\beta_1 = 0.035\ 417\ 733\ 835\ 967 ,\quad \beta_2 = 0.984\ 050\ 896\ 920\ 819$$

成对 Bootstrap 法的

$$a = 0.048\ 593\ 248\ 396\ 712 ,\quad b = 0.004\ 511\ 946\ 203\ 066 ,$$

$$\beta_1 = 0.037\ 435\ 523\ 255\ 890 ,\quad \beta_2 = 0.985\ 233\ 885\ 578\ 407$$

显然，BC_α 的主要效果是将置信区间略微向右移动，它们 θ 的 $1-\alpha$ 的 Bootstrap 置信区间分别为

$$(-0.219\ 156\ 627\ 892\ 268,\ -0.138\ 427\ 543\ 215\ 944) ,$$

$$(-0.203\ 443\ 228\ 024\ 149,\ -0.172\ 354\ 059\ 630\ 640)$$

置信区间长度分别为

$$0.080\ 729\ 084\ 676\ 324,\ 0.031\ 089\ 168\ 393\ 509$$

可见，相对 Bootstrap 残差法，成对 Bootstrap 法所得置信区间长度更短，效果更好。

当采用 Bootstrap 残差法时，BC_α 比简单分位点法的置信区间右移，区间长度略有变大，这主要是由于 Bootstrap 残差法的不稳定引起的，这也从侧面说明了 Bootstrap 残差法的缺点。

当采用成对 Bootstrap 法时，BC_α 比简单分位点法的置信区间右移，区间长度略有变短，估计精度提高，这也从侧面说明了成对 Bootstrap 法的优点。

习题 10

1. 利用例 10.1.3 数据，求总体标准差 σ 的 Bootstrap 估计与置信水平为 0.90 的 Bootstrap 置信区间。

2. 如果从某分布中抽取出的样本观测值如下：

16 17 20 26 22 25 23 25 18 17 22 23 19 20 19 21 12 18 17 14

共 20 个数据，则 $\text{var}(S^2)$ 的 Bootstrap 估计是什么？

3. 根据 Hardy-Weinberg 定律，若基因频率处于平衡状态，则在一总体中个体具有血型 M, MN, N 的概率分别是 $(1-\theta)^2, 2\theta(1-\theta), \theta^2$，其中 $0 < \theta < 1$。据 1937 年对香港地区的调查有表 10.6 的数据。

表 10.6

血 型	M	MN	N
人数	342	500	187

（1）求 θ 的最大似然估计。
（2）求 θ 置信水平为 0.90 的 Bootstrap 置信区间。

11 EM 算法

极大似然估计（MLE）是一种非常有效的参数估计方法，但当分布中有多余参数或数据为分布截断或缺失时，其 MLE 的求取是非常困难的。于是，Dempster 等人于 1977 年提出了 EM 算法，其出发点是把求 MLE 的过程分两步走。第一步求期望，把多余的部分去掉，第二步求极值。

本章首先给出 EM 算法的基本理论，然后用改进的 ECM 算法给出分组数据场合逆威布尔分布参数的极大似然估计。

11.1 EM 算法基本理论

EM 算法是一种迭代优化策略，它是受缺失思想以及考虑给定已知项下缺失项的条件分布而启发产生的。EM 算法的普及源自它能非常简单地执行并且能通过稳定、上升的步骤非常可靠地找到全局最优值。

11.1.1 引例及其 R 实现

下面，通过一个简单的例子介绍 EM 算法。

例 11.1.1 设一个试验可能有 4 个结果，其发生的概率分别为

$$\frac{1}{2} - \frac{\theta}{4}, \frac{1-\theta}{4}, \frac{1+\theta}{4}, \frac{\theta}{4}$$

其中 $\theta \in (0,1)$，现进行了 197 次试验，4 个结果发生的次数分别为

$$75, 18, 70, 34$$

试求 θ 的 MLE。

解 以 y_1, y_2, y_3, y_4 表示 4 种结果发生的次数，此时总体分布为多项分布，故其似然函数

$$L(\theta; y) \propto \left(\frac{1}{2} - \frac{\theta}{4}\right)^{y_1} \left(\frac{1-\theta}{4}\right)^{y_2} \left(\frac{1+\theta}{4}\right)^{y_3} \left(\frac{\theta}{4}\right)^{y_4} \propto (2-\theta)^{y_1} (1-\theta)^{y_2} (1+\theta)^{y_3} \theta^{y_4}$$

其中，符号 $\propto$ 表示该符号两端可能存在一个与 θ 无关的常数，这个常数在 EM 算法中不起作用，因为它在极大化过程中可以约取。

由于对数似然方程是一个 3 次多项式，故要求其最大值是比较麻烦的。可通过引入 2 个变量 z_1, z_2 后，使求解变得容易。

现假设第一种结果可分为两部分，其发生的概率分别为 $\frac{1-\theta}{4}$ 和 $\frac{1}{4}$，令 z_1 和 $y_1 - z_1$ 分别表示落入这两部分的参数。再假设第三种结果分成两部分，其发生的概率分别为 $\frac{\theta}{4}$ 和 $\frac{1}{4}$，令 z_2 和 $y_3 - z_2$ 分别表示落入这两部分的次数。显然，z_1, z_2 是人为引入的，它们是不可观测的（潜变量），也称数据 (y, z) 为完全数据，而观测到的数据 y 称为不完全数据。此时，完全数据的似然函数为

$$L(\theta; y, z) \propto \left(\frac{1}{4}\right)^{y_1 - z_1} \left(\frac{1-\theta}{4}\right)^{z_1 + y_2} \left(\frac{1}{4}\right)^{y_3 - z_2} \left(\frac{\theta}{4}\right)^{z_2 + y_4} \propto (1-\theta)^{z_1 + y_2} \theta^{z_2 + y_4}$$

其对数似然函数为

$$l(\theta; y, z) = (z_1 + y_2) \ln(1-\theta) + (z_2 + y_4) \ln\theta$$

如果 y, z 均已知，则上式很容易求得 θ 的 MLE。但是仅知道 y 而不知 z。不过，当 y, θ 已知时，

$$z_1 \sim B\left(y_1, \frac{1-\theta}{2-\theta}\right), \quad z_2 \sim B\left(y_3, \frac{\theta}{1+\theta}\right)$$

其中 $\dfrac{1-\theta}{2-\theta} = \dfrac{\frac{1-\theta}{4}}{\frac{1}{2} - \frac{\theta}{4}}$，$\dfrac{\theta}{1+\theta} = \dfrac{\frac{\theta}{4}}{\frac{1+\theta}{4}}$。

于是，Dempster 等人建议分如下两步进行迭代求解。

E 步：在已有观测数据 y 和第 i 步估计值 $\theta = \theta^{(i)}$ 的条件下，求基于完全数据的对数似然函数的期望，即把其中与 z 有关的部分积分掉：

$$Q(\theta \mid \theta^{(i)}, y) \triangleq E_z[l(\theta; y, z)]$$

M 步：求 $Q(\theta \mid \theta^{(i)}, y)$ 关于 θ 的最大值 $\theta^{(i+1)}$，即找 $\theta^{(i+1)}$ 使得

$$Q(\theta^{(i+1)} \mid \theta^{(i)}, y) = \max_{\theta} Q(\theta \mid \theta^{(i)}, y)$$

这就完成了由 $\theta^{(i)}$ 到 $\theta^{(i+1)}$ 的一次迭代。

重复迭代，直到收敛为止，即可得 θ 的 MLE。

对于本例，其 E 步为：

$$Q(\theta \mid \theta^{(i)}, y) = (E(z_1 \mid \theta^{(i)}, y) + y_2) \ln(1-\theta) + (E(z_2 \mid \theta^{(i)}, y) + y_4) \ln\theta$$
$$= \left(\frac{1-\theta^{(i)}}{2-\theta^{(i)}} y_1 + y_2\right) \ln(1-\theta) + \left(\frac{\theta^{(i)}}{1+\theta^{(i)}} y_3 + y_4\right) \ln\theta$$

其 M 步就是上式关于 θ 求导，并令其等于 0，即

$$\frac{\frac{1-\theta^{(i)}}{2-\theta^{(i)}} y_1 + y_2}{1-\theta} = \frac{\frac{\theta^{(i)}}{1+\theta^{(i)}} y_3 + y_4}{\theta}$$

解之可得迭代公式：

$$\theta = \frac{\dfrac{\theta^{(i)}}{1+\theta^{(i)}}y_3 + y_4}{\dfrac{\theta^{(i)}}{1+\theta^{(i)}}y_3 + y_4 + \dfrac{1-\theta^{(i)}}{2-\theta^{(i)}}y_1 + y_2} \triangleq \theta^{(i+1)}$$

开始时，可取任意一个初值进行迭代。例如，取 $\theta^{(0)} = 0.5$，R 程序如下：

```
y=c(75,18,70,34);x=0.5;i=1;a=1/10^5;
a1=x[i]/(1+x[i])*y[3]+y[4];a2=(1-x[i])/(2-x[i])*y[1]+y[2];
b=a1/(a1+a2);x[i+1]=b;
while(abs(x[i+1]-x[i])>=a){
    i=i+1;
    a1=x[i]/(1+x[i])*y[3]+y[4];a2=(1-x[i])/(2-x[i])*y[1]+y[2];
    b=a1/(a1+a2);x[i+1]=b;
}
x
```

迭代过程如下：

[1] 0.5000000 0.5714286 0.5948158 0.6026810 0.6053568 0.6062710 0.6065838
[8] 0.6066909 0.6067276 0.6067401 0.6067444

11.1.2 EM 算法及其改进

EM 算法是一种迭代方法，主要用来求后验分布的众数（即极大似然估计），它的每一次迭代由两步组成：E 步（求期望）和 M 步（极大化）。

设我们能观测到的数据为 Y，以 $f(\theta|Y)$ 表示 θ 的基于观测数据的后验分布密度函数，称**为观测后验分布**，它一般很复杂，难以直接进行各种统计计算。假如我们能假定一些没有观测到的潜数据 Z 为已知的，譬如，Y 为某变量的截尾观测值，而 Z 为该变量的真值，则可以得到一个关于 θ 的简单的 $f(\theta|Y,Z)$，它表示添加数据 Z 后得到的关于 θ 后验分布密度函数，称为**添加后验分布**，利用 $f(\theta|Y,Z)$ 的简单性可以进行各种统计计算，比如极大化，抽样等。回过头来，又可以对 Z 的假定做检查和改进，如此进行，就能将一个复杂的极大化或抽样问题转变为一系列简单的极大化或抽样。

一般地，$f(Z|\theta,Y)$ 表示在给定 θ 和观测数据 Y 下潜在数据 Z 的条件分布密度函数，目的是计算观测后验分布 $f(\theta|Y)$ 的众数。下面给出 EM 算法的步骤。

记 $\theta^{(i)}$ 为第 $i+1$ 次迭代开始时后验众数的估计值，则第 $i+1$ 次迭代的两步为

E 步：将 $f(\theta|Y,Z)$ 或 $\ln f(\theta|Y,Z)$ 关于 Z 的条件分布求期望，从而把 Z 积掉，即

$$Q(\theta|\theta^{(i)},Y) \triangleq E_Z[\ln f(\theta|Y,Z)|\theta^{(i)},Y] = \int \ln[f(\theta|Y,Z)]f(Z|\theta^{(i)},Y)\mathrm{d}Z$$

M 步：将 $Q(\theta|\theta^{(i)},Y)$ 极大化，即找一个点 $\theta^{(i+1)}$，

$$Q(\theta^{(i+1)} | \theta^{(i)}, Y) = \max_{\theta} Q(\theta | \theta^{(i)}, Y)$$

如此形成了一次迭代 $\theta^{(i)} \to \theta^{(i+1)}$，将上述 E 步和 M 步进行迭代直至

$$\| \theta^{(i+1)} - \theta^{(i)} \| \text{ 或 } \| Q(\theta^{(i+1)} | \theta^{(i)}, Y) - Q(\theta^{(i)} | \theta^{(i)}, Y) \|$$

充分小时停止。

EM 算法的最大优点是简单和稳定，EM 算法的主要目的是提供一个简单的迭代算法来计算后验众数。人们自然会问，如此建立的 EM 算法能否达到预期要求，就是说，由 EM 算法得到的估计序列是否收敛，如果收敛，其结果是否是 $f(\theta | Y)$ 的最大值或局部最大值。

定理 11.1.1　EM 算法在每一次迭代后均能提高观测后验密度函数值，即

$$f(\theta^{(i+1)} | Y) \geqslant f(\theta^{(i)} | Y)$$

在很一般的条件下，我们可证明 EM 算法是收敛的。

定理 11.1.2　（1）如果 $f(\theta | Y)$ 有上界，则 $L(\theta^{(i)} | Y)$ 收敛到某个 L^*；

（2）如果 $Q(\theta | \varphi)$ 关于 θ 和 φ 都连续，则在关于 L 的很一般的条件下，由 EM 算法得到的估计序列 $\theta^{(i)}$ 的收敛值 θ^* 是 L 的稳定点。

定理的条件在大多数场合是满足的。另外，在定理 11.1.2 的条件下，EM 算法的结果只能保证收敛到后验密度函数的稳定值，并不能保证收敛到极大值。事实上，任何一种算法都很难保证结果为极大值点。较可行的办法是选取几个不同的初值进行迭代，然后再诸估计中加以选择，这可减轻初值选取对结果的影响。

EM 算法的吸引力之一在于 $Q(\theta | \theta^{(i)}, Y)$ 的极大化通常比不完全数据似然函数的极大化计算简单，这是因为 $Q(\theta | \theta^{(i)}, Y)$ 与完全数据似然函数有关，在许多场合，这样的极大化有显式表示。然而，在某些情况下，即使导出 $Q(\theta | \theta^{(i)}, Y)$ 的 E 步是直接了当的，M 步也不容易实施。为此人们提出了改进 M 步的 **ECM 算法**。

ECM 算法保留了 EM 算法的简单性和稳定性，对多维参数 $\theta = (\theta_1, \theta_2, \cdots, \theta_k)$，ECM 算法将原 EM 算法中的 M 步（极大化）分解为如下 k 次条件极大化：

在第 $i+1$ 迭代中，记 $\theta^{(i)} = (\theta_1^{(i)}, \theta_2^{(i)}, \cdots, \theta_k^{(i)})$，在得到 $Q(\theta | \theta^{(i)}, Y)$ 后，首先在 $\theta_2^{(i)}, \cdots, \theta_k^{(i)}$ 保持不变的条件下求使 $Q(\theta | \theta^{(i)}, Y)$ 达到最大的 $\theta_1^{(i+1)}$，然后在 $\theta_1^{(i+1)}$ 和 $\theta_3^{(i)}, \theta_4^{(i)}, \cdots, \theta_k^{(i)}$ 的条件下求使 $Q(\theta | \theta^{(i)}, Y)$ 达到最大的 $\theta_2^{(i+1)}$，如此下去，经过 k 次极大化，得到了一个 $\theta^{(i+1)}$，完成了一次迭代。

该 ECM 算法计算简单，而且仍满足收敛性。

11.2　基于 EM 算法的分组数据场合逆威布尔分布的参数估计

本节用改进的 ECM 算法给出分组数据场合逆威布尔分布参数的极大似然估计，模拟结果表明：估计具有良好的收敛性，该方法简单、稳定、有效。

11.2.1 分组数据场合逆威布尔分布参数的极大似然估计

设产品的寿命 X 服从两参数逆威布尔分布，其分布函数和分布密度分别为

$$F(x\mid m,\eta) = e^{-\left[\frac{\eta}{x}\right]^m}, \quad f(x\mid m,\eta) = \frac{m}{\eta}\left(\frac{\eta}{x}\right)^{m+1} e^{-\left[\frac{\eta}{x}\right]^m}$$

其中 $m > 0, \eta > 0$ 分别为形状参数，刻度参数。

现随机抽取 n 个产品，在时刻 $T_0 = 0$ 同时投入试验，定期对它们进行检测，若发现失效则不再被检测，由于检测结果只能知道产品在某一时间区间内失效，但不知道它失效的确切时间，于是得到一组分组型数据。记检测时刻

$$0 = T_0 < T_1 < \cdots < T_{k-1} < T_k = \infty, \quad n_j$$

为落入区间 $[T_{j-1}, T_j)$ $(j = 1, 2, \cdots, k)$ 中的产品失效个数，产品的确切失效时间 $X_1, X_2, \cdots, X_n$ 未知。

记 $p_j = P(X \in [T_{j-1}, T_j)) = \exp[-(\eta/T_j)^m] - \exp[-(\eta/T_{j-1})^m]$，可得似然函数

$$L(\eta, m) = \prod_{j=1}^{k} p_j^{n_j}$$

对数似然函数

$$\ln L(\eta, m) = \sum_{j=1}^{k} n_j \ln\{\exp[-(\eta/T_j)^m] - \exp[-(\eta/T_{j-1})^m]\}$$

将 $\ln L(\eta, m)$ 分别对 η, m 求导，
令

$$\frac{\partial \ln L(\eta, m)}{\partial \eta} = \sum_{j=1}^{k} n_j \frac{m\eta^{m-1}\{T_{j-1}^{-m}\exp[-(\eta/T_{j-1})^m] - T_j^{-m}\exp[-(\eta/T_j)^m]\}}{\exp[-(\eta/T_j)^m] - \exp[-(\eta/T_{j-1})^m]} = 0 \qquad (11.2.1)$$

$$\frac{\partial \ln L(\eta, m)}{\partial m} = \sum_{j=1}^{k} n_j \frac{(\eta/T_{j-1})^m \ln(\eta/T_{j-1})\exp[-(\eta/T_{j-1})^m] - (\eta/T_j)^m \ln(\eta/T_j)\exp[-(\eta/T_j)^m]}{\exp[-(\eta/T_j)^m] - \exp[-(\eta/T_{j-1})^m]}$$
$$= 0$$

$$(11.2.2)$$

可见，（11.2.1）、（11.2.2）两式很难得到参数 η, m 的显性表达式，即很难求得参数的极大似然估计，所以用 EM 算法求参数估计。

记 $X_1, X_2, \cdots, X_n$ 的全体为 X，已观测的结果为 Y，X_j^* 为落入 $[T_{j-1}, T_j)$ 的随机变量，共 n_j 个，其中 $j = 1, 2, \cdots, k$。

E 步：由于 X 实际上已经包含了 Y 的所有信息，所以

$$\ln f(\eta, m\mid X, Y) = \ln f(\eta, m\mid X)$$

由逆威布尔分布的密度函得

$$\ln f(\eta, m \mid X) = \sum_{j=1}^{k} n_j \ln((m/\eta)(\eta/x_j^*)^{m+1} \exp[-(\eta/x_j^*)^m])$$

$$= \sum_{j=1}^{k} n_j [\ln(m/\eta) + (m+1)\ln(\eta/x_j^*) - (\eta/x_j^*)^m]$$

$$Q(\eta, m \mid \eta^{(i)}, m^{(i)}, Y) \triangleq E[\ln f(\eta, m \mid X) \mid \eta^{(i)}, m^{(i)}, Y]$$

$$= n\ln(m/\eta) + \sum_{j=1}^{k} n_j \{(m+1)E[\ln(\eta/x_j^*) \mid \eta^{(i)}, m^{(i)}, Y] - E[(\eta/x_j^*)^m \mid \eta^{(i)}, m^{(i)}, Y]\}$$

X_j^* 的条件密度

$$f_j(t \mid \eta^{(i)}, m^{(i)}, Y) = \frac{(m^{(i)}/\eta^{(i)})(\eta^{(i)}/t)^{m^{(i)}+1} \exp[-(\eta^{(i)}/t)^{m^{(i)}}]}{\int_{T_{j-1}}^{T_j} (m^{(i)}/\eta^{(i)})(\eta^{(i)}/t)^{m^{(i)}+1} \exp[-(\eta^{(i)}/t)^{m^{(i)}}] \mathrm{d}t} I(T_{j-1} \leqslant t < T_j) \backslash$$

$$= \frac{(m^{(i)}/\eta^{(i)})(\eta^{(i)}/t)^{m^{(i)}+1} \exp[-(\eta^{(i)}/t)^{m^{(i)}}]}{\exp[-(\eta^{(i)}/T_j)^{m^{(i)}}] - \exp[-(\eta^{(i)}/T_{j-1})^{m^{(i)}}]} I(T_{j-1} \leqslant t < T_j)$$

其中 $j = 1, 2, \cdots, k$ 。

$$Q(\eta, m \mid \eta^{(i)}, m^{(i)}, Y) \triangleq E[\ln f(\eta, m \mid X) \mid \eta^{(i)}, m^{(i)}, Y]$$

$$= n\ln(m/\eta) + \sum_{j=1}^{k} n_j \{(m+1)E[\ln(\eta/x_j^*) \mid \eta^{(i)}, m^{(i)}, Y] -$$

$$E[(\eta/x_j^*)^m \mid \eta^{(i)}, m^{(i)}, Y]\}$$

$$= n\ln(m/\eta) + (m+1)\sum_{j=1}^{k} n_j \int_{T_{j-1}}^{T_j} \ln(\eta/t) f_j(t \mid \eta^{(i)}, m^{(i)}, Y) \mathrm{d}t -$$

$$\sum_{j=1}^{k} n_j \int_{T_{j-1}}^{T_j} (\eta/t)^m f_j(t \mid \eta^{(i)}, m^{(i)}, Y) \mathrm{d}t$$

M 步：将 $Q(\eta, m \mid \eta^{(i)}, m^{(i)}, Y)$ 分别对 η, m 求导，以求出使 $Q(\eta, m \mid \eta^{(i)}, m^{(i)}, Y)$ 极大化的点 $(\eta^{(i+1)}, m^{(i+1)})$ 。

对 η 求导得：

$$\frac{\partial Q}{\partial \eta} = -n/\eta + (m+1)\sum_{j=1}^{k} n_j \int_{T_{j-1}}^{T_j} (1/\eta) f_j(t \mid \eta^{(i)}, m^{(i)}, Y) \mathrm{d}t - \sum_{j=1}^{k} n_j \int_{T_{j-1}}^{T_j} mt^{-1}(\eta/t)^{m-1} f_j(t \mid \eta^{(i)}, m^{(i)}, Y) \mathrm{d}t$$

$$= -n/\eta + (m+1)(n/\eta) - \sum_{j=1}^{k} n_j \int_{T_{j-1}}^{T_j} mt^{-1}(\eta/t)^{m-1} f_j(t \mid \eta^{(i)}, m^{(i)}, Y) \mathrm{d}t$$

$$= mn/\eta - \sum_{j=1}^{k} n_j \int_{T_{j-1}}^{T_j} mt^{-1}(\eta/t)^{m-1} f_j(t \mid \eta^{(i)}, m^{(i)}, Y) \mathrm{d}t$$

令 $\frac{\partial Q}{\partial \eta} = 0$ ，有

$$\frac{mn}{\eta} = \sum_{j=1}^{k} n_j \int_{T_{j-1}}^{T_j} mt^{-1}(\eta/t)^{m-1} f_j(t \mid \eta^{(i)}, m^{(i)}, Y) \mathrm{d}t \tag{11.2.3}$$

对 m 求导得

$$\frac{\partial Q}{\partial m} = \frac{n}{m} + \sum_{j=1}^{k} n_j \int_{T_{j-1}}^{T_j} \ln(\eta/t) f_j(t \mid \eta^{(i)}, m^{(i)}, Y) \mathrm{d}t -$$

$$\sum_{j=1}^{k} n_j \int_{T_{j-1}}^{T_j} (\eta/t)^m \ln(\eta/t) f_j(t \mid \eta^{(i)}, m^{(i)}, Y) \mathrm{d}t$$

令 $\frac{\partial Q}{\partial m} = 0$，有

$$m^{-1} = \sum_{j=1}^{k} \frac{n_j}{n} \int_{T_{j-1}}^{T_j} ((\eta/t)^m - 1) \ln(\eta/t) f_j(t \mid \eta^{(i)}, m^{(i)}, Y) \mathrm{d}t \qquad (11.2.4)$$

由上面推导过程可以看出，E 步、M 步都很容易实施，而且 M 步中解方程组（11.2.3）、（11.2.4）要比解方程组（11.2.1）、（11.2.2）容易得多。但遗憾的是（11.2.3）、（11.2.4）仍没有显式解，于是改用 ECM 算法。

取 $m = m^{(i)}$ 代入（11.2.3）式，得到 η 关于 $\eta^{(i)}, m^{(i)}$ 的表达式，从而得到 $\eta^{(i+1)}$ 如下：

$$\eta^{-m^{(i)}} = \sum_{j=1}^{k} \frac{n_j}{n} \int_{T_{j-1}}^{T_j} t^{-m^{(i)}} \frac{(m^{(i)}/\eta^{(i)})(\eta^{(i)}/t)^{m^{(i)}+1} \exp[-(\eta^{(i)}/t)^{m^{(i)}}]}{\exp[-(\eta^{(i)}/T_j)^{m^{(i)}}] - \exp[-(\eta^{(i)}/T_{j-1})^{m^{(i)}}]} \mathrm{d}t$$

$$= \sum_{j=1}^{k} \frac{n_j}{n} \left\{ \frac{T_j^{-m^{(i)}} \exp[-(\eta^{(i)}/T_j)^{m^{(i)}}] - T_{j-1}^{-m^{(i)}} \exp[-(\eta^{(i)}/T_{j-1})^{m^{(i)}}]}{\exp[-(\eta^{(i)}/T_j)^{m^{(i)}}] - \exp[-(\eta^{(i)}/T_{j-1})^{m^{(i)}}]} + (\eta^{(i)})^{-m^{(i)}} \right\}$$

$$\qquad (11.2.5)$$

然后将 $\eta^{(i+1)}$ 代入（11.2.4）式，但仍不容易解得 m，所以略微改变一下条件，取（11.2.4）式右边的 $m = m^{(i)}$，于是得到 $m^{(i+1)}$ 关于 $\eta^{(i)}, m^{(i)}, \eta^{(i+1)}$ 的表达式，从而解得 $m^{(i+1)}$ 如下：

$$m^{-1} = \sum_{j=1}^{k} \frac{n_j}{n} \int_{T_{j-1}}^{T_j} ((\eta^{(i+1)}/t)^{m^{(i)}} - 1) \ln(\eta^{(i+1)}/t) f_j(t \mid \eta^{(i)}, m^{(i)}, Y) \mathrm{d}t \qquad (11.2.6)$$

利用（11.2.5）、（11.2.6）两式得到的 η, m 就是我们所求的 $\eta^{(i+1)}, m^{(i+1)}$。如此形成了一次迭代 $\eta^{(i)}, m^{(i)} \rightarrow \eta^{(i+1)}, m^{(i+1)}$，反复利用（11.2.5）、（11.2.6）两个迭代公式直至收敛，就可以得到 η, m 的参数估计。

11.2.2　Monte-Carlo 模拟

下面在分组数据场合逆威布尔分布不同参数真实值、不同初值、不同检测时刻的情况下分别进行 1 000 次模拟，每次模拟均产生 200 个随机数，考查各参数估计的均值、标准差和均方误差，结果见表 11.1 ~ 表 11.4。

设产品的寿命 X 服从参数 $m = 1, \eta = 5$ 的逆威布尔分布，检测时刻为

$$T_0 = 0, T_1 = 2, T_2 = 4, T_3 = 6, T_4 = 8, T_5 = 10, T_6 = 20, T_7 = 30, T_8 = \infty$$

时，分别选取初值 $m = 2, \eta = 6$ 和 $m = 3, \eta = 3$，1 000 次模拟结果见表 11.1，并列举出前五次模

拟的具体结果，即落在 $[T_{j-1}, T_j)$ 的样本个数 n_j 不同，得到五种分组数据场合的参数估计值，结果见表 11.2。

表 11.1

参数	真值	初值	均值	标准差	均方误差
m	1	2（3）	1.009 2	0.066 6	0.004 5
η	5	6（3）	5.012 9	0.387 3	0.150 1

表 11.2

组数	[0,2)	[2,4)	[4,6)	[6,8)	[8,10)	[10,20)	[20,30)	[30,∞)	$\hat{m}$	$\hat{\eta}$
1	15	49	23	21	13	31	18	30	1.004 6	4.940 1
2	12	47	32	22	14	30	14	29	1.085 1	4.975 5
3	10	42	31	27	10	49	13	18	1.209 3	5.122 2
4	23	39	22	20	18	34	12	32	0.926 7	4.717 8
5	10	52	37	14	11	46	11	19	1.219 5	4.751 8

设产品寿命 X 服从参数 $m=4, \eta=40$ 的逆威布尔分布，检测时刻为

$$T_0 = 0, T_1 = 30, T_2 = 35, T_3 = 40, T_4 = 50, T_5 = 60, T_6 = 70, T_7 = 80, T_8 = \infty$$

时，分别选取初值 $m=2, \eta=30$ 和 $m=1, \eta=10$，1 000 次模拟结果见表 11.3，并列举出前五次模拟的具体结果，结果见表 11.4。

表 11.3

参数	真值	初值	均值	标准差	均方误差
m	4	2（1）	4.029 0	0.252 9	0.064 8
η	40	30（10）	40.024 1	0.767 1	0.588 5

表 11.4

组数	[0,30)	[30,35)	[35,40)	[40,50)	[50,60)	[60,70)	[70,80)	[80,∞)	$\hat{m}$	$\hat{\eta}$
1	6	34	35	57	33	10	12	13	4.011 9	40.035 5
2	7	28	38	66	28	12	9	12	4.188 4	39.950 2
3	5	25	37	69	40	12	3	9	4.593 8	40.316
4	7	40	33	54	30	18	9	9	4.099 4	39.287 4
5	5	38	37	57	42	8	6	7	4.586 4	39.168 5

由表 11.1 知，两组不同初值，得到的结果完全相同，表 11.3 也得出相同的结论。表 11.1、表 11.3 的真值选取不同，但都得到比较满意的参数估计，而且模拟过程显示，无论哪种情况，经过 10 次以内迭代都收敛，收敛速度非常快。由表 11.2、表 11.4 知，在五组具体的分组数据场合，参数 m, η 的估计值与真实值很接近。可见用改进的 ECM 算法求分组数据场合逆威布尔分布参数的极大似然估计简单、稳定、有效。

结束语：本节用改进的 ECM 算法求得参数的极大似然估计仍具有良好的收敛性，但尝试用此方法求分组数据场合其他分布参数的极大似然估计时不总是收到很好的效果，有时会出现估计序列不收敛的情况，这种情况下可以改用 EM 梯度算法。

EM 梯度算法也是改进 M 步的一种迭代算法，为避免嵌套循环的计算负担，Lang 提出用单步 Newton 法代替 M 步，从而可近似取得最大值而不用真正地精确求解。EM 梯度算法的 M 步是由迭代公式 $\theta^{(i+1)} = \theta^{(i)} - Q''(\theta | \theta^{(i)})^{-1}|_{\theta = \theta^{(i)}} Q'(\theta | \theta^{(i)})|_{\theta = \theta^{(i)}}$ 给出，此种 EM 梯度算法和完全 EM 算法对 $\hat{\theta}$ 有相同的收敛速度，Lang 还讨论了保证上升的条件以及用以加速收敛的更新增量的缩放比例，特别地，当 Y 是有典则参数 θ 的指数族分布时可以保证上升。关于 EM 梯度算法的具体应用另文陈述。实践证明，当 ECM 算法的 M 步仍不能用解析的方法实现时，采用 EM 梯度算法比 ECM 算法更为简单有效。

习题 11

1. 设有 197 种动物服从多项分布，将其分为 4 类，观测到的数据为

$$y = (y_1, y_2, y_3, y_4) = (125, 18, 20, 34)$$

再设属于各类的概率分布为

$$\left(\frac{1}{2} + \frac{\theta}{4}, \frac{1}{4}(1-\theta), \frac{1}{4}(1-\theta), \frac{\theta}{4} \right)$$

其中 $\theta \in (0,1)$，试估计 θ。

2. EM 算法与非线性规划的关系是什么？能否结合其他算法改进 EM 算法？

12 MCMC 方法及其应用

Markov Chain Monte Carlo（MCMC）理论和应用是当今很活跃的研究方向。尽管它在统计物理学中得到广泛应用已经有多年的历史，但在 Bayes 统计、显著性检验、极大似然估计等方面的应用却很年轻。

本章给出了 MCMC 方法的基本知识，比较研究了 MH 算法和它改进的优缺点，并给出了在实际问题中的应用。

12.1 MCMC 方法基本知识

关于随机数的生成的方法很多，有反函数抽样、舍选抽样、重要抽样法等。当对多变量非标准形式且各分量之间相依式分布的进行随机抽样时，上述方法往往具有很大缺陷，难于实现，而 MCMC 方法是一种解决上述问题的简单有效的计算方法。另外，在不完全数据场合进行统计推断，往往需要产生给定的截断分布，但截断分布参数的满条件分布往往没有显示表达式，直接抽样很难，也可采用 MCMC 方法解决这类问题。

设 $X = (X_1, \cdots, X_n)^{\mathrm{T}}$，则密度函数为

$$f(x_1, \cdots, x_n) = f(x_1) \prod_{i=2}^{n} f(x_i \mid x_1, \cdots, x_{i-1})$$

如果上式右端各个因子能够直接模拟，则进行静态模拟就可以。但在实际中，很难对这些因子进行直接模拟，因此需进行动态模拟，例如，运用 MCMC 方法进行模拟，此时，完全条件分布就变得非常重要了。

MCMC 方法的基本思想是构造一个非周期不可约的马氏链 $\{X^{(t)}, t = 1, 2, \cdots\}$，使其平稳分布恰好为目标分布 $\pi(x)$。对于足够大的 t，$X^{(t)}$ 的边际分布具有近似 $\pi(x)$ 的边际分布，这样便可生成近似服从 $\pi(x)$ 的样本，从而进行各种统计推断。

MCMC 方法的优势在于：增加问题的维度通常不会降低其收敛速度或使得问题实现变得更复杂，故它十分适应各种广泛且困难的问题，其中一个非常流行的应用是进行 Bays 统计推断，这时，平稳分布 $\pi(x)$ 就是参数 X 的后验分布。

MCMC 方法的关键在于构造合适的马氏链，关于这方面的讨论很多，但由于计算机模拟时候，t 总是有限的，不可能区域无穷大，这样就可能导致 $X^{(t)}$ 序列是相关的，故 $X^{(t)}$ 可能与 $\pi(x)$ 相差很大，且很难确定由马氏链得到的样本及由此样本得到的估计量与目标函数近似程度。

MCMC 方法的目标是估计目标分布函数 F，这种方法的可靠性依赖于正确的极限平稳分布。在实际应用中，需要决定什么时候马氏链达到了平稳状态。如果长时间运行后，马氏链收敛很慢，也就是需要特别长的运行时间，尤其当 X 的维数很大时，很容易得到错误的结论。

在实际应用中，很重要的一点是考虑 MCMC 算法对于某个感兴趣的问题提供的信息是否有效，有效性在不同的情况下有不同的解释，但主要集中考虑经过多久该链才可以不依赖初始值以及需要多长时间该链能完全挖掘出目标分布函数支撑的信息。另外一个问题就是考察序列中观测值之间相隔多久才可以看作是近似独立的。这些问题可以看作是该链的**混合性质**。

还需要考虑该链是否近似达到其平稳分布。实际中，判断马氏链收敛是很困难的，一个解决办法是在抽取的马氏链中每隔一段距离计算一次参数 θ 的遍历均值

$$\frac{1}{n}\sum_{i=1}^{n}\theta^{(i)} \quad (\text{时间平均})$$

通常为了得到近似独立样本，可隔一段取一个样本，当遍历均值稳定后可认为抽样收敛。当然，如果马氏链长时间停留在一个或多个目标分布的峰值，则使用大多数诊断方法都可得到马氏链收敛，但事实上此马氏链并没有完全刻画目标分布，一个解决方法是：从不同初始值同时产生多个马氏链并比较链内和链间的情况，如果经过一段时间后，这几条链稳定下来，则认为马氏链收敛。

事实上，运行多个链来研究链之间的表现是有争议的，其中，一个热烈的争论是到底是将有限的运行时间花在加长一个链的运行长度上更重要，还是用在运行多个具有不同初始值的短链来研究表现更有意义。

（1）尝试使用多个链的出发点是希望目标分布的所有感兴趣的特征（比如多峰）能够通过多个链挖掘出来，并且使用单独链是无效的。另外，由不同初值来生成短链是计算机代码调试中的基本要素。用多个不同初始状态所得的结果还可以提供目标分布 f 的关键特征的一些信息，这些信息能够帮助决定使用的 MCMC 方法及问题的参数化是否恰当。多个短链不好的收敛情况也可帮助在使用长链时，链的表现在哪些方面是需要特殊监控的。

（2）使用长链的论点如下：使用多个短链生成的值是不稳定的，在给定总的计算量情况下，如果将其分配到多个链上可能得到不好的收敛，但若用在一个长链的运行上可能就不会如此。另外，使用多个短链来诊断收敛的有效性主要限于一些不切实际的简单问题或者对目标分布 f 很好了解的情况下。

分析是否收敛到平稳分布与研究该链的混合性质具有很大的相似性。许多分析诊断方法都可用于研究收敛和混合性质，但是没有一种诊断方法是一定有效的。例如，当某链不收敛时，一些方法却可以得到收敛的诊断。基于以上原因，要对混合与收敛进行联合讨论，并给出多种诊断技术相互佐证。

为了更好了解 MCMC 方法及其表现，从头编写这些算法是最为直接的方法，如果考虑更容易的实现方式，各种已有软件包可自动实现 MCMC 算法及其相应的诊断。目前，最全面的软件是 WinBUGS，同时 R，MATLAB 都可以用于 MCMC 计算。

12.2 M-H 算法

随机模拟是研究复杂系统的常用手段，其难点在于目标分布的计算机仿真，即产生目标分布随机数。比如，产生多变量非标准形式且各分量之间相依分布的随机数往往非常困难，难于实现，另外，在不完全数据场合进行统计推断，往往需要产生给定截断分布随机数，但截断分布参数的满条件分布往往没有显示表达式，直接抽样也很难。MCMC 方法就是一种解决上述问题的简单有效的贝叶斯计算方法，而 M-H 算法是 MCMC 的核心，已被列为影响工程技术与科学发展的十大算法之首，对其研究具有重要的实际意义。在 M-H 算法具体操作中，建议分布选择是否恰当直接关系到马氏链的性质，比如混合性、收敛性等，进而影响后面各种统计计算。签于此，本文比较研究了 M-H 算法与舍选法的联系，给出了建议分布的选择标准与几种建议选择，并比较了这几种建议分布对马氏链的影响，最后举例说明了 M-H 算法在贝叶斯推断中可行、稳定、有效。

12.2.1 对照舍选抽样法研究 M-H 算法的基本思想与步骤

当某目标密度函数 $\pi(x)$ 可被计算，但不易直接抽样时，利用 MCMC 方法可获得 $\pi(x)$ 的一个近似样本，基本思想是，通过构造一个非周期不可约的马氏链 $\{X^{(t)}, t=1,2,\cdots\}$，使其平稳分布恰好为目标分布 $\pi(x)$，这样便可生成近似服从 $\pi(x)$ 的样本，从而进行各种统计推断。M-H 算法是重要性抽样的实现，也是一种非常通用的构造马氏链方法，它的动机是推广舍选抽样法。在舍选抽样中，有目标分布 $\pi(x)$、建议概率密度函数 $q(x)$ 和一个接受准则 $h(x,y)$（概率函数），同样也假设 $\pi(x)$ 是全样本空间 Ω 上的目标分布，需要在 Ω 上产生样本马氏链 $\{x_1,\cdots,x_t,\cdots\}$，使它的稳定分布恰好为目标分布 $\pi(x)$。首先，令 $q(x,y)$ 表示由状态 x 转移到状态 y 的概率，也常记为 $q(y|x)$，称为**建议分布**或**提案分布**，则任意选择不可约转移概率 $q(x,y)$ 及函数 $0<\alpha(\cdot,\cdot)\leqslant 1$，对任意组合 $(x,y),x\neq y$，则

$$p(x,y)=\alpha(x,y)q(x,y), x\neq y$$

形成一个转移核。

注意：建议分布也常常用符号 $g(x,y)$ 表示。

在 $t=0$ 时刻，取 $X^{(0)}=x^{(0)}$，其中 $x^{(0)}$ 从初始分布 $h(x)$ 中抽样且满足 $\pi(x^{(0)})>0$。但是，初始点的选择会影响马氏链的性质，因此为了更快达到预期效果，在具体操作时，$x^{(0)}$ 一般可取初始估计值，比如矩估计等。接着，给定 $X^{(t)}=x$，首先由 $q(\cdot|x)$ 产生潜在转移 y，然后以概率 $\alpha(x,y)$ 接受 y（$X^{(t+1)}=y$），以概率 $1-\alpha(x,y)$ 仍停留在 x（$X^{(t+1)}=x$）。

假设当前状态 $X^{(t)}=x^{(t)}$，M-H 算法具体步骤如下：

（1）从建议分布 $q(\cdot|x^{(t)})$ 生成候选值 x^*；

（2）计算 M-H 比率 $R(x^{(t)},x^*)=\dfrac{\pi(x^*)q(x^*,x^{(t)})}{\pi(x^{(t)})q(x^{(t)},x^*)}$，接受概率 $\alpha(x^{(t)},x^*)=\min\{R(x^{(t)},x^*),1\}$；

（3）产生随机数 $u\sim U(0,1)$，令 $X^{(t+1)}=\begin{cases}x^*, & u\leqslant\alpha(x^{(t)},x^*)\\ x^{(t)}, & u>\alpha(x^{(t)},x^*)\end{cases}$；

（4）令 $t=t+1$，返回第（1）步。

注意，M-H 比率 $R(x^{(t)}, x^*)$ 总是有定义，这是因为 $\pi(x) > 0$ 且 $q(x, y) > 0$。每完成上述一个循环，则生成一个目标分布随机数。在具体实现 M-H 算法时，可选取多个初始点来检验得到的输出结果是否一致，这也可看作是与最优化算法的结合。显然，在 M-H 算法中，建议分布的主要目的是产生状态转移，即为每个状态构造一个邻域，并选中邻域中某个邻居状态。要使得 M-H 算法产生的随机数序列是马氏链，这就要求建议分布 $q(x, y)$ 在整个样本空间 Ω 上有定义，通常，这是很容易实现的。舍选抽样对所有的 x，有 $q(\cdot \mid x) = q(\cdot)$，是最简单的情况，但 MCMC 方法推广了舍选抽样法，使建议分布变成了条件概率密度函数，而 M-H 算法的神奇之处也正在于此。当然，为了保证马氏链状态产生遍历性的转移，必须要求在 x 的某个邻域 N_x 里成立

$$q(y \mid x) > 0, \forall y \in N_x$$

M-H 算法接下来要做的是，将选中的状态与当前状态相比，按一定的概率接受其中之一作为随机序列的下一状态。另一个与舍选抽样法不同的是，接受概率不但取决于下一步状态 $x^{(t+1)}$，而且和当前状态 $x^{(t)}$ 有关。

利用因 M-H 算法产生的随机数序列，保证了 $X^{(t+1)}$ 只依赖 $X^{(t)}$，而和以前产生的随机数无关，所以 M-H 算法构造的链满足马氏性，即 $\{X^{(t)}\}$ 为马氏链，但它是否是非周期不可约的则取决于建议分布 $q(x, y)$ 的选择。所谓的不可约是指马氏链从任意状态出发都能以一定的正概率转移到其他状态，即它的转移是遍历的。不具有遍历性意味着马氏链的整个状态空间被分割成几个互不相通的子空间，这样，它的子空间的状态就不能迭代到其他子空间中去，进而也不可能存在平稳分布。如果 $\{X^{(t)}\}$ 是非周期不可约的，则 M-H 算法构造的马氏链具有唯一的极限平稳分布，且可以证明 M-H 算法构造的马氏链以 $\pi(x)$ 为其平稳分布。事实上，M-H 算法产生的马氏链是可逆的，即

$$\pi(y)q(y, x) = \pi(x)q(x, y)$$

这表示马氏链稳定时，由 $y \to x$ 的量等于由 $x \to y$ 的量，这就导致 $\pi(x)$ 为其平稳分布。

利用 M-H 算法产生样本的主要目的是估计 $X \sim \pi(x)$ 的某一函数的期望。随着 t 的增大，由 M-H 马氏链产生随机变量的分布越来越近似该链的平稳分布，故 $E_\pi(h(X)) = \frac{1}{n} \sum_{i=1}^{n} h(x^{(i)})$。利用这种方法可以估计很多感兴趣的量，如期望 $E_\pi(h(X))$，方差 $\mathrm{var}_\pi(h(X))$ 及尾概率 $P(X > a)$，其中 a 为很大的数字，由马氏链的极限性质可知，这些量的估计都是强相合的。由于生成的随机数可以重复，并且这些抽样点出现的频率可以修正目标密度与提案分布密度的差异，所以应该保留马氏链中的重复值。

但在实际应用中，不知道什么时候马氏链才收敛到平稳分布。在 M-H 算法中，只有在极限情况下才有 $X^{(t)} \sim \pi(x)$，但是，对于任何迭代都是有限的，不可能得到精确的边际分布，而初始点的选择对马氏链是有影响的。马氏链还未进入稳定阶段之前的状态称为暂态阶段，也可形象称为热机阶段。于是，为了提高估计精度，通常舍去马氏链的前 D 个值，即删除一些初始生成值，也就是所谓的预烧期，但是关于预烧期的选择没有固定的标准，要根据具体情况具体分析，可能很大，比如 $D = 20\,000$，也可能很小，比如 $D = 200$。

12.2.2　建议分布的选择与比较

通常要求建议分布 $q(x,y)$ 对于给定的 x 容易产生 $q(x,y)$ 的随机数，这样才能使得抽样变得简单方便，否则，这只是将生成目标分布 $\pi(x)$ 的困难转移到了生成建议分布的困难，并不能解决问题。另外，一个具有某种特定性质的建议分布可以增强 M-H 算法的效果，并可直接通过接受概率的大小来反映。比如，一个好的建议分布可以在较少的迭代次数内生成覆盖平稳分布支撑的候选值，并且生成的候选值不会被过度频繁的拒绝或接受，而这主要与建议分布的延展度有关。如果建议分布相对目标分布而言，过于分散，则候选值就会频繁地被拒绝，这就导致马氏链必须迭代很多次才能探究明白平稳分布的支撑。如果建议分布过于集中，比如它的方差很小，则马氏链迭代很多次仍在目标分布的一个小区域中，这样，支撑的其他的区域就不能被充分探究。可见，建议分布的延展度太大或太小都不能通过较少的迭代次数探究清楚目标分布的支撑。关于接受概率，应注意：接受概率要合适，具体问题要具体分析，而不是越大越好，因为太大会导致较慢的收敛性。Gelman 等建议，当参数为 1 维时，接受概率应略小于 0.5，当参数大于 5 维时，接受概率最好为 0.25 左右，当然，这只是个人建议，不同的学者可能有不同的看法。但不管怎么说，一个好的建议分布应该满足以下性质：

（1）容易直接抽样，最好为已知分布，并可利用现成软件的库函数直接实现，比如均匀分布、正态分布、t 分布、伽马分布等；

（2）应使 M-H 比率、接受概率容易计算；

（3）尾部要比目标分布尾部厚，并且每次跳跃幅度适当，既不能太大，也不能太小，当然，对"适当"的把握就需要"艺术"了；

（4）在适当的迭代次数内，能够生成覆盖平稳分布支撑的候选值，不能生成过度频繁地拒绝或接受的候选值。

不同的形式建议分布 $q(x,y)$ 产生了相应的 M-H 算法变形，上面只是给出了选择建议分布的一般标准，操作性不强，下面给出几点具体建议供读者参考。

（1）**M 选择**：如果对任意的 x,y，建议分布都有 $q(x,y)=q(y,x)$，即建议分布满足对称性，这时，M-H 算法就是 Metropolis 算法（**M 算法**），此时，接受概率 $\alpha(x^{(t)},x^{*})=\min\left\{\dfrac{\pi(x^{*})}{\pi(x^{(t)})},1\right\}$。M 算法是 MCMC 方法的最早起源，由 N.Metropolis 等人于 1953 年在研究原子与分子的随机运动问题时引入的随机模拟方法。

特别地，如果 $q(x,y)=q(|x-y|)$，则成为**随机移动 M 算法**。对称建议分布很常用，例如，当给定 x，$q(x,y)$ 可取正态分布，均值为 x，协方差阵为常数阵。一种比较简单的选择就是取正态分布 $N(x^{(t)},\sigma^{2})$，关于 σ 的选择，应注意：由大样本性质，通常后验分布都具有比较好的正态性，因此选择正态分布作为建议分布是合适的，其均值应为上个状态的值，而方差的大小决定了马氏链在参数支撑集上的混合程度，因此 σ 的选择决定了建议分布的好坏。当增量方差 σ 太大，大部分候选值被拒绝，这就导致 M-H 算法的效率太低，而 σ 太小，大部分候选值被接受，这时得到的马氏链几乎就是随机游动，由于马氏链从一个状态到另一个状态跨度太小，从而无法实现在整个支撑集上的快速移动，进而导致 M-H 算法的效率不高。可见 σ 太大或太小都导致 M-H 算法的效率较低。通常的做法是，在具体抽样时监视候选值的接受概率，Robert，Gelman 等建议最好控制在 $[0.15, 0.5]$。

（2）**独立抽样**：如果建议分布 $q(x,y)$ 与当前状态 x 无关，即 $q(x,y)=q(y)$，则由此建议分布导出的 M-H 算法称为**独立抽样**。此时，由建议分布产生一个独立链，抽取的每个候选值都与当前值独立，M-H 比率为 $R(x^{(t)},x^*)=\dfrac{\pi(x^*)q(x^{(t)})}{\pi(x^{(t)})q(x^*)}$，并且如果 $q(x)>0$，$\pi(x)>0$，得到的马氏链就是非周期不可约的。此处，M-H 比率也可以表示重要比率，令 $w(x)=\dfrac{\pi(x)}{q(x)}$，其中 $\pi(x)$ 是目标分布，$q(x)$ 为包络分布，则 $R(x^{(t)},x^*)=\dfrac{w(x^*)}{w(x^{(t)})}$，这表明 $w(x^{(t)})$ 远大于 $w(x^*)$ 的值时，马氏链将会长时间停留在当前值上。进一步，有接受概率 $\alpha(x^{(t)},x^*)=\min\left\{\dfrac{w(x^*)}{w(x^{(t)})},1\right\}$，因此建议分布 $q(x)$ 应与目标分布 $\pi(x)$ 相似，且尾部包含 $\pi(x)$，这样独立抽样的效果才可能好，这也导致独立抽样在实际中很少单独使用。

（3）**单变量 M-H 算法**：如果目标分布 X 是高维的，则直接产生整个 X 比较困难，这时我们可以逐个抽取各分量，但是这需要用到完全条件分布。令 $X_{\sim i}=(X_1,\cdots,X_{i-1},X_{i+1},\cdots,X_n)$，考虑 $X_i\mid X_{\sim i}$，$i=1,2,\cdots,n$ 的条件分布，选择适当的转移核 $q(x_i\to y_i\mid x_{\sim i})$，对于给定的 $X_{\sim i}=x_{\sim i}$ 产生下一个可能的 y_i，然后以概率

$$\alpha_i(x_i\to y_i\mid x_{\sim i})=\min\left\{\frac{\pi(y)q_i(y_i\to x_i\mid x_{\sim i})}{\pi(x)q_i(x_i\to y_i\mid x_{\sim i})},1\right\}$$

决定是否接受 $y=(y_1,\cdots,y_n)$ 作为马氏链的下一个状态。

（4）**随机游动链**是通过简单变化 M-H 算法得到的另一种马氏链，实现方法如下：首先生成 $\varepsilon\sim h(\varepsilon)$，其中 h 为密度函数，令 $x^*=x^{(t)}+\varepsilon$，就可得一个随机游动链。在这种情况下，初始分布 $g(x^*\mid x^{(t)})=h(x^*-x^{(t)})$。对于 h，一般应选择为正态分布 $N(0,\sigma^2)$、以原点为球心的球面上的均匀分布、尺度变换后的 t 分布。正态分布的方差可以控制候选值的扩散程度，如果目标分布是双峰分布时，建议选择 σ 可适当大点，在一般情况下，可令 $\sigma-1$，即 $h\sim N(0,1)$。可以证明，如果 $h(x)$ 在 0 的邻域内为正且 $\pi(x)$ 的支撑集连通，则生成链是非周期不可约的。

如果建议分布不随时间 t 而改变，则称 M-H 算法是齐次的。当然，也可构造非齐次的 M-H 算法，**击跑算法**就是非齐次的 M-H 算法的典型代表，在这种方法中，从 $x^{(t)}$ 出发选择的建议分布由两步产生：先选择移动方向，然后在此方向上产生移动距离。当 X 的状态空间非常受限，且其他方法很难寻找所有空间的区域时，利用击跑算法可能会取得比较好的效果。遗憾的是，非齐次的 M-H 算法收敛性质更难确定，甚至无法确定。

12.3　基于 M-H 算法的混合参数贝叶斯估计

假定 y 为已知的观测数据，待估参数 θ 的先验分布为 $p(\theta)$，则 θ 的贝叶斯估计往往依赖后验分布 $p(\theta\mid y)=cL(\theta\mid y)p(\theta)$，其中常数 c 为归一化常数，未知，$L(\theta\mid y)$ 为似然函数。由于在后验分布 $p(\theta\mid y)$ 中 c 未知，所以它不能直接用于统计推断，但是可利用中 M-H 算法获得

$p(\theta|y)$ 的近似样本，进而进行各种统计推断。在 M-H 算法中，常常利用先验分布作为建议分布，即建议分布 $g(\theta) = p(\theta)$，并取 M-H 比率 $R(\theta^{(t)}, \theta^*) = \dfrac{L(\theta^*|y)}{L(\theta^{(t)}|y)}$。由于先验分布的支撑集覆盖后验分布的支撑集，因此独立链的平稳分布 $\pi(\theta)$ 即为后验分布 $p(\theta|y)$。当然，先验分布的选择会显著影响马氏链的表现，如果选择不合适，则会导致马氏链收敛很慢，达不到预期效果。

假定观测数据 $y_1, \cdots, y_{100}$ 来自混合正态分布

$$\theta N(6, 0.5^2) + (1-\theta)N(9, 0.5^2)$$

观测数据的直方图见图 12.1，θ 的先验分布为 $U(0,1)$，可利用 M-H 算法构造平稳分布等于 θ 的后验分布的马氏链。已知观测数据是由 $\theta = 0.7$ 利用合成法生成的，故 θ 后验密度应该集中在 0.7 附近，下面考察建议分布对马氏链的影响。

```
#生成混合正态分布随机数
n=100;cta=0.7;Y=0;
for(i in 1:n){
    a=runif(1,0,1);
    if(a<=cta) Y[i]=rnorm(1,6,0.5) else Y[i]=rnorm(1,9,0.5);
}
Y
hist(Y)
```

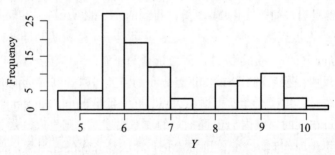

图 12.1　由混合分布 $\theta N(6, 0.5^2) + (1-\theta)N(9, 0.5^2)$ 生成的 100 个观测值直方图

（1）利用 Beta(1,1)（即 $U(0,1)$）作为建议分布，模拟结果如图 12.2 所示。

```
n=10000;cta=0;X=cta;
for(i in 1:1:(n-1)){
    F1=X[i]*dnorm(Y,6,0.5)+(1-X[i])*dnorm(Y,9,0.5);
    L1=prod(F1);
    cta=runif(1,0,1);
    F2=cta*dnorm(Y,6,0.5)+(1-cta)*dnorm(Y,9,0.5);
    L2=prod(F2);
    if(L2>=L1) {X[i+1]=cta;}
```

```
     else if(runif(1,0,1)<=L2/L1) {X[i+1]=cta;}
     else {X[i+1]=X[i];}
}
X1=X[101:n];
mean(X1);sd(X1)
par(mfcol=c(1,2));
T=c(1:1:n);
plot(T,X,type="l",col="black");
```

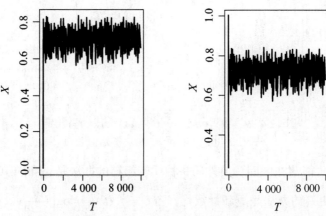

图 12.2 不同初始值 $\theta^{(1)}$ 生成的马氏链轨迹（左图 $\theta^{(1)}=0$，右图 $\theta^{(1)}=1$）

图 12.2 表明马氏链很快离开初始值，且似乎很容易从 θ 后验支撑集的各个部分抽取值，这种表现称为混合性良好。为了减少初始值的影响，省略前 100 次迭代，得到：左图均值为 0.703 546，右图均值为 0.703 546 3。可见，无论初始值为 0，还是 1，马氏链都收敛，且样本均值都与真值 0.7 非常接近，即模拟效果都不错。

（2）利用 Beta(2,10) 作为建议分布，模拟结果如图 12.3 所示。

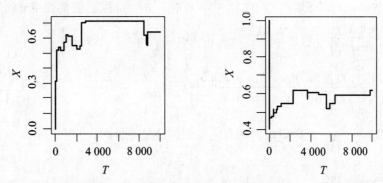

图 12.3 不同初始值 $\theta^{(1)}$ 生成的马氏链轨迹（左图 $\theta^{(1)}=0$，右图 $\theta^{(1)}=1$）

图 12.3 生成的马氏链慢慢离开初始值，由于摆动明显，显然，此链没有收敛到其平稳分布，只能得到难以令人信服的结果，但是，其后验分布仍是此链的极限分布，故长期运行此链，在原则上是可以估计 θ 的后验分布。同样省略前 100 次迭代，得到：左图均值为 0.659 348，右图均值为 0.578 646 1。可见，无论初始值为 0，还是 1，样本均值都与真值 0.7 的差异比较大。

图 12.2 和图 12.3 说明建议分布对马氏链的性质影响显著，因此 M-H 算法的重点在于选择合适的建议分布。

下面考虑用随机游动链生成后验分布。假定候选值 $\theta^* = \theta^{(t)} + \varepsilon$，$\varepsilon \sim U(-a, a)$，显然，在马氏链的迭代过程中，候选值有可能落在区间 $[0,1]$ 外，这就导致迭代过程变得没有实际意义。在这种情况下，迭代结果不太好，见图 12.4。

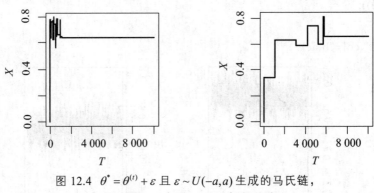

图 12.4　$\theta^* = \theta^{(t)} + \varepsilon$ 且 $\varepsilon \sim U(-a, a)$ 生成的马氏链，
左图 $a = 0.3$，右图 $a = 8$，初始值为 0

解决候选值有可能落在区间 $[0,1]$ 外的一种比较粗糙的办法是，当 $\theta \notin [0,1]$ 时，重新令后验值为 0.5。另一种更好的办法是重新参数化。令 $U = f_U(\theta) \triangleq \log\left(\dfrac{\theta}{1-\theta}\right)$，现在，关于 U 生成一个随机游动链，候选值 $u^* = u^{(t)} + \varepsilon_1$，$\varepsilon_1 \sim U(-b, b)$。下面给出两种看待重新参数化的观点。

（1）在 θ 空间运行马氏链。这时，建议分布 $g(\cdot \mid u^{(t)})$ 要通过变换成为 θ 空间的建议分布。令 $|J(\theta^{(t)})|$ 表示 $\theta \to u$ 变换的 Jacobi 行列式的绝对值在 $\theta^{(t)}$ 的估值，则候选值 θ^* 的 M-H 比率为

$$\frac{f(\theta^*)g(f_U(\theta^{(t)}) \mid f_U(\theta^*))|J(\theta^{(t)})|}{f(\theta^{(t)})g(f_U(\theta^*) \mid f_U(\theta^{(t)}))|J(\theta^*)|}$$

（2）在 u 空间运行马氏链（见图 12.5）。这时，θ 的目标密度要变成 u 的目标密度，即 $\delta = f_U^{-1}(U) = \dfrac{\exp(U)}{1 + \exp(U)}$，则候选值 $U^* = u^*$ 的 M-H 比率为

$$\frac{f(f_U^{-1}(u^*))g(u^{(t)} \mid u^*)|J(u^*)|}{f(f_U^{-1}(u^{(t)}))g(u^* \mid u^{(t)})|J(u^{(t)})|}$$

由于 $|J(u^*)| = \dfrac{1}{|J(\theta^*)|}$，所以由两种观点得到的链是等价的。

```
n=10000;ucta1=0;
X=0;b=1;U=ucta1;
for(i in 1:1:(n-1)){
    X[i]=exp(U[i])/(1+exp(U[i]));
    d1=exp(U[i])/(1+exp(U[i]))^2;
    F1=X[i]*dnorm(Y,6,0.5)+(1-X[i])*dnorm(Y,9,0.5);
```

```
    L1=prod(F1);
    U1=U[i]+runif(1,-b,b);
    ucta=exp(U1)/(1+exp(U1));
    d2=exp(U1)/(1+exp(U1))^2;
    F2=ucta*dnorm(Y,6,0.5)+(1-ucta)*dnorm(Y,9,0.5);
    L2=prod(F2);
    a1=(L2*d2)/(L1*d1);
    a=min(1,a1);
    u1=runif(1,0,1);
    if(u1<=a) {U[i+1]=U1;X[i+1]=ucta;}
    else {U[i+1]=U[i];X[i+1]=X[i];}
}
X1=X[101:n];
mean(X1);sd(X1)
par(mfcol=c(1,2));
T=c(1:1:n);
plot(T,X,type="l",col="black");
```

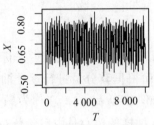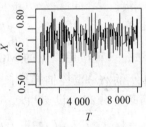

图 12.5　u 空间运行马氏链，左图 $b=1$，右图 $b=10$，初始值为 0

显然，在图 12.5（左）中，马氏链混合性非常好，但是图 12.5（右）中，效果就比较差，收敛速度较慢。为了减少初始值的影响，省略前 100 次迭代，得到左图均值为 0.706 918，标准差为 0.043 816 41，右图均值为 0.709 980 9，标准差为 0.042 136 21，样本均值都与真值 0.7非常接近，右图波动比左图小。

注意：这并不代表右图的模拟结果更好，只是表明马氏链混合性不好。

在重新参数化空间生成的随机游动链与原始空间的生成的随机游动链相比，具有很多不一样的性质，重新参数化可以提高马氏链的表现。

12.4　三参数威布尔分布 Bayes 估计的混合 Gibbs 算法

威布尔分布是可靠性寿命试验中最常用的分布之一，它是 W.Weibull 在 1939 年首次引进的，指数分布、瑞利分布都可看作它的特例。威布尔分布随着形状参数的不同而具有不同形状的失效率函数，如递减、常数和递增失效率，这三种失效率还可对应浴盆曲线的早期失效型、偶然失效型和损耗失效型，可用来描述电子元器件、滚珠轴承等的寿命分布，还可应用于纺织品断裂及疲劳强度的研究中，因此研究威布尔分布具有重要的实际意义。本节尝试用混合 Gibbs 算法（这里将 Gibbs 抽样与 Metropolis 算法混合）给出完全样本、定数截尾样本场合三参数威布尔分布的 Bayes 估计，举出三个例子，通过 Monte-Carlo 模拟求得参数的 Bayes 估计及可信区间，给出混合 Gibbs 抽样过程中参数的轨迹图、直方图及自相关系数图。

12.4.1　混合 Gibbs 算法及性质

在各种损失函数下，参数的 Bayes 估计都可归结为计算关于后验分布 $\pi(x), x \in B$ 的积分，当后验分布 $\pi(x)$ 是高维的、非标准形式的分布时，积分计算变得十分困难，而 MCMC 方法正是解决此类问题的一种行之有效的方法。

MCMC 的基本思想是，通过建立具有平稳分布为 $\pi(x)$ 的 Markov 链来得到后验分布 $\pi(x)$ 的样本，基于这些样本可做各种各样的统计推断。

Gibbs 抽样法与 Metropolis-Hasting 算法都是 MCMC 方法，都能够获得后验分布 $\pi(x)$ 的样本，区别往往在于转移核的构造方法不同（通过构造转移核使 Markov 链的平稳分布为后验分布 $\pi(x)$）。

1. Gibbs 抽样

Gibbs 抽样法是一种应用广泛的 MCMC 方法，常用来处理高维、非标准形式的后验分布，对高维后验分布 $\pi(x)$ 整体抽样往往很困难，而根据其分量进行逐个抽样则简单得多，而这就要用到满条件分布。设 $x = (x_1, \cdots, x_p)'$，条件分布 $\pi(x_T \mid x_{-T})$ 称为满条件分布，其中 $x_T = \{x_i, i \in T\}, x_{-T} = \{x_i, i \notin T\}$，$T \subset \{1, \cdots, p\}$。Gibbs 抽样的核心是由后验分布获得各个参数的满条件分布，并从中获得 Gibbs 样本，而各参数的满条件分布往往有显式形式，容易抽样。

Gibbs 抽样法的基本步骤如下：

给出起始点 $x^{(0)} = (x_1^{(0)}, x_2^{(0)} \cdots, x_p^{(0)})$，假定第 $i+1$ 次迭代开始时的估计值为 $x^{(i)}$，则第 $i+1$ 次迭代分为如下 p 步：

（1）由满条件分布 $\pi(x_1 \mid x_2^{(i)}, \cdots, x_p^{(i)})$ 抽取 $x_1^{(i+1)}$；

　　……

（k）由满条件分布 $\pi(x_k \mid x_1^{(i+1)}, \cdots, x_{k-1}^{(i+1)}, x_{k+1}^{(i)}, \cdots, x_p^{(i)})$ 抽取 $x_k^{(i+1)}$；

　　……

（p）由满条件分布 $\pi(x_p \mid x_1^{(i+1)}, \cdots, x_{p-1}^{(i+1)})$ 抽取 $x_p^{(i+1)}$。

可以证明后验分布 $\pi(x)$ 为 Markov 链的平稳分布，若记 $x^{(i)} = (x_1^{(i)}, \cdots, x_p^{(i)})$，当 Markov 链达到均衡状态后，则 Markov 链的任一实现值 $x^{(i)}$ 可作为 $\pi(x)$ 的样本。

在 Gibbs 抽样中，其实没有必要单独对每个分量进行抽样，可以将相关的分量在同一组一起抽样，这就是 Gibbs 抽样的一种改进方法——区组化，当分量相关时，区组化非常有用，在大量参数的情形下该方法有更好的收敛速度。

2. Metropolis-Hastings 算法

Metropolis-Hastings 算法是一类比 Gibbs 算法出现更早，也更一般化的 MCMC 方法，它借助于一个概率密度函数 $q(x,y)$（通常被称为建议分布），一般要求对于给定的 x 容易产生 $q(x,y)$ 的随机数，使抽样变得简单方便。由于这里仅用到 Metropolis 算法，下面仅介绍 Metropolis 算法的步骤。

假设当前状态 $X_k = x$，具体步骤如下：

（1）从建议分布 $q(x,\cdot)$ 抽取一个样本 x'；

（2）计算接受概率 $\alpha(x,x') = \min\left\{1, \dfrac{\pi(x')q(x',x)}{\pi(x)q(x,x')}\right\} = \min\left\{1, \dfrac{\pi(x')}{\pi(x)}\right\}$；

（3）产生随机数 $u \sim U(0,1)$，抽取 $X_{k+1} = \begin{cases} x', u \leqslant \alpha(x,x') \\ x, u > \alpha(x,x') \end{cases}$；

（4）令 $k = k+1$，返回第（1）步。

3. 混合 Gibbs 算法

Gibbs 抽样可看作 Metropolis-Hastings 算法的特例，它在 Metropolis-Hastings 算法中取 $q(x' \to x)$ 为满条件分布 $\pi(x_i \mid x_{-i})$，可验证，此时 $\alpha(x' \to x) = 1$。

在 Gibbs 抽样中，当某个或某些 Gibbs 步中满条件分布没有显式形式时，如在无共轭先验分布场合，从满条件分布直接抽样往往很困难，这必须借助其他抽样方法。因为 Gibbs 抽样的一个循环内的每一步本身都是一个 Metropolis-Hastings 迭代，所以可在适当的时候将算法变形，将 Gibbs 算法与 Metropolis-Hastings 算法结合起来使用。

本文的混合 Gibbs 抽样是指：使用 Gibbs 抽样时，在某个或某些 Gibbs 步中使用 Metropolis 算法抽取随机数，将 Gibbs 算法与 Metropolis 算法结合起来使用。Metropolis 算法在低维抽样时使用起来比较方便，但高维时建议分布的选择很难，而 Gibbs 抽样可把高维抽样转化为低维抽样，起到降维的作用，所以二者结合可使两种方法优势互补。

12.4.2　三参数威布尔分布 Bayes 估计

设某产品的寿命 X 服从三参数威布尔分布，分布函数和密度函数分别为

$$F(x \mid \alpha, \lambda, \mu) = 1 - \exp\{-\lambda(x-\mu)^\alpha\}, f(x \mid \alpha, \lambda, \mu) = \lambda\alpha(x-\mu)^{\alpha-1}\exp\{-\lambda(x-\mu)^\alpha\},$$
$$(x > \mu, \alpha > 0, \lambda > 0, \mu > 0)$$

其中 α, λ, μ 分别为形状参数、尺度参数和位置参数。当形状参数 $\alpha < 1$ 时，失效率递减；当 $\alpha = 1$ 时，失效率为常数；当 $\alpha > 1$ 时，失效率递增。

下面分别给出完全样本和定数截尾样本两种情形下三参数威布尔分布的 Bayes 估计。

在完全样本情形下，现假定有 n 个产品进行寿命试验，得到次序失效数据为 $x_1 \leqslant x_2 \leqslant \cdots \leqslant x_n$。

当 α, λ, μ 均未知时，若取 α, λ, μ 的联合先验分布为 $\pi(\alpha, \lambda, \mu) \propto \alpha^{-2}\lambda^{-1}$，则其联合后验分布为

$$\pi(\alpha,\lambda,\mu\,|\,x_1,x_2,\cdots,x_n) \propto \lambda^{n-1}\alpha^{n-2}\left\{\prod_{i=1}^{n}(x_i-\mu)\right\}^{\alpha-1}\exp\left\{-\lambda\left[\sum_{i=1}^{n}(x_i-\mu)^{\alpha}\right]\right\}$$

λ 的满条件分布为

$$\pi(\lambda\,|\,x_1,x_2,\cdots,x_n,\alpha,\mu) \propto \lambda^{n-1}\exp\left\{-\lambda\left[\sum_{i=1}^{n}(x_i-\mu)^{\alpha}\right]\right\}$$

可知，$\lambda\,|\,x_1,x_2,\cdots,x_n,\alpha,\mu \sim Ga\left(n,\sum_{i=1}^{n}(x_i-\mu)^{\alpha}\right)$。

α 的满条件分布为

$$\pi(\alpha\,|\,x_1,x_2,\cdots,x_n,\lambda,\mu) \propto \alpha^{n-2}\left\{\prod_{i=1}^{n}(x_i-\mu)\right\}^{\alpha-1}\exp\left\{-\lambda\left[\sum_{i=1}^{n}(x_i-\mu)^{\alpha}\right]\right\}$$

μ 的满条件分布为

$$\pi(\mu\,|\,x_1,x_2,\cdots,x_n,\lambda,\alpha) \propto \left\{\prod_{i=1}^{n}(x_i-\mu)\right\}^{\alpha-1}\exp\left\{-\lambda\left[\sum_{i=1}^{n}(x_i-\mu)^{\alpha}\right]\right\}$$

在定数截尾样本情形下，现假定有 n 个产品进行寿命试验，直到有 r 个产品失效时停止，得到次序失效数据为 $x_1 \leqslant x_2 \leqslant \cdots \leqslant x_r$。

仍取 α,λ,μ 的联合先验分布为 $\pi(\alpha,\lambda,\mu) \propto \alpha^{-2}\lambda^{-1}$，则其联合后验分布为

$$\pi(\alpha,\lambda,\mu\,|\,x_1,x_2,\cdots,x_r) \propto \lambda^{r-1}\alpha^{r-2}\{\prod_{i=1}^{r}(x_i-\mu)\}^{\alpha-1}\exp\left\{-\lambda\left[\sum_{i=1}^{r}(x_i-\mu)^{\alpha}+(n-r)(x_r-\mu)^{\alpha}\right]\right\}$$

λ 的满条件分布为

$$\pi(\lambda\,|\,x_1,x_2,\cdots,x_r,\alpha,\mu) \propto \lambda^{r-1}\exp\left\{-\lambda\left[\sum_{i=1}^{r}(x_i-\mu)^{\alpha}+(n-r)(x_r-\mu)^{\alpha}\right]\right\}$$

可知，$\lambda\,|\,x_1,x_2,\cdots,x_r,\alpha,\mu \sim Ga\left(r,\sum_{i=1}^{r}(x_i-\mu)^{\alpha}+(n-r)(x_r-\mu)^{\alpha}\right)$，

α 的满条件分布为

$$\pi(\alpha\,|\,x_1,x_2,\cdots,x_r,\lambda,\mu) \propto \alpha^{r-2}\left\{\prod_{i=1}^{r}(x_i-\mu)\right\}^{\alpha-1}\exp\left\{-\lambda\left[\sum_{i=1}^{r}(x_i-\mu)^{\alpha}+(n-r)(x_r-\mu)^{\alpha}\right]\right\}$$

μ 的满条件分布为

$$\pi(\mu\,|\,x_1,x_2,\cdots,x_r,\lambda,\alpha) \propto \left\{\prod_{i=1}^{r}(x_i-\mu)\right\}^{\alpha-1}\exp\left\{-\lambda\left[\sum_{i=1}^{r}(x_i-\mu)^{\alpha}+(n-r)(x_r-\mu)^{\alpha}\right]\right\}$$

可见，无论对于完全样本还是定数截尾样本，在 Gibbs 抽样时，参数 λ 都可直接从伽玛分布中抽样，而参数 α,μ 的满条件分布都没有显式表达式，直接抽样很困难，可使用混合 Gibbs

算法抽样。值得注意的是，混合 Gibbs 算法不要求满条件分布有显式表达式，对 α, λ, μ 的不同先验分布形式都比较容易抽样，故本文只研究上述一种先验分布的情形，其他类似。

三参数威布尔分布 Bayes 估计的混合 Gibbs 算法的步骤如下：（以完全样本为例，定数截尾样本类似）

在 Gibbs 抽样中，给出初值 $\alpha^{(0)}, \mu^{(0)}$ 后，假定第 $i+1$ 次迭代开始时的估计值为 $(\alpha^{(i)}, \lambda^{(i)}, \mu^{(i)})$，则第 $i+1$ 次迭代分为如下 3 步（其中有两个 Gibbs 步中使用 Metropolis 算法迭代更新）：

第 1 步： 从 $\pi(\lambda \mid x_1, x_2, \cdots, x_n, \alpha^{(i)}, \mu^{(i)})$ **抽取样本** $\lambda^{(i+1)}$。

从 $Ga\left(n, \sum\limits_{i=1}^{n}(x_i - \mu^{(i)})^{\alpha^{(i)}}\right)$ 随机抽取一个样本作为 $\lambda^{(i+1)}$。

第 2 步：用 Metropolis 算法从 $\pi(\alpha \mid x_1, x_2, \cdots, x_n, \lambda^{(i+1)}, \mu^{(i)})$ **抽取样本** $\alpha^{(i+1)}$。

不妨选取 α 的建议分布 $q(\alpha')$ 为 $N(\alpha_k, \sigma_\alpha)$，其中 α_k 为当前状态，σ_α 为标准差。

（1）从建议分布 $N(\alpha_k, \sigma_\alpha)$ 抽取一个样本 α'，当 $\alpha' <= 0$ 时，重新抽样。计算接受概率

$$\alpha(\alpha_k, \alpha') = \min\left\{1, \frac{\pi(\alpha' \mid x_1, x_2, \cdots, x_n, \lambda^{(i+1)}, \mu^{(i)})}{\pi(\alpha_k \mid x_1, x_2, \cdots, x_n, \lambda^{(i+1)}, \mu^{(i)})}\right\}$$

$$= \min\left\{1, \left(\frac{\alpha'}{\alpha_k}\right)^{n-2}\left\{\prod_{i=1}^{n}(x_i - \mu^{(i)})\right\}^{\alpha' - \alpha_k} \exp\left\{-\lambda^{(i+1)}\left[\sum_{i=1}^{n}(x_i - \mu^{(i)})^{\alpha'} - \sum_{i=1}^{n}(x_i - \mu^{(i)})^{\alpha_k}\right]\right\}\right\}$$

（3）从均匀分布 $U(0,1)$ 产生一个随机数 u，根据下式抽取

$$\alpha_{k+1} = \begin{cases} \alpha', u \leqslant \alpha(\alpha_k, \alpha') \\ \alpha_k, u > \alpha(\alpha_k, \alpha') \end{cases}$$

（4）令 $k = k+1$，返回第（1）步。

于是得到一条 Markov 链，当 Markov 链达到均衡状态后的任一个样本就可作为 $\alpha^{(i+1)}$。

第 3 步：用 Metropolis 算法从 $\pi(\mu \mid x_1, x_2, \cdots, x_n, \lambda^{(i+1)}, \alpha^{(i+1)})$ **抽取样本** $\mu^{(i+1)}$。

选取 μ 的建议分布 $q(\mu')$ 为 $N(\mu_k, \sigma_\mu)$，其中 μ_k 为当前状态，σ_μ 为标准差。

（1）从建议分布 $N(\mu_k, \sigma_\mu)$ 抽取一个样本 μ'，当 $\mu' <= 0$ 或者 $\mu' >= x_1$ 时，重新抽样。

（2）计算接受概率

$$\alpha(\mu_k, \mu') = \min\left\{1, \frac{\pi(\mu' \mid x_1, x_2, \cdots, x_n, \lambda^{(i+1)}, \alpha^{(i+1)})}{\pi(\mu_k \mid x_1, x_2, \cdots, x_n, \lambda^{(i+1)}, \alpha^{(i+1)})}\right\}$$

$$= \min\left\{1, \left[\frac{\prod\limits_{i=1}^{n}(x_i - \mu')}{\prod\limits_{i=1}^{n}(x_i - \mu_k)}\right]^{\alpha^{(i+1)} - 1} \exp\left\{-\lambda^{(i+1)}\left[\sum_{i=1}^{n}(x_i - \mu')^{\alpha^{(i+1)}} - \sum_{i=1}^{n}(x_i - \mu_k)^{\alpha^{(i+1)}}\right]\right\}\right\}$$

（3）从均匀分布 $U(0,1)$ 产生一个随机数 u，根据下式抽取

$$\mu_{k+1} = \begin{cases} \mu', u \leqslant \alpha(\mu_k, \mu') \\ \mu_k, u > \alpha(\mu_k, \mu') \end{cases}$$

（4）令 $k=k+1$，返回第（1）步。

当 Markov 链达到均衡状态后的任一个样本就可作为 $\mu^{(i+1)}$。

如此形成了一次迭代 $\lambda^{(i)}, \alpha^{(i)}, \mu^{(i)} \to \lambda^{(i+1)}, \alpha^{(i+1)}, \mu^{(i+1)}$，令 $i=i+1$，重复 Gibbs 抽样（1）~（3）步，当 Gibbs 抽样遍历均值趋于稳定后，再继续迭代若干次，为了得到近似独立的样本，采用间隔取样法，这样就可以得到 λ, α, μ 的参数估计。

在定数截尾情形下，只需做相应的改变：

第 1 步：改为从 $Ga\left(r, \sum_{i=1}^{r}(x_i-\mu^{(i)})^{\alpha^{(i)}}+(n-r)(x_r-\mu^{(i)})^{\alpha^{(i)}}\right)$ 随机抽取一个样本作为 $\lambda^{(i+1)}$。

第 2 步：接受概率改为

$$\alpha(\alpha_k,\alpha') = \min\left\{1, \left(\frac{\alpha'}{\alpha_k}\right)^{r-2}\left\{\prod_{i=1}^{r}(x_i-\mu^{(i)})\right\}^{\alpha'-\alpha_k}\right.$$

$$\left.\exp\left\{-\lambda^{(i+1)}\left[\sum_{i=1}^{r}(x_i-\mu^{(i)})^{\alpha'}+(n-r)(x_r-\mu^{(i)})^{\alpha'}-\sum_{i=1}^{r}(x_i-\mu^{(i)})^{\alpha_k}-(n-r)(x_r-\mu^{(i)})^{\alpha_k}\right]\right\}\right\}$$

第 3 步：接受概率改为

$$\alpha(\mu_k,\mu') = \min\left\{1, \left[\frac{\prod_{i=1}^{r}(x_i-\mu')}{\prod_{i=1}^{r}(x_i-\mu_k)}\right]^{\alpha^{(i+1)}-1}\right.$$

$$\left.\exp\left\{-\lambda^{(i+1)}\left[\sum_{i=1}^{r}(x_i-\mu')^{\alpha^{(i+1)}}+(n-r)(x_r-\mu')^{\alpha^{(i+1)}}-\sum_{i=1}^{r}(x_i-\mu_k)^{\alpha^{(i+1)}}-(n-r)(x_r-\mu_k)^{\alpha^{(i+1)}}\right]\right\}\right\}$$

12.4.3　Monte-Carlo 模拟

下面用三个例子说明混合 Gibbs 算法的可行性、有效性及稳定性，利用 Matlab 软件进行模拟。

例 12.4.1　假设某产品的寿命 X 服从三参数 $(\alpha,\lambda,\mu)=(1,1.5,2)$ 的威布尔分布，启动 Matlab 后，产生 200 个威布尔分布随机数，选取初值 $(\alpha,\mu)=(0.5,1)$，在完全样本和 20%定数截尾样本情形下，进行 Monte-Carlo 模拟，求得参数的 Bayes 估计及可信区间，并给出混合 Gibbs 抽样过程中相应参数的轨迹图、直方图及自相关系数图，见图 12.6 和图 12.7。

（1）完全样本情形。

在平方损失函数下，参数 α,λ,μ 的 Bayes 估计为

$$(\hat{\alpha},\hat{\lambda},\hat{\mu})=(1.017\,6,\ 1.518\,4,\ 1.999\,5)$$

参数 α,λ,μ 的 95%可信区间分别为

$$[0.895\,7,\ 1.050\,2],\quad [1.288\,5,\ 1.576\,6],\quad [1.988\,0,\ 2.002\,1]$$

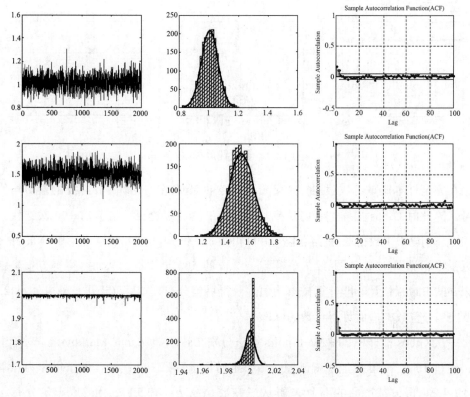

图 12.6　完全样本

（2）20%定数截尾样本情形。

在平方损失函数下，参数 α, λ, μ 的 Bayes 估计为

$$(\hat{\alpha}, \hat{\lambda}, \hat{\mu}) = (0.993\,0,\ 1.493\,2,\ 1.999\,8)$$

参数 α, λ, μ 的 95%可信区间分别为：

$$[0.840\,2,\ 1.036\,9]，\quad [1.237\,3,\ 1.572\,9]，\quad [1.987\,6,\ 2.002\,2]$$

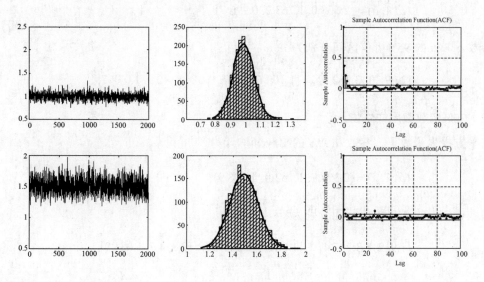

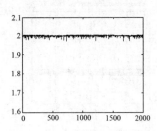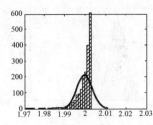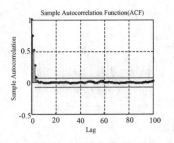

图 12.7　定数截尾样本

无论在完全样本还是定数截尾样本情形下，经过 20 次左右迭代，α, λ, μ 的遍历均值趋于稳定，可认为此时 Gibbs 抽样过程已达到均衡状态，为稳妥起见，去除前 100 次迭代，再迭代 2000 次，每隔 4 个数据取一个样本（由自相关系数图知，在 Lag=4 左右样本的自相关系数已接近于零，见图 12.6 和图 12.7），得到 α, λ, μ 的 500 个样本，从而可得平方损失函数下参数 α, λ, μ 的 Bayes 估计，即计算样本均值。获得后验分布样本后，还可计算样本的 2.5%分位数及 97.5%分位数，进而可得参数的 95%可信区间。

在每一次 Gibbs 抽样中，用 Metropolis 算法分别构造参数 α, μ 的 Markov 链，对于上述两种情形，经过 10 次至 30 次迭代就已经收敛，不妨都选取第 100 次迭代的结果作为样本。

例 12.4.2　假设某产品的寿命 X 服从三参数 $(\alpha, \lambda, \mu) = (2.5, 1.75, 1)$ 的威布尔分布，启动 Matlab 后，产生 200 个威布尔分布随机数，选取初值 $(\alpha, \mu) = (0.9, 0.1)$，在完全样本和 20%定数截尾样本情形下，进行 Monte-Carlo 模拟，求得参数的 Bayes 估计及可信区间，并给出混合 Gibbs 抽样过程中相应参数的轨迹图、直方图及自相关系数图，见图 12.8 和图 12.9。

（1）完全样本情形。

在平方损失函数下，参数 α, λ, μ 的 Bayes 估计为

$$(\hat{\alpha}, \hat{\lambda}, \hat{\mu}) = (2.538\ 0,\ 1.763\ 2,\ 0.996\ 7)$$

参数 α, λ, μ 的 95%可信区间分别为

$$[2.095\ 0,\ 3.362\ 9],\quad [1.109\ 6,\ 2.214\ 1],\quad [0.842\ 9,\ 1.077\ 7]$$

（2）20%定数截尾样本情形。

在平方损失函数下，参数 α, λ, μ 的 Bayes 估计为

$$(\hat{\alpha}, \hat{\lambda}, \hat{\mu}) = (2.398\ 7,\ 1.762\ 8,\ 1.008\ 9)$$

参数 α, λ, μ 的 95%可信区间分别为

$$[1.912\ 4,\ 3.207\ 4],\quad [1.089\ 5,\ 2.231\ 6],\quad [0.834\ 7,\ 1.081\ 2]$$

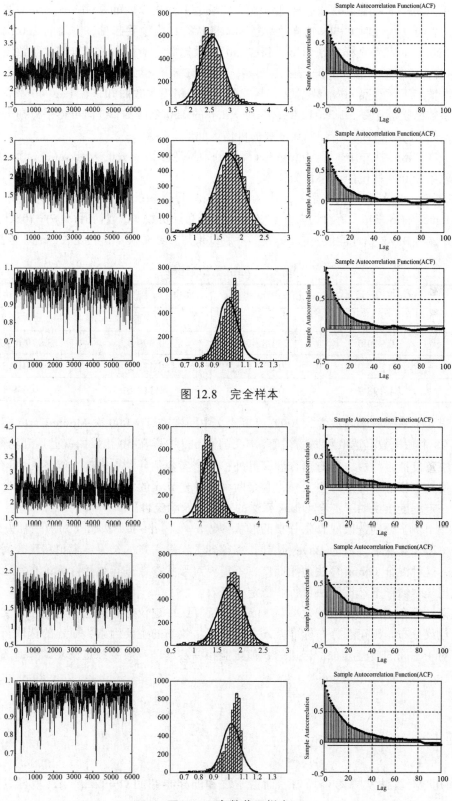

图 12.8 完全样本

图 12.9 定数截尾样本

无论在完全样本还是定数截尾样本情形下，经过 100 次以内的迭代，α, λ, μ 的遍历均值已趋于稳定，可认为此时 Gibbs 抽样过程达到均衡状态，为稳妥起见，去除前 200 次迭代，再迭代 6 000 次。在完全样本情形下，每隔 30 个数据取一个样本（由自相关系数图知，在 Lag=30 左右，样本的自相关系数已接近于零，见图 12.8），得到 α, λ, μ 的 200 个样本；在定数截尾样本情形下，每隔 40 个数据取一个样本（由自相关系数图知，在 Lag=40 左右，样本的自相关系数已接近于零，见图 12.9），得到 α, λ, μ 的 150 个样本，进而可得平方损失函数下参数 α, λ, μ 的 Bayes 估计，还可得到参数的可信区间。

在每一次 Gibbs 抽样中，用 Metropolis 算法分别构造参数 α, μ 的 Markov 链，无论哪种情形，都选取第 200 次迭代的结果作为样本。

例 12.4.3 假设某产品的寿命 X 服从三参数 $(\alpha, \lambda, \mu) = (0.5, 1.25, 1)$ 的威布尔分布，进行 1 000 次 Monte-Carlo 模拟，每次均产生 28 个威布尔分布随机数，选取初值 $(\alpha, \mu) = (0.9, 0.1)$，考查参数 α, λ, μ 的 Bayes 估计均值、均方误差，并将结果与参考文献[2]进行比较，结果见表 12.1。

表 12.1　两种算法的比较

未知参数	Gibbs 抽样与 Metropolis 算法混合		Gibbs 抽样与自适应舍选抽样等方法混合	
	均值	均方误差	均值	均方误差
μ	0.999 0	1.753 8e-005	0.999 9	3.979 6e-004
α	0.519 0	0.007 4	0.416 2	0.010 3
λ	1.298 7	0.077 6	1.114 5	0.049 1

与汤银才（系统科学与数学，2009，1）论文中同样进行 1 000 次 Monte-Carlo 模拟，每次均产生 28 个随机数且选取相同的初值，本文的 Gibbs 抽样在 50 步以内就已达到均衡状态，收敛速度快，模拟时间短，具有可行性，另外，三个参数估计精度较高，除了 $\hat{\lambda}$ 的均方误差比汤银才论文中相应估计量的略大外，其余两个估计量 $\hat{\mu}, \hat{\alpha}$ 的均方误差都比汤银才论文中的小，这在一定程度上说明了混合 Gibbs 算法的有效性及稳定性。

上述三个例子分别选取威布尔分布的形状参数 $\alpha = 1$，$\alpha > 1$，$\alpha < 1$（对应三种失效率），利用混合 Gibbs 算法求参数的 Bayes 估计，都得到了比较满意的结果，模拟精度较高且速度快。可见，这种混合 Gibbs 算法适用面广，不需要对形状参数进行讨论。无论在完全样本还是定数截尾样本情形下，该算法可行、稳定、有效。

结束语：混合 Gibbs 算法的效率与 Metropolis 算法中建议分布的选择有关，本文选取正态分布为建议分布，则正态分布标准差 σ 是影响算法效率的主要因素，而 σ 的选取与后验分布有关，对于不同的后验分布，合适的 σ 值可能相差甚远，一般要经过反复试算，选取合适的 σ 值。

习题 12

1. 利用 M 算法从掷两个均匀六面骰子之和的样本空间 $\Omega = \{2, 3, \cdots, 12\}$ 取样，首先用 $\Omega = \{2, 3, \cdots, 12\}$ 上的均匀分布作为系统领域，其次运用转移矩阵

$$P = \begin{pmatrix} 0.5 & 0.5 & 0 & \cdots & 0 & 0 & 0 \\ 0.5 & 0 & 0.5 & \cdots & 0 & 0 & 0 \\ 0 & 0.5 & 0 & \cdots & 0 & 0 & 0 \\ \vdots & \vdots & \vdots & & \vdots & \vdots & \vdots \\ 0 & 0 & 0 & \cdots & 0 & 0.5 & 0 \\ 0 & 0 & 0 & \cdots & 0.5 & 0 & 0.5 \\ 0 & 0 & 0 & \cdots & 0 & 0.5 & 0.5 \end{pmatrix}$$

给出随机游走作为系统邻域。记录下计算时间，并画出直方图和相关图。

2. 继续考察上例的取样问题，探讨 MCMC 方案的收敛速度。首先，采用由上题转移矩阵所给出的随机游走的系统领域分布。设样本序列是 $X_1, \cdots, X_N$，计算样本均值 $\overline{X}$。运行 $N=100$ 的 100 个实例，画出样本均值的直方图，并计算样本方差。再次重复运行 $N=200$ 的 100 个实例，以及 $N=1\,000$ 的 100 个实例。这给出了样本均值估计随迭代次数增加怎样收敛的启发。现在除了最大邻域系统外，所有状态都选择等可能的。比较这两个不同邻域系统其收敛性（分布直方图和方差图）。

3. 本问题是研究在用来模拟参数 δ 的后验分布的 M-H 算法中提案分布的作用。在（1）中，要求模拟参数 δ 的已知数据。在（2）、（3）中，假设 δ 未知，其先验分布为 $U(0,1)$，并且对于（2）、（3）给出适用的图以及概括算法输出的一个表。为方便比较，我们对此算法适用相同的迭代次数、随机种子、起始值以及预烧周期。

（1）模拟混合分布 $\delta N(7, 0.5^2) + (1-\delta)N(10, 0.5^2)$ 的 200 个数据，其中 $\delta = 0.7$，画出这些数据的直方图。

（2）实现一条独立链 MCMC 过程来模拟 δ 的后验分布，并适用来自（1）中数据。

（3）实现一条随机游动链，其中 $\delta^* = \delta^{(t)} + \varepsilon$，$\varepsilon \sim U(-1,1)$。

（4）比较两种算法在估计和收敛方面的表现。

4. 运用 M 算法从密度函数 $f(x) = cx^2 e^{-x}$，$0 \leqslant x < \infty$ 取样，x 的邻域取为区间 $[x-\delta, x+\delta]$，存在 $\delta > 0$（对于 $x-0$ 的邻域不予考虑），从任一点开始检验分布、相关性及特征量（同样考虑从不同点的模拟分布的比较结果）。

附录　随机数生成的高级方法

用随机模拟方法解决实际问题时，首先要解决的是随机数的产生方法。然而，这项听起来简单的任务在计算机上并非很容易实现。本附录给出了随机数生成高级方法供读者参考。

1. 利用合成抽样法生成随机数

本节探讨了利用合成抽样法生成随机数的理论基础及其优缺点，合成抽样法将生成的一个复杂随机数分解为生成若干个简单随机数，然后再进行合成即可。这显著降低了难度，操作性强，并容易结合软件进行实例分析。

（1）合成抽样法。

合成抽样法是由 Butler 于 1956 提出的，基本思想是，如果随机变量 X 的密度函数 $f(x)$ 难于直接抽样，而 X 关于 Y 的条件密度 $f(x|y)$ 及 Y 的密度函数 $g(y)$ 均易于抽样，则 X 随机数可按如下算法产生：

① 由 Y 的密度函数 $g(y)$ 抽取 y；

② 由条件密度 $f(x|y)$ 抽取 x，则 $x \sim X$。

合成抽样法可解决一些复杂分布随机数的生成问题。

例 1.1　假设随机变量 X 的密度函数为 $f_X(x) = n\int_1^\infty y^{-n} e^{-xy} dy$，显然，此分布随机数很难用逆变换法生成，但利用合成法很容易生成。

记 $g(y) = ny^{-(n+1)}, 1 < y < \infty$，$f(x|y) = ye^{-xy}$，则有 $f_X(x) = \int_1^\infty f(x|y)g(y)dy$。
随机变量 Y 的分布函数为

$$u = F_Y(y) = \int_1^y g(x)dx = -y^{-n} + 1，\quad y = F_Y^{-1}(u) = (1-u)^{-\frac{1}{n}}$$

随机变量 $X|Y=y$ 的分布函数为

$$v = F(x|y) = \int_0^x ye^{-zy}dz = 1 - e^{-xy}，\quad x = -\frac{1}{y}\ln(1-v)$$

由于 $u \sim U(0,1)$，则 $1-u \sim U(0,1)$，故根据合成法思想，具体算法步骤如下：

① 生成均匀随机数 u_1, u_2；

② 计算 $y = u_1^{-1/n}$，则 $x = -y^{-1}\ln u_2 \sim X$。

R 程序如下：

```
N=1000;n=2;X=0;
for(i in 1:N){
```

```
U=runif(2,0,1);y=U[1]^(-1/n);X[i]=-y^(-1)*log(U[2]);
}
hist(X)
```

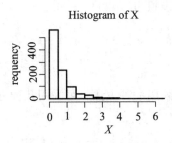

图 1　1 000 个 $f(x)=2\int_1^\infty y^{-2}\mathrm{e}^{-xy}\mathrm{d}y$ 随机数直方图

（2）复合抽样法。

复合抽样法是 Marsaglia 于 1961 年提出的，基本思想为

第一步：将欲抽取的分布函数 $F(x)$ 分解成容易生成的分布函数加权和[6]，即

$$F(x)=\sum_j p_j F_j(x)\text{，其中 } p_j\geqslant 0\text{，}\sum_j p_j=1\text{，}$$

且 $F(x)$ 随机数不容易生成，而 $F_j(x)$ 随机数容易生成。当 X 为连续型随机变量时，密度函数 $f(x)=\sum_j p_j f_j(x)$。

第二步：复合 $F_j(x)$ 随机数，生成 $F(x)$ 随机数。

具体算法步骤如下：

① 生成一个正的随机整数 J，使得 $P(J=j)=p_j, j=1,2,\cdots$；

② 生成 $F_J(x)$ 随机数 X，即为 $F(x)$ 随机数；

我们可以证明：由步骤（1）（2）得到的随机数 $X\sim F(x)$。

$$P(X\leqslant x)=P\left(X\leqslant x\bigcap\sum_j(J=j)\right)=\sum_j P(X\leqslant x\mid J=j)P(J=j)=\sum_j p_j F_j(x)=F(x)$$

事实上，令 Y 为离散随机变量，分布列为

$$P(J=j)=p_j, j=1,2,\cdots$$

$X\mid Y=y$ 的分布函数为 $F_y(x)$，则合成抽样法就是复合抽样法。可见复合抽样法是合成抽样法的特例。由于一些简单密度函数的随机数是生成任意密度函数随机数的基础，比如梯形密度函数、曲边梯形密度函数、几何分布等，所以要尽量将复杂密度函数分解成上述简单密度函数的混合。比如，如果随机变量 X 的密度函数为 $f(x)=\dfrac{1+2x}{6}, 0<x<2$，则其分布函数为

$F(x)=\dfrac{x+x^2}{6}, 0<x<2$。

若采用逆函数法，需要求解二次方程，较为麻烦，但可以考虑合成法。令

$$f_1(x) = \frac{1}{2}, \quad f_2(x) = \frac{x}{2}, \quad x \in (0,2), \quad p_1 = \frac{1}{3}, p_2 = \frac{2}{3}$$

结合逆函数法，可给出具体抽样步骤为

① 独立生成 $u_1, u_2 \sim U(0,1)$；

② 计算 $X = \begin{cases} 2u_2, & u_1 < 1/3 \\ 2\sqrt{u_2}, & u_1 \geqslant 1/3 \end{cases}$

在生成随机数时，并不一定采用一种方法，可采用几种方法复合，因为目的是方便地实现目标。

如果 $0 = t_0 < t_1 < \cdots < t_n = 1$，$t_i - t_{i-1} = p_i, i \leqslant n$，$F(x) = \sum\limits_{i=1}^{n} p_i F_i(x)$，其中 $F_i(x)$ 为分布函数，u

为随机数，$Z \triangleq F_i^{-1}\left(\dfrac{U - t_{i-1}}{p_i}\right)$，若 $t_{i-1} < U \leqslant t_i$，则

$$P(Z \leqslant x) = P\left(\sum_{i=1}^{n} F_i^{-1}\left(\frac{U - t_{i-1}}{p_i}\right) I_{(t_{i-1}, t_i]}(U) \leqslant x\right)$$

$$= \sum_{i=1}^{n} P\left(F_i^{-1}\left(\frac{U - t_{i-1}}{p_i}\right) I_{(t_{i-1}, t_i]}(U) \leqslant x, U \in (t_{i-1}, t_i])\right)$$

$$= \sum_{i=1}^{n} P(t_{i-1} < U \leqslant t_{i-1} + p_i F_i(x))) = \sum_{i=1}^{n} p_i F_i(x)$$

所以 $z = F_i^{-1}\left(\dfrac{u - t_{i-1}}{p_i}\right)$，若 $t_{i-1} < u \leqslant t_i$ 是 F 随机数。

例 1.2 用合成法生成梯形分布随机数，密度函数

$$f(x) = \begin{cases} a + 2(1-a)x, & x \in [0,1] \\ 0, & \text{其他} \end{cases}$$

其中 $0 < a < 1$。

设 $f_1(x) = \begin{cases} 1, & x \in [0,1] \\ 0, & \text{其他} \end{cases}$，$f_2(x) = \begin{cases} 2x, & x \in [0,1] \\ 0, & \text{其他} \end{cases}$，显然 $f_1(x)$ 为均匀分布 $U[0,1]$ 的密度函数，$f_2(x)$ 为三角形分布的密度函数，则复合抽样公式为

$$f(x) = af_1(x) + (1-a)f_2(x)$$

其中三角形分布随机数可利用变换抽样法产生，若 $u, v \sim U(0,1)$ 且独立，则

$$\max(u, v) \sim f_2(x)$$

R 程序如下（产生 100 个随机数）：

```
n=100;a=0.3;X=0;x=0;
for(i in 1:n){
```

```
r=runif(1,0,1);
if(r<0.3) x=runif(1,0,1)
else{u=runif(1,0,1); v=runif(1,0,1); x=max(u,v);}
X[i]=x;
}
X
```

例 1.3 （混合正态分布抽样）若随机变量 X 的密度函数

$$f(x) = af_1(x) + (1-a)f_2(x)$$

其中 $0 < a < 1$ 为常数， $f_j(x) \sim N(\mu_j, \sigma_j^2), j = 1,2$。

① 产生独立的均匀随机数 u, v, w；

② 若 $u \leqslant a$ ，取 $x = \mu_1 + \sigma_1 \sqrt{-2\ln v} \cos(2\pi w)$ ，否则取 $x = \mu_2 + \sigma_2 \sqrt{-2\ln v} \cos(2\pi w)$ ，则 $x \sim f(x)$。

B0x-MUller 算法间接、漂亮，但运用了三角函数，降低了生成速度。

例 1.4 （梯形分布抽样）若随机变量 X 的密度函数为直线 $y = f(x)$ ， $x \in [a,b]$ ，如图 2 所示。设下面矩形面积为 θ ，上面三角形的面积为 $1-\theta$ ，则矩形与三角形的高分别为 $\dfrac{\theta}{b-a}$ ， $\dfrac{2(1-\theta)}{b-a}$ 。

当 $f(a) < f(b)$ 时，则 $f(x) = \theta f_1(x) + (1-\theta) f_2(x)$ ；

当 $f(a) > f(b)$ 时，则 $f(x) = \theta f_1(x) + (1-\theta) f_3(x)$ ，

其中

$$f_1(x) = \frac{1}{b-a}, a \leqslant x \leqslant b , \quad f_2(x) = \frac{2(x-a)}{(b-a)^2}, a \leqslant x \leqslant b$$

$f_3(x) = \dfrac{2(b-x)}{(b-a)^2}, a \leqslant x \leqslant b$ 。显然 $f_1(x)$ 为 $[a,b]$ 上均匀分布， $f_2(x)$ 为 $[a,b]$ 上右三角形分布， $f_3(x)$ 为 $[a,b]$ 上左三角形分布。

如果 u_1, u_2 为独立的均匀随机数，则

$$\xi = a + (b-a) \max\{u_1, u_2\} \sim f_2(x) ,$$

$$\eta = a + (b-a) \min\{u_1, u_2\} \sim f_3(x)$$

不妨设 $\theta = 0.5$ ， $a = 5$ ， $b = 10$ ，且 $f(a) < f(b)$ ，则 $f(x) = 0.04x - 0.1$ ，R 程序如下：

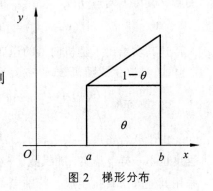

图 2　梯形分布

```
# cta=0.5,a=5,b=10,生成 n 个随机数
n=10000;cta=0.5;a=5;b=10;X=0;
for(i in 1:n){
    U=runif(3,0,1);x1=runif(1,a,b);
```

```
    if(U[1]<cta) X[i]=x1
    else {X[i]=a+(b-a)*max(U[2],U[3])}
}
X;hist(X)
```

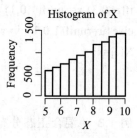

随机数直方图如图 3 所示。

一般采用合成抽样法至少需要两个均匀随机数，尽管如此，但有些分布采用合成法还是比其他方法效率高，这是因为产生 $F_j(x)$ 随机数速度快，可以弥补至少需要两个均匀随机数产生一个 $F(x)$ 随机数的缺点。

图 3　10 000 个 $f(x) = 0.04x - 0.1$ 随机数直方图

（3）**随机向量抽样**。

在利用蒙特卡罗计算中，有时候需要考虑随机向量的随机数生成问题。如果随机向量的各个分量相互独立，则它等价于对各个分量独立抽样，但如果各个分量不相互独立，则可利用合成法的思想，即**条件分布法**。

设 $X_1,\cdots,X_n$ 的联合密度函数为

$$f(x_1,\cdots,x_n) = f_1(x_1)f_2(x_2 \mid x_1)\cdots f_n(x_n \mid x_1,x_2,\cdots,x_{n-1})$$

其中 $f_1(x_1)$ 是边际分布 X_1 的密度函数，$f_i(x_i \mid x_1,\cdots,x_{i-1})$ 是给定 $X_1 = x_1$，$\cdots$，$X_{i-1} = x_{i-1}$ 条件下 X_i 的条件分布密度函数，$i = 2,3,\cdots,n$。这暗示了在计算机上所实现的模拟是序贯的：

① 生成 $x_1 \sim f_1(x_1)$；

② 在已知 x_1 的条件下生成 $x_2 \sim f_2(x_2 \mid x_1)$；

③ 一般地在已知 $x_1,\cdots,x_{i-1}$ 条件下生成 $x_i \sim f_i(x_i \mid x_1,\cdots,x_{i-1})$，$i = 2,\cdots,n$；

④ 令 $x = (x_1,\cdots,x_m)$，则 $x \sim X = (X_1,\cdots,X_n)$。

独立重复 m 次递推过程就可得到 m 个独立的随机样本 $x^{(i)}, i = 1,\cdots,m$。

引理 1.1　设 $U_1,\cdots,U_n$ i.i.d 于 $U(0,1)$，$X_1,\cdots,X_n$ 是方程

$$\begin{cases} F(X_1) = U_1 \\ F_i(X_i \mid X_1,\cdots,X_{i-1}) = U_i, i = 2,\cdots,n \end{cases}$$

的解，其中 F_i 对应 $f_i(x_i \mid x_1,\cdots,x_{i-1})$ 的分布函数，则 $X_1,\cdots,X_n$ 的分布为

$$f(x_1,\cdots,x_n) = f_1(x_1)f_2(x_2 \mid x_1)\cdots f_n(x_n \mid x_1,x_2,\cdots,x_{n-1})$$

这其实给出了随机向量的逆变换抽样方法，具体步骤如下：

① 独立生成随机数 $u_1,\cdots,u_n \sim U(0,1)$；

② 解方程 $\begin{cases} F(x_1) = u_1 \\ F_i(x_i \mid x_1,\cdots,x_{i-1}) = u_i, i = 2,\cdots,n \end{cases}$ 得 $x = (x_1,\cdots,x_n) \sim X = (X_1,\cdots,X_n)$。

由于联合密度函数的表示方法共有 $n!$ 种，从而得到的方程表达式也不一样，抽样的难以程度也不一样。其实，随机数 $x_i \sim f_i(x_i \mid x_1,\cdots,x_{i-1})$ 不一定需要利用逆变换抽样方法生成，也可采用其他方法直接生成，特别当条件分布已知时。读者也许会发现，有时将条件分布法与逆变换抽样法相结合会产生意想不到的效果。

本节小结：评价生成算法的三原则是，准、快、少，即准确、快速和所需均匀随机数个数少。合成抽样法生成的生成随机数满足目标分布，即"准"。在满足"准"的前提下，生成的速度越快越好，为了达到此目的，尽量采用简单运算，优先考虑加减，其次为乘除，少计算超越函数，如三角函数、指数和对数及其表达式。计算超越函数的概率是度量生成速度的一个间接指标，一般不应超过 10%，很多优良算法甚至达到 1%以下。生成一个非均匀随机数所需均匀随机数的个数 N 是一离散随机变量，只要计算出 $P(N=n), n=1,2,\cdots,n_m$，则

$$EN = \sum_{n=1}^{n_m} nP(N=n)$$

在一个算法中，这三个原则往往相互制约，一个变好的同时，其他的可能变坏，故在实际应用中，经常是各种抽样方法的综合使用，追求三原则协调统一。合成抽样法提供了生成复杂随机数的一种思路，即将生成一个复杂随机数分解为生成若干个简单随机数，然后再进行合成即可，这显著降低了难度，操作性强。

2. 利用舍选法生成随机数

本节研究了舍选法生成随机数的理论基础，并给出优函数的选择标准，特别讨论了压挤舍选抽样及自适应舍选抽样，并给出压挤函数及包络函数的选择标准，最后结合 R 软件运用舍选法生成随机数，并给出了程序。

（1）利用舍选法生成非均匀随机数。

对于数学性质不太好的分布可采用舍选法，它至少在理论上可从任意维数的给定概率分布抽样。舍选法不是对所产生的随机数都录用，而是建立一个检验条件，利用这一检验条件进行舍选得到所需的随机数。由于舍选法灵活、计算简单、使用方便而得到较为广泛的应用。

定理 2.1　设 $f(x), g(x)$ 为密度函数，$h(x)$ 为给定的函数，不一定是密度函数，如果按下法进行舍选抽样：

① 生成 $X \sim f(x)$，$Y \sim g(x)$，且 X,Y 相互独立；

② 若 $Y \le h(X)$，令 $Z = X$，则 Z 的密度函数为

$$p(z) = \frac{f(z)G(h(z))}{\int_{-\infty}^{+\infty} f(y)G(h(y))\mathrm{d}y}$$

其中 $G(y) = \int_{-\infty}^{y} g(x)\mathrm{d}x$。

证明：

$$P(Z \le z) = P(X \le z \mid Y \le h(x))$$

$$= \frac{P(X \le z, Y \le h(x))}{P(Y \le h(x))} = \frac{\int_{-\infty}^{z} \int_{-\infty}^{h(x)} f(x)g(y)\mathrm{d}y\mathrm{d}x}{\int_{-\infty}^{+\infty} \int_{-\infty}^{h(x)} f(x)g(y)\mathrm{d}y\mathrm{d}x} = \frac{\int_{-\infty}^{z} f(x)G(h(x))\,\mathrm{d}x}{\int_{-\infty}^{+\infty} f(x)G(h(x))\,\mathrm{d}x}$$

求导可得结论成立。

若 $(X,Y) \sim g(x,y)$ ，则此舍选法生成随机数的密度函数形式为 $C\int_{-\infty}^{h(z)} g(z,y)\mathrm{d}y$ ，其中 C 为实数。

推论 2.1 设 Z 的密度函数 $p(z) \leq M(z), \forall z \in \mathbf{R}$ ，令

$$C = \int_{-\infty}^{+\infty} M(x)\mathrm{d}x , \quad f(x) = \frac{M(x)}{C} , \quad h(x) = \frac{p(x)}{M(x)}$$

如果按下法进行舍选抽样：

① 生成 $X \sim f(x)$ ， $U \sim U[0,1]$ ，且 X,U 相互独立；

② 若 $U \leq h(X)$ ，令 $Z = X$ ，则 $Z \sim p(z)$ 。

产生一对随机数 (X,U) 称作一次试验，一次试验不能保证产生一个随机数 $Z \sim p(z)$ ，一次试验产生随机数 Z 的概率叫做舍选法的接受概率，记作 p_0 ，即 $p(z)$ 随机数 Z 在取舍原则中被选中的概率（舍选抽样法的效率），经取舍原则首次接受时已取舍的次数记为 N ，则

$$p_0 = P(U \leq p(X)/M(X)) = \int_a^b \frac{p(x)}{M(x)} f(x)\mathrm{d}x = \frac{1}{C} , N \sim Ge(p_0) , EN = C$$

可见 C 越小，取舍的效率越高。 $M(z)$ 叫做函数 $p(z)$ 的优函数，不附加任何条件的优函数容易找到，好的优函数应该可快速产生 $X \sim M(x)/C$ 和高的接受概率，但两者往往相互制约，实用的优函数是两者的合理妥协，因此舍选法的关键是找出满足下述条件的优函数：

① $M(x)$ 应从密度函数 $p(x)$ 的曲线上方尽量接近 $p(x)$ ；

② 容易生成 $X \sim M(x)/C$ 。常数优函数产生 $X \sim M(x)/C$ 最快、最简单，但往往接受概率太低。

若 X 的取值在 $[a,b]$ 上，且密度函数 $p(x)$ 满足 $\sup\limits_{x \in [a,b]} p(x) = f_0 < \infty$ ，取

$$M(x) = \begin{cases} f_0, & a \leq x \leq b \\ 0, & \text{其他} \end{cases} , \quad X \sim U[a,b], \quad U \sim U[0,1]$$

且 X,U 相互独立，若 $U \leq p(X)/f_0$ 时，令 $Z = X$ ，则 $Z \sim p(z)$ 。

可见，当随机变量 Z 的密度函数 $p(x)$ 在定义域 $[a,b]$ 上有界时，可采用此法生成随机数 $Z \sim p(x)$ 。显然，

$$p_0 = \frac{1}{f_0(b-a)} , EN = f_0(b-a)$$

可见 f_0 越小，取舍的效率越高。

综上所述，舍选抽样法的基本思想是，按照给定的密度函数 $p(x)$ ，对易生成的随机数列 $\{r_i\}$ 进行舍选。舍选的原则是，在 $p(x)$ 大的地方，保留较多随机数 r_i ，在 $p(x)$ 小的地方，保留较少随机数 r_i ，使得到的子样本中 r_i 的分布满足密度函数 $p(x)$ 的要求。

已知 $g(x)$ 在 $(s,s+h)$ 上取值，且近似线性，即

$$a - \frac{b(x-s)}{h} \leq g(x) \leq b - \frac{b(x-s)}{h}$$

则产生 $g(x)$ 随机数算法如下：

① 独立产生 $U_1, U_2 \sim U(0,1)$ ，令 $U = \min(U_1, U_2)$ ，$V = \max(U_1, U_2)$ ；

② 如果 $V \leqslant a/b$ ，转（4）；

③ 如果 $V \leqslant U + \dfrac{1}{b} g(s + hU)$ ，转（1）；

④ 令 $X = s + hU$ ，则 $X \sim g(x)$ 。

推论 2.1′ 如果随机变量 $U \sim U[0,1]$ ，且与密度函数为 $g(x)$ 的 Y 独立，则

$$P\left(Y \leqslant x \mid \frac{p(Y)}{Cg(Y)} \geqslant U\right) = \int_{-\infty}^{x} p(v) \mathrm{d}v$$

显然推论 2.1 与推论 2.1′等价。令 $g(x) = \dfrac{M(x)}{C}$ ，则

$$P\left(Y \leqslant x \mid \frac{p(Y)}{Cg(Y)} \geqslant U\right) = P\left(Y \leqslant x \mid \frac{p(Y)}{M(Y)} \geqslant U\right) = P(Y \leqslant x \mid U \leqslant h(Y))$$

$$p_0 = 1/C , \quad EN = C$$

取舍原则是：一个 Y 随机数 y 被接受当且仅当对于 U 随机数 u 有

$$p(y) \geqslant Cg(y)u$$

利用逆函数法生成随机数往往需要很大的计算量，为此可利用一个简捷的取舍原则：

① 独立生成随机数 $v_1, \cdots, v_n \sim g(x)$ 与随机数 $u_1, \cdots, u_n \sim U(0,1)$ ，其中 $g(x)$ 随机数容易生成，$g(x)$ 与 $p(x)$ 取值差不多且 $\exists C$ 使得 $p(x) \leqslant Cg(x)$ ；

② 对 $i = 1, 2, \cdots$ ，如果有 $\dfrac{p(v_i)}{Cg(v_i)} \geqslant u_i$ ，就保留 v_i ，否则舍弃，则由推论 1′ 可知保留下来的 v_i 就成为一系列独立的 $p(x)$ 随机数。

设 $A \subset \Omega$ ，Ω 上的均匀分布 $U(\Omega)$ 容易生成，在 A 上均匀分布随机向量的舍选算法如下：

① 生成 $(U, V) \in U(\Omega)$ ；

② 若 $(U, V) \in A$ ，则令 $(X, Y) = (U, V) \sim U(A)$ ；

$P((U, V) \in A) = \dfrac{\mu(A)}{\mu(\Omega)}$ 称为接受概率，该值越大，接受效率越高。

推论 2.2 设随机变量 Z 的密度函数 $p(z) = Lh(z)f(z)$ ，其中

$$L = \left(\int_{-\infty}^{+\infty} f(x)h(x)\mathrm{d}x\right)^{-1} > 1 , \quad 0 \leqslant h(z) \leqslant 1$$

$f(z)$ 是随机变量 X 的密度函数，如果按下法进行舍选抽样：

① 生成 $X \sim f(x)$ ，$U \sim U[0,1]$ ，且 X, U 相互独立；

② 若 $U \leqslant h(X)$ ，令 $Z = X$ ，则 $Z \sim p(z)$ 。

推论 2.3 设随机变量 Z 的密度函数 $p(z) = L\int_{-\infty}^{h(z)} g(z, y)\mathrm{d}y$ ，其中 $g(z, y)$ 为随机向量 (X, Y) 的联合密度函数，$h(z)$ 在 Y 的定义域上取值，L 为规格化常量，如果按下法进行舍选抽样：

① 生成 $(X, Y) \sim g(x, y)$ ；

② 若 $Y \leqslant h(X)$ ，令 $Z = X$ ，则 $Z \sim p(z)$ 。

证明：由于

$$P(Z \leqslant z) = \frac{\int_{-\infty}^{z} \int_{-\infty}^{h(x)} g(x,y)\mathrm{d}y\mathrm{d}x}{\int_{-\infty}^{+\infty} \int_{-\infty}^{h(x)} g(x,y)\mathrm{d}y\mathrm{d}x} = \int_{-\infty}^{z} \left[L\int_{-\infty}^{h(x)} g(x,y)\mathrm{d}y \right]\mathrm{d}x$$

所以

$$p(z) = L\int_{-\infty}^{h(z)} g(z,y)\mathrm{d}y , \quad L = (\int_{-\infty}^{+\infty} \int_{-\infty}^{h(x)} g(x,y)\mathrm{d}y\mathrm{d}x)^{-1}$$

注：设 $X,Y \sim U(0,1)$ 相互独立，即 $g(x,y) = f(x)\varphi(y)$，则 $p(z) = Lh(z)f(z)$，此时正是推论 2.2；若 $Y \sim U(0,1)$，$X \sim f(x) = M(x)/L$，其中 $M(x)$ 是 $p(x)$ 的上界函数，则 $p(x) = M(x)h(x)$，此时正是推论 2.1。可见推论 2.1、2.2 是推论 2.3 的特例。

（2）压挤舍选抽样。

一般的舍选抽样需要对每个备选抽样 Z 有一个 $p(x)$ 值，在 $p(x)$ 求值昂贵但舍选法却吸引人的时候，压挤舍选抽样可以提高模拟速度。若非负函数 $s(x)$ 在 $p(x)$ 的支撑上处处不超过 $p(x)$，则可选 $s(x)$ 作为压挤函数，像一般舍选法，也要用到包络 $M(x) \geqslant g(x)$，由推论 2.1 知算法如下：

① 生成 $X \sim f(x)$，$U \sim U[0,1]$，且 X, U 相互独立；

② 若 $U \leqslant \dfrac{s(X)}{M(X)}$，令 $Z = X$，则 $Z \sim p(z)$，然后转到⑤；

③ 否则，确定是否有 $U \leqslant h(X)$，如果不等式成立，令 $Z = X$，则 $Z \sim p(z)$，然后转到④；

④ 如果 X 仍未保留，拒绝其成为目标随机样本之一；

⑤ 返回①，直到达到所需的样本量。

可见，压挤舍选抽样的总接受概率仍为 $1/C$，步骤②基于 $s(x)$ 而非 $p(x)$ 决定时候保留 X，算法②，③对应图 4。当 $s(x)$ 紧紧靠在 $p(x)$ 的下方时，且 $s(x)$ 容易计算，则可大大减少计算量，避免计算 $p(x)$ 的比例为 $\int s(x)\mathrm{d}x / \int M(x)\mathrm{d}x$。

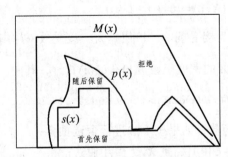

图 4 压挤拒绝抽样图示

（3）自适应舍选抽样。

舍选抽样中的关键是构造合适的包络，Gilks 和 Wild 提出了一种针对支撑连通区域上连续、可导、对数凹密度的自动包络生成方法，也成为自适应舍选抽样。

令 $l(x) = \log p(x)$，假设在某实区间上 $p(x) > 0$，可能取值无穷，$p(x)$ 是凹的，满足支撑

区域内任意三点 $a<b<c$ 有 $l(a)-2l(b)+l(c)<0$。$l'(x)$ 存在且随 x 的增大单调递减，但可能有间断点。在点 $x_1<x_2<\cdots<x_k$ 处计算 $l(x),l'(x)$，如果 $p(x)$ 的支撑延伸到 $-\infty$，选择 x_1 s.t $l'(x_1)>0$，如果 $p(x)$ 的支撑延伸到 ∞，选择 x_k s.t $l'(x_k)<0$。令 $T_k=\{x_1,\cdots,x_k\}$，T_k 上拒绝包络为 l 在 T_k 内各点处切线组成的分段线性上覆盖指数。$l(x)$ 在 x_i 的切线公式由点斜式可得 $l(x_i)+(x-x_i)l'(x_i)$，在 x_{i+1} 处得切线为 $l(x_{i+1})+(x-x_{i+1})l'(x_{i+1})$，两切线在点

$$z_i=\frac{l(x_{i+1})-l(x_i)-x_{i+1}l'(x_{i+1})+x_il'(x_i)}{l'(x_{i+1})-l'(x_i)}$$

处相交，因此 l 的上覆盖为 $m_k^*=l(x_i)+(x-x_i)l'(x_i),x\in[z_{i-1},z_i]$，且 $i=1,\cdots,k$，z_0,z_k 分别为 $p(x)$ 支撑区域的下界和上界，可能取无穷大。综上所述，拒绝包络

$$M_k(x)=\exp\{m_k^*(x)\}$$

T_k 上压挤函数为 l 在 T_k 内各相邻点的弦组成的分段线性下覆盖指数。$l(x)$ 的下覆盖由

$$s_k^*(x)=\frac{(x_{i+1}-x_i)l(x_i)+(x-x_i)l(x_{i+1})}{x_{i+1}-x_i},x\in[x_i,x_{i+1}]，i=1,\cdots,k$$

给出。当 $x<x_1$ 或 $x>x_k$ 时，令 $s_k^*(x)=-\infty$。这样压挤函数为 $s_k(x)=\exp\{s_k^*(x)\}$。

当 $k=3$ 时，$l(x)$ 分段线性内外覆盖见图 5。

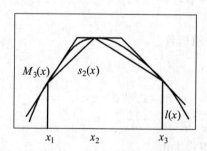

图 5　当 $k=3$ 时，$l(x)$ 分段线性内外覆盖

由图 5 可知，拒绝包络与压挤函数都是分段指数函数，包络具有在 $p(x)$ 尾部之上的指数尾部，压挤函数具有有界支撑。

自适应舍选抽样通过选择一个适合的 k 和相应的网格 T_k 来初始化。第一次迭代像压挤舍选抽样一样进行，分别用 $M_k(x),s_k(x)$ 作为包络及压挤函数。当一个备选抽样被接受时，如果满足压挤条件，就不用计算 $l(x),l'(x)$ 即可直接接受。不过，它也可能在第二阶段被接受，这是需要计算备选抽样出的 $l(x),l'(x)$，同时接受点加到 T_k 中，得到 T_{k+1}，并计算函数 $M_k(x),s_k(x)$。迭代继续。如果一个新的接受点与 T_k 中的点重合，则不必更新 T_k 与 $M_k(x),s_k(x)$。

若对点集 T_k，定义 $L_i(x)$ 为连接 $(x_i,l(x_i))$ 和 $(x_{i+1},l(x_{i+1}))$ 的直线函数，其中 $i=1,\cdots,k-1$，则包络函数

$$m_k^*(x)=\begin{cases}\min\{L_{i-1}(x),L_{i+1}(x)\},x\in[x_i,x_{i+1}]\\L_1(x),x<x_1\\L_{k-1}(x),x>x_k\end{cases}$$

并约定 $L_0(x)=L_k(x)=\infty$ ，则 $m_k^*(x)$ 是 $l(x)$ 的上覆盖， $M_k(x)=\exp\{m_k^*(x)\}$ 为 $p(x)$ 的包络函数。这样生成包络函数可以避免计算 $l'(x)$ 。我们希望在 $p(x)$ 取最大值的附近网格点最密集，幸运的是，这将自动发生。因为这样的点在迭代中最可能保留，从而被更新到 T_k 中。当 $k=5$ 且无导数时， $l(x)$ 分段线性外覆盖见图 6。

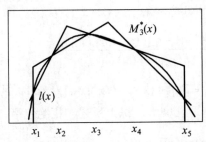

图 6　当 $k=5$ 且无导数时， $l(x)$ 分段线性外覆盖

总之，不加约束的包络函数 $M(x)$ 很容易选择，比如常数包络函数，但接受效率太低，因此它选择标准是：

① 容易生成 $M(x)/C$ 随机数，且易计算 $M(x)$ ，从而提高运算速度。

② $M(x)$ 应从上方尽可能接近 $p(x)$ ，从而提高接受效率。有时候密度函数 $p(x)$ 计算复杂，为较少它的计算次数，我们可引进压挤函数 $s(x)$ 来提高计算速度，它的选择原则是： $s(x)$ 应从下方尽可能接近 $p(x)$ ，且容易计算。

（4）**实例分析**。

例 2.1　生成 Beta(a,b) 的随机数。

解　由于密度函数

$$p(x)=\frac{1}{B(a,b)}x^{a-1}(1-x)^{b-1},0<x<1$$

求导可得在 $x=\dfrac{a-1}{a+b-2}$ 处取得最大值

$$D=\frac{1}{B(a,b)}\left(\frac{a-1}{a+b-2}\right)^{a-1}\left(1-\frac{a-1}{a+b-2}\right)^{b-1}$$

故舍选算法如下：

① 生成 $X\sim U[0,1]$ ， $U\sim U[0,1]$ ，且 X,U 相互独立；

② 若 $U\leqslant p(X)/D$ ，令 $Z=X$ ，则 $Z\sim p(z)$ 。

若 $(a-1)/(a+b-2)<0$ ，最大点在 0 或 1 达到，相应改变 D ，上面方法同样可行；当无最大点时，如 $a=1,b<1$ 或者 $a<1,b=1$ ，则按幂分布产生随机数。

若 $a=4,b=5$ ，R 程序如下：

```
a=4;b=5;z=0;
d=1/beta(a,b)*((a-1)/(a+b-2))^(a-1)*((b-1)/(a+b-2))^(b-1);
set.seed(0)     #随机数种子为 0
```

```
for(i in 1:100){
    u=runif(1,0,1);x=runif(1,0,1);
    while(u>=1/d*x^(a-1)*(1-x)^(b-1)){
        u=runif(1,0,1); x=runif(1,0,1);
    }
    z[i]=x;
}
z
```

例 2.2 生成 $\Gamma(\alpha,1)$ 随机数。

解 由于密度函数

$$p(x) = \frac{1}{\Gamma(\alpha)} x^{\alpha-1} e^{-x}, \alpha > 0, x \geqslant 0$$

若 $0 < \alpha < 1$，令

$$f(x) = \frac{1}{\alpha} e^{-x/\alpha}, x > 0 \sim \exp(1/\alpha), L = \frac{e^{\alpha-1}\alpha^\alpha}{\Gamma(\alpha)} > 1, 0 \leqslant h(x) = \left(\frac{x/\alpha}{\exp(x/\alpha+1)}\right)^{\alpha-1} \leqslant 1,$$

则舍选抽样步骤如下：

（1）产生独立的 $U, V \sim U(0,1)$，令 $Y = -\dfrac{\ln V}{\alpha}$；

（2）若 $U \leqslant \left(\dfrac{Y/\alpha}{e^{Y/\alpha+1}}\right)^{\alpha-1}$，令 $X = Y$，则 $X \sim \Gamma(\alpha,1)$。

等价：

（1）产生独立的 $U, V \sim U(0,1)$，令 $Y = -\ln V$；

（2）若 $U \leqslant \left(\dfrac{Y}{e^{Y+1}}\right)^{\alpha-1}$，令 $X = \alpha Y$，则 $X \sim \Gamma(\alpha,1)$。

Ahrens-Dieter（1974）给出的舍选法为：

① 独立产生 $U, V \sim U(0,1)$，$c = 1 + \alpha/e$，令 $Y = cV$；

② 当 $Y \leqslant 1$ 时，令 $X = Y^{\alpha-1}$，若 $U > e^{-X}$，转①；

③ 令 $X = \ln[\alpha/(c-Y)]$，若 $U > X^{\alpha-1}$，转①，则 $X \sim \Gamma(\alpha,1)$。

Wallace（1974）提出：记 $m = [a]$，$p = a - m \in (0,1)$，令

$$h(x) = p\frac{x^{m-1}e^{-x}}{(m-1)!} + (1-p)\frac{x^m e^{-x}}{m!}, x > 0, L = \frac{(m-1)!m^p}{\Gamma(a)}$$

$$f(x) = \left(\frac{x}{m}\right)^p \left[1 + (1-p)\left(\frac{x}{m} - 1\right)\right]^{-1}$$

由此舍选法为

① 独立产生 $U, R \sim U(0,1)$；

② 若 $U \leqslant p$ ，独立抽 m 个变量 $U_1, \cdots, U_m \sim U(0,1)$ ，计算 $V = -\ln\left(\prod\limits_{i=1}^{m} U_i\right)$ ，转④；

③ 若 $U > p$ ，独立抽 $m+1$ 个变量 $U_1, \cdots, U_{m+1} \sim U(0,1)$ ，计算 $V = -\ln\left(\prod\limits_{i=1}^{m+1} U_i\right)$ ；

④ 若 $R \leqslant \left(\dfrac{V}{m}\right)^p \left[1 + \left(\dfrac{V}{m} - 1\right)(1-p)\right]^{-1}$ ，则 $X = V$ ，停止；否则转①。

例 2.3 生成 $Z = |\zeta|$ ，其中 $\zeta \sim N(0,1)$ 。

解 方法 1：因为 $p(z) = \sqrt{\dfrac{2}{\pi}} \mathrm{e}^{-\frac{z^2}{2}} = \sqrt{\dfrac{2}{\pi}} \mathrm{e}^{-\frac{(z-1)^2}{2}} \mathrm{e}^{-z}, z \in [0, \infty)$ ，令

$$f(z) = \mathrm{e}^{-z}, z > 0 \sim Exp(1), h(z) = \mathrm{e}^{-\frac{(z-1)^2}{2}} \in [0,1], L = \sqrt{\frac{2\mathrm{e}}{\pi}} \approx 1.32 > 1$$

检验条件

$$U \leqslant h(X) \Leftrightarrow -\ln U \geqslant \frac{(X-1)^2}{2} \Leftrightarrow \frac{(X-1)^2}{2} \leqslant Y \triangleq -\ln U$$

则舍选抽样步骤如下：

① 产生 $U_1 \sim U(0,1)$ ， $U \sim U(0,1)$ 且相互独立；

② 令 $X = -\ln U_1, Y = -\ln U$ ，若 $\dfrac{(X-1)^2}{2} \leqslant Y$ ，令 $Z = X$ ，则 $Z \sim |\zeta|$ 。

显然舍选效率 $p_0 = \dfrac{1}{L} = 0.760$ 。

方法 2：令 $M(y) = \mathrm{e}^{-y}, y \in [0, \infty) \sim Exp(1)$ ，由

$$\frac{p(y)}{M(y)} = \sqrt{\frac{2\mathrm{e}}{\pi}} \exp\left\{-\frac{(y-1)^2}{2}\right\} \leqslant \sqrt{\frac{2\mathrm{e}}{\pi}}, y \in [0, \infty)$$

故取 $C = \sqrt{\dfrac{2\mathrm{e}}{\pi}} \approx 1.32$ ，则产生随机数 Z 的步骤如下：

① 独立产生随机数 $\eta \sim Exp(1)$ 的和 $\xi \sim U(0,1)$ ；

② 若 $\xi \leqslant \exp\{-(\eta-1)^2/2\}$ ，或 $-\ln\xi \leqslant \dfrac{(\eta-1)^2}{2}$ ，则令 $\theta = \eta$ ，并转到下一步③，否则返回①；

③ 产生 $\xi_1 \sim U(0,1)$ ，令 $Z = \begin{cases} \theta, & \text{若 } \xi_1 \leqslant \dfrac{1}{2} \\ -\theta, & \text{若 } \xi_1 > \dfrac{1}{2} \end{cases}$ ，则 $Z \sim |\zeta|$ 。

评价生成算法的原则有准、快、少，舍选法从理论上保证了生成的随机数严格地具有所要求的密度，生成一个非均匀随机数所需均匀随机数平均个数取决于接受概率，这与优函数的选择相关。因此优函数尽量满足：快速产生 $X \sim M(x)/C$ 和高的接受概率。

参考文献

[1] 肖柳青，周石鹏. 随机模拟方法与应用[M]. 北京：北京大学出版社，2014.

[2] 李素兰. 数据分析与 R 软件[M]. 北京：科学出版社，2013.

[3] 肖枝洪，朱强. 统计模拟及其 R 实现[M]. 武汉：武汉大学出版社，2010.

[4] 侯雅文，王斌会. 统计实验及其 R 语言模拟[M]. 4 版. 北京：北京大学出版社，2013.

[5] 吴喜之. 统计学：从数据到结论[M]. 北京：中国统计出版社，2015.

[6] 刘军，唐年胜，周勇，等. 科学计算中的蒙特卡罗策略[M]. 北京：高等教育出版社，2009.

[7] Givens G H, Hoeting J A. 计算统计[M]. 王兆军，刘民千，邹长亮，等，译. 北京：人民邮电出版社，2009.

[8] Robert C P, Casella G. Monte Carlo Statistical Methods[M]. 北京：世界图书出版社，2009.

[9] 高惠旋. 统计计算[M]. 北京：北京大学出版社，1995.

[10] 高惠旋. 实用统计方法与 Sas 系统[M]. 北京：北京大学出版社，2001.

[11] 江海峰. 蒙特卡罗模拟与概率统计/基于 SAS 研究/[M]. 合肥：中国科学技术大学出版社，2015.

[12] 司守奎，孙兆亮. 数学建模算法与应用[M]. 2 版. 北京：北京大学出版社，2015.

[13] 江世宏. MATLAB 语言与数学实验[M]. 北京：科学出版社，2007.

[14] 冯海林，薄立军. 随机过程—计算与工程[M]. 西安：西安电子科技大学出版社，2012.

[15] 魏艳华，王丙参. 概率论与数理统计[M]. 成都：西南交通大学出版社，2013.

[16] 魏艳华，王丙参，郝淑双. 统计预测与决策[M]. 成都：西南交通大学出版社，2014.

[17] 夏鸿鸣，魏艳华，王丙参. 数学建模[M]. 成都：西南交通大学出版社，2014.

[18] 常振海，刘薇，王丙参. 概率统计计算及其 MATLAB 实现[M]. 成都：西南交通大学出版社，2015.

[19] 王丙参，刘佩莉，魏艳华，等. 统计学[M]. 成都：西南交通大学出版社，2015.

[20] 刘佩莉，王丙参，牛晓霞. 概率论与数理统计[M]. 成都：西南交通大学出版社，2015.

[21] 王丙参，陈红兵，王三福，等. 运筹学[M]. 成都：西南交通大学出版社，2015.

[22] 丁恒飞，王丙参，田俊红. MATLAB 与大学数学实验[M]. 北京：科学出版社，2017.

[23] 杨振海，张国志. 随机数生成[J]. 数理统计与管理，2006，25（2）：244-252.

[24] 杨振海，程维虎. 非均匀随机数产生[J]. 数理统计与管理，2006，25（6）：750-756.

[25] 程维虎，杨振海. 舍选法几何解释及曲边梯形概率密度随机数生产算法[J]. 数理统计与管理，2006，25（4）：494-504.

[26] 孙文彩，杨自春，李昆锋. 结构混合可靠度计算的自适应重要性抽样方法[J]. 华中科技大学学报：自然科学版，2012，40（10）：110-113.

[27] 苏兵，高理峰. 非线性贝叶斯动态模型的重要性再抽样[J]. 数学杂志，2012，32（2）：206-210.

[28] 陈平，徐若曦. Metropolis-Hastings 自适应算法及应用[J]. 系统工程理论与实践，2008，28（1）：100.

[29] 刘飞，王祖尧，窦毅芳，等. 基于 Gibbs 抽样算法的三参数威布尔分布 Bayes 估计[J]. 机械强度，2007，29（3）：429.

[30] 汤银才，侯道燕. 三参数 Weibull 分布参数的 Bayes 估计[J]. 系统科学与数学，2009，29（1）：109-115.

[31] 冯计才，刘力维，常宝娴. Bootstrap 方法的仿真实现及其在系统偏差估计中的而应用[J]. 南京理工大学学报，2007，31（3）：399-402.

[32] 刘建，吴翊. 对 Bootstrap 方法的自助抽样的改进[J]. 数学理论与应用，2006，26（1）：69-72.

[33] 王丙参，魏艳华，孙永辉. 利用舍选抽样法生成随机数[J]. 重庆师范大学学报：自然科学版，2013，31（6）：86-91.

[34] 王丙参，魏艳华. 舍选抽样与采样重要性重抽样算法的比较[J]. 统计与决策，2014，50（21）：9-13.

[35] 王丙参，魏艳华，戴宁. Bootstrap 方法与 Bays Bootstrap 方法的比较[J]. 统计与决策，2015，51（20）：70-73.

[36] 王丙参，魏艳华，丁恒飞. 正态概率纸检验的改进及推广[J]. 统计与信息论坛，2018，33（3）：26-30.

[37] 魏艳华，王丙参. 基于 Bootstrap 方法的回归分析的比较[J]. 统计与决策，2016，52（3）：77-79.

[38] 魏艳华，王丙参. 蒙特卡洛积分及其改进[J]. 统计与决策，2017，53（12）：71-73.

[39] 魏艳华，王丙参. 分组数据场合逆威布尔分布的参数估计[J]. 统计与决策，2014，50（2）：68-70.

[40] 魏艳华，王丙参. 三参数威布尔分布参数的贝叶斯估计[J]. 四川大学学报：自然科学版，2015，52（2）：233-240.

[41] 方匡南，朱建平，姜叶飞. R 数据分析方法与案例详解：方法与案例详解[M]. 北京：电子工业出版社，2015.